「日米安保」とは何か

藤原書店編集部編

塩川正十郎　中馬清福　松尾文夫
渡辺靖＋松島泰勝＋伊勢﨑賢治＋押村高
新保祐司　豊田祐基子　黒崎輝
岩下明裕　原貴美恵　丸川哲史　丹治三夢　屋良朝博
中西寛　櫻田淳　大中一彌　平川克美
李鍾元　V・モロジャコフ　陳破空（及川淳子訳）　武者小路公秀

鄭敬謨　姜在彦　河野信子　諏訪正人　米谷ふみ子　篠田正浩
吉川勇一　川満信一　岩見隆夫　加藤晴久　藤原作弥　水木楊
小倉和夫　西部邁　三木健　榊原英資　中谷巌

藤原書店

はじめに

　今年、「日米安保」（「日本国とアメリカ合衆国との間の相互協力及び安全保障条約」）の改定から五〇年を迎えた。一九五一年のサンフランシスコ平和条約と同時に締結されたこの条約は、六〇年に改定され、同年六月二三日に新条約が発効した。新安保条約は、その期限を一〇年、以後は締結国からの一年前の予告により一方的に破棄できると定められたが、結局、七〇年以後も破棄されず、「自動延長」されている。六〇年の改定の際には、一般市民をも巻き込んでの「安保反対」の大きな声が上がった。だが、外国軍隊の駐留を許すといった、極めて〝異常〟な条約に対する抗議は、締結一〇年後の七〇年にも、ほとんどなされず、現在に至っている。

　そもそもあの「安保闘争」とは何だったのか。むしろ我々は、その後、この安保を暗黙のうちに是認し、自らの生存の「前提」としてきた。少なくともそうした認識があれば、まだよかったが、自覚すら欠いたまま、ベトナム戦争、朝鮮半島の分断、中台の緊張など、東アジアにおいて軍事的緊張が続くなかで、「安保」に守られながら、日本は一人、戦後の「平和」と「繁栄」を謳歌してきたのではないか。改定に臨んだ岸信介自身、「ただ単に防衛問題ということではなしに、日本の経済復興の基礎を創るために非常に大切だ」との認識をもって、政治生命を賭けて、改定と引き替えに、対米外交において、知的所有権問題を始め、経済・通商・技術関係の整備に全力を尽くしたが、その後の日本の軌跡を振り返れば、岸の認識こそ「正しかった」とも言えるだろう。

われわれは軍事的緊張の「当事者」という意識なしに、この条約の恩恵を享受してきた。しかも「自動延長」される中で、安保は、ほとんど「空気」のように常態化し、われわれの「日常」そのものとなっている。

「日米安保」が、戦後日本の繁栄の礎であったことに目を塞いではならない。だが、我々自身にいかに「当事者」意識がなかろうとも、「日米安保」は、ある国にとっては、まさに「脅威」かもしれず、「日米安保」を肯定するのであれば、沖縄米軍基地の問題も、単に米国の問題なのではなく、我々自身の問題としてある。

真の問題は、我々が「当事者」意識なしに、結局、この安保を漠然と肯定し、これに依拠し、これを「自動延長」してきたことにあるのではないか。東アジアの平和にとってこの条約がいかなる意味をもつのか、主体的に問いかけてこなかったのではないか。あるいは、東アジアの真の安定のために、この条約を活用したり、改善する努力も怠ってきたのではないか。このような問題意識から、改定から半世紀を経たいま、「日米安保」を改めて問うべく本書を企画した。

藤原書店編集部

「日米安保」とは何か／目次

III　東アジアの平和を阻む日米安保？

IV　東アジアの安定に寄与する日米安保？

本書は、学芸総合誌・季刊『環』vol.41（二〇一〇年四月）の特集「『日米安保』を問う」を単行本化したものである。単行本化に際し、若干の加除を施した。

（編集部）

「日米安保」とは何か

I

歴史からみた日米安保

日米関係に憶う

塩川正十郎

岸信介先生の決断

わが国の安全保障問題について、特に日米同盟の問題を語るとき、私はいつも故岸信介先生の指導を思い出します。私は昭和四十二（一九六七）年正月の所謂「黒い霧解散」で初当選して以来、岸信介先生と福田赳夫先生の指導で政治活動を続けてきました。岸先生はしばしば私達若手の代議士を集めて、戦前戦中の政治経済の実相や、日米安全保障条約締結時の政界の動向等、激動の昭和についての生々しい実話を語って下さいました。これが私の脳裏に深く残っています。

岸先生は、ＧＨＱからＡ級戦犯として巣鴨拘置所に収容されたが起訴されず、サンフランシスコ講和条約とそれに附属する日米安全保障条約調印の前年の二十五（一九五〇）年に拘置所から釈放されています。この当時、中華人民共和国の建国宣言や朝鮮戦争が勃発し、アジアは第三の世界と称して親社会主義であり、東西冷戦構造が醸成されておった時期であります。米国は日本をアジアにおける西側陣営の拠点と位置付け、日本の再建を考えていました。日本の政界を再編して、国際的赤化を防ぐため保守勢力の強化を図る必要にせまられていたので岸先生を早期に釈放したのであって、先生の政治使命は二つ。即ち先ず保守政党の統合団結であり、もうひとつは西側陣営として対米関係を強化し、安全保障体制を明確にすることにありました。昭和三十（一九五五）年に自由民主党が結党。同時期に左右両党に分裂していた日本社会党も統一し、五十五年体制が確立しました。

講和条約によって独立したものの経済基盤が崩壊し、国民生活が極貧の状態にあるこの状態を放置すれば日本も赤化される。そのため、経済大国である米国から資金と技術の援助をうけ、更に国際関係の仲間入りをすることが必須の問題となっていました。この基本国策を遂行するためには、わが国が自由と民主主義の陣営であることと、軍事大国にならぬことを鮮明にして、日米関係の再構築を通じて国の有り様を示す必要がありました。

昭和三十五（一九六〇）年の新日米安保条約について後日、岸先生は私達に「戦後日本での重大な政治決定は、吉田総理の早期講和条約の締結と、私が生命を賭して締結した三十五年の新安保条約改定である。これによって日本の将来の在り方が決定し、経済立国、国民生活充実への国策が日程に上ってきた。即ち新安保条約は、国防問題としてのみならず、米国の協力で日本の経済的繁栄と云う経済協力の主旨が含まれている重大な協定である」と語りました。

回顧すれば、自民党のなかでも三木・松村派や河野派等の強烈な安保反対があり、さらに当時、嫌米的左翼運動に扇動されたデモ隊の革命的騒動があったなか、よく乗り切ったと敬服しています。現在現役の政治家では、とてもこれだけの危機突破の政治決断は出来ないと思う。活字が怖いようでは真の政治家ではない。

求められる日本の構造転換

いま日本は地球規模でのグローバル化、高齢化社会に対するため戦後三度目の大胆な構造転換が要請されています。その真髄は日本が普通の国になることであって、戦後レジームからの脱却であります。即ち、自主独立を担保する能力をもった安全保障体制を作り、国家の権威を確立することであります。いまだ外国軍の基地によって防衛されている国家は異様であります。それには国民の意識の転換と、政治のリーダーシップが必要であります。私はそのための三要件を提言しています。

第一に、「わが国が永久に平和を愛する諸国民の公正と信義に信頼し、われらの安全と生存を保持しようと決意した」(憲法前文)との想いを、現実を見てもっと厳しく考え直すことであります。将来外国から不当な外圧があるかも知れず、絶えず緊張があることを知るべきで、その抑止は国民の責任であります。過去の内外の歴史をみても一国が孤立して繁栄することは不可能であります。価値観を共有し、国家としての姿勢が近似している国との協力関係が必要であり、目下日米協力があります。

日米関係に多端な懸案がありますが、問題となるのは駐留軍の存在であり、これを撤退せしめるためには、現在の利己的な片務協定では米国に対等を主張することができません。地域と情況によって集団的自衛権を発動する決意があることによって相互信頼、対等の条件が認められるのです。

第二に、わが国の防衛能力をもっと高度化し、近代化すること。現在GDP一%の防衛費でその相当部分が人件費である現状で、自主防衛能力は充分なのか。もっと近代兵器を導入して質の向上を図り、米国の軍事支援によらなくても国防は自力で達成出来る体制をつくるべきではないのか。同盟国もその能力を認めて駐留の不要を同意させることであります。ASEAN諸国の防衛予算の平均がGDPの二〜三%です。日本が普通の国家として必要な防衛費を負担して、近隣諸国から外圧の機会を与えない強靭な防衛システムを完備することであります。

第三の要件は外交等、国際関係の情報や軍事に関する技術についての秘密は厳守する国であることを、同盟国に確信させることであります。わが国では透明性と公正の理屈で情報が漏れ、同盟国からの不信をかうが、情報の公開は政治の自主判断によることや、軍事に関連する技術者待遇を改善して、且つその漏洩の防止を強化すること。

以上三要件が普通の国になる条件でありますが、これが実行されるには国民の啓蒙と政治努力が数年必要でありましょう。日米関係を対等にし、近隣諸国と対等で公正な国際関係を維持するためには、わが国自身が努力し改善しなければなりません。平和の念仏だけでは安全は保たれないし、基地撤廃はスローガンと厭がらせだけでは解決しません。政治の強力なリードがあれば国民は三要件を受け入れます。

吉田安保で日本が早期独立し、岸安保で自由主義、民主主義の国として経済繁栄の路線を設定し、現在があります。新安保以降五〇周年。この条約のもとでわが国は、安寧を保ち繁栄してきましたが、国際関係がグローバル化した現在、日米甘えの構造を見直し、真の独立をなすため普通の国になることを決意すべきであります。

自主性なき「同盟」構築の末路

【一記者として見てきた日米安保五〇年】

中馬清福

記者として見た安保闘争

朝日新聞に入社したのは一九六〇（昭和三十五）年、新しい日米安全保障条約が締結された年である。四月一日に新聞記者となり、その数日後には秋田支局に赴任したから、五月から六月にかけての東京での決定的瞬間には立ち会っていない。その間、秋田市内の公園で開かれた反安保の集会を取材していた。集会はあった。でも、激しい抗議行動が展開された、という記憶はない。東京と地方の間にはかなりの温度差があった。

二年後、横浜支局に移った。横須賀や厚木といった強大な米軍基地を抱え、沖縄に次ぐ米軍軍事基地の県だった。横浜市中心部にある支局の周辺には米軍施設の跡地がたくさん残っており、「関内牧場」と呼ばれていた。米兵が金銭上のトラブルから女性を殺す事件も少なくなく、現場の凄惨さに息を呑んだ。一年後、本社政治部へ移ると、暫くして防衛庁（当時）担当を命じられた。最初に出会った防衛庁長官は中曽根康弘氏だった。

学生時代、反安保の集会にはよく参加した。しかし、いかなる組織にも背を向けていた学生の見方によれば、反安保の闘いが本格化したのは一九六〇年に入ってからで、より先鋭化したのは強行採決の直前直後である。それは、新安保の中身への怒りというより、岸信介政権の反民主主義・反民族主義的な政治手法に対する怒りだった。五十年たった現時点で私はそう思う。このことは些末なことだろうか。必ずしもそうとはいえない。言葉は悪いが、安保知らずの安保反対の面があった。反民主・反民族的な岸信介氏のやり方に憤激し、安保の中身を吟味する余裕を失った。組織間同士の主導権争いが安保論議を大きく歪め不健康なものにした。その結果、条約が自然承認されると——岸政権を継いだ池田勇人氏が「寛容と忍耐」へと看板を書き換えた政治的巧妙さの効果は大きかったにせよ——「条約」論議は、潮が引くように消えていった。残念だったのは、例えば、新条約最大の眼目、「事前協議」制について、岸政権のしたたかな隠蔽策と骨抜きの策謀を見抜けなかったことだ。こうして誕生した数々の密約が、日米安保体制というネットワークの血脈であり神経細胞になった。その意味で、日米安保体制は日米密約体制である。

いま、日本でもやっと日米間の密約の追及が始まった。そのことを私は評価した。だが、期待外れだったようである。なるほど、ほんの一握りの密約は外相主導の検討会で俎上に乗せられた。しかし、個々の密約があったか無かったかは、既に米国がそれを肯定し、公表している以上、今ではそれほど重要ではない。問題は、密約をばらばらに捉えるのではなく、密約は血脈であり神経細胞であるとの認識に立って、安保体制を検証することである。現状はそうした期待には遠い。密約の存在を肯定することで「密約の内容」まで肯定しようとする、奇怪な事態へと進んでいる。例えば、密約の公開によって、非核三原則から「持ち込ませず」を除外し、非核二・五原則に変えようとする動きがある。

この目で見た一九五八年の沖縄

振り返ってみると、私にとっての安保との出会いは反安保のデモや集会ではない。それより先、旧安保条約時代の五八年十二月に試みた沖縄への旅である。沖縄は米軍の全面支配下にあり、日本政府が発行する表紙が灰色の渡航証明書と現地に身元引受人が必要だった。幸い沖縄出身の友人の両親が十日間、那覇市大道の自宅で歓待してくれた。夫妻はともに小学校の元教員で、悲惨な状況をいつも穏やかな口調で話した。米軍は銃剣とブルドーザーで接収を繰り返していた。那覇市の中心街はバタ臭い急拵えの国際都市めいて見えたが、一歩なかに入ると、戦争の傷跡がたくさん残り、夜は暗かった。どこまでも続く高い塀か鉄条網で囲まれた米軍基地。貧しい住民たちの住まい。基地のために土地を取り上げられた農民の話。米兵に撃ち殺された幼児の話。米兵に強姦され殺された女性の話。何の補償もない、何の陳謝もない、そんな話を、人びとは話し続けた。

こんな具体的な話を本土で聞いたこともなければ、読んだこともなかった。多くは奥歯にものがはさまったような記述だった。東京に戻るとその見聞を文字にした。生まれて初めて匿名で投稿し「読者の頁」に掲載された[1]。間もなく同誌から電話があった。話が聞きたい、との電話が那覇からあった、だが、相手が本当の身分を名乗っているかどうか、気をつけたほうがいい、と担当者は言った。私はそれに従った。それで良かった。投稿文は東京に戻ったあと、何人かの友人と相談して米軍基地などきわどい個所は削ったつもりだったが、それでも狙われたようである。もし、しゃしゃり出ていたら、招いてくれた友人の一家に被害がおよんだかもしれない。今では想像もつくまいが、沖縄にはそんな時代があった。

竹内好と「七社宣言」

六〇年の秋、安保の混乱が一段落したころ、私は秋田から出張で上京した。そのとき山手線で偶然、大学で主任教授だった竹内好さんに会った。安保の強行採決に抗議して東京都立大学を辞任した、あの硬骨漢である。彼は言った。なに、まだ、あんな新聞にいるの、と。新聞記者になるのを喜んでくれた竹内さんが、である。それがいま何に怒っているか、理由は何も言わない。でも、想像がついた。駆け出しの記者ですら恥ずかしい思いをした、あの「事件」のせいだ。私はもごもご言って別れた。

事件とは、今ではほとんど忘れられている「七社宣言」である。このままだと安保条約は自然成立してしまう。何としても阻止しようと抗議のデモが最高潮に達した六〇年六月十七日のこと、東京に本社を置く朝日新聞社など中央紙七社がそろって「議会主義擁護、暴力排除」共同宣言を発表したのである。囲み記事で内容も体裁も同じだった。要するに、「よってきたるゆえんは別として」とにかく者ども静まれ、という趣旨である。一読、ハシゴを外された感じがした。犠牲者を増やしてはならぬことは分かる。議会主義の擁護も暴力の排除も大事だ。だが、安保条約を、岸信介を、あれほど批判しておきながら、いまになって「議会主義擁護・暴力排除」だけで片付けていいものか。そう思っていたのなら、発火点寸前ではなく、一カ月前、強行採決の段階で、なぜ方向転換し国民に冷静さを訴えなかったのか。それに言論は徒党を組んで行うものではなかろう。各社各人の信念に基づいて、それぞれの言葉で語りかけるのが筋ではないか。七社宣言は内容も公表の仕方も間違っており、新聞史に汚点を残した、と私は今でも思っている。

「日米安保」から同盟観なき「日米同盟」へ

長い間私たちは、安全保障に関する日米関係を「日米安保体制」と呼び、その根拠は「日米安保条約」だとしてきた。しかし、二十一世紀に入ると、根拠たる条約から逸脱した事態が露骨になり、日米安保体制という一つの言葉で括れる時代は終わった。

体制は、長期間にわたって——ほとんどが米国の軍事戦略に基づいて——年々変化し、深化し続けてきた。例えば、安保条約の重要な基幹である「適用範囲」は拡大に次ぐ拡大を米軍に強いられ、当初めざした（と私たち日本人が理解した）条約の趣旨と精神から離れたものになった。その結果、条約の条文を引き合いに出す回数は激減し、代わって「日米同盟」という言葉が氾濫してきた。安保五十年の日、鳩山由紀夫首相は談話を発表し、日米の外交・防衛の四閣僚は共同声明を出した。その特徴は日米同盟を一段と表面に押し出したことだった。とくに日米四閣僚の共同声明では「日米同盟」が十回も登場して、「安保条約」を圧倒した。もはや「日米（軍事）同盟」といわなければ説明も出来ない状態になったからである。ならば条約を改定し、新々安保条約を締結すべきである。だが、日本の世論はそれを許さないだろうと見た自民党政権は、原則として国会の関与を要しない「政府間協定」を活用することにした。次々に誕生した政府間協定方式は、九六年の日米安保共同宣言と、これに続く二〇〇五年の「日米同盟――未来のための変革と再編」で、名実ともに総仕上げの段階を迎えた。

日米安保体制の変貌の歴史は、時期的に大きく三つに分けることができるだろう。

①冷戦激化期から六〇年安保の締結まで
②冷戦終結・米国超軍事大国化の二十世紀末まで
③二十一世紀以降

いずれもの時期を通じての特徴は、第一に、米国による一貫した「日米軍事一体化」への働き掛けである。自衛隊は「在日米軍を補完するためのもの」に限定された結果、日本の軍事力は装備の面でかなり歪なものとなっている。第二に、にもかかわらず日本には、自国の国益に基づく国防面での戦略を形成しようとする意志が今日まで欠けていたことである。なお、紙幅の関係もあり、以下ではその期間の特徴的な出来事を一つだけ取り上げ、エピソード風に記すにとどめたい。

冷戦激化期から六〇年安保の締結まで――ダレス・重光会談

冷戦が激化すると、米国の変わり身は早かった。日本国憲法の制定にあたっては、「戦争放棄・非武装日本」を主導した米国だったが、朝鮮戦争・新中国の誕生などの現実を目の当たりにするや、直ちに日本の再軍備、それも、とてつもない兵員の日本軍を期待する。それを活用して、日本に集団的自衛権の行使を促す。六〇年安保以前に、米国はこうしたことを考えていた。そのことが、NHK取材班が米国で取得した記録、ある日米会談の記録によって浮かび上がってくる。時期は鳩山一郎政権下の五五年八月、不平等な旧日米安保条約の改定をめざして重光葵外相らが訪米した際の、ダレス国務長官との会談である。ダレスはまず「改定は時期尚早」と一蹴、激論になった。その一節の要旨――

ダレス「米国が万一攻撃を受けた場合、日本は軍隊を国外に派遣し、助けてくれるか。グアム島が攻撃された場合、日本は米国のために駆けつけることができるか」

重光「そうするだろう。現体制下でも日本は自衛のための戦力を組織できるのだから」

ダレス「(私は)米国の防衛ということを言っている」

重光「そういう状況が勃発した場合、日本はまず米国と協議する。それから日本の戦力を用いるかどうか決定するだろう」

ダレス「あなたの言う憲法解釈は、もうひとつ分からない(以下略)」

ダレスは重光の痛いところを衝いてきた。事実、重光の発言はしどろもどろだ。日本の安全をどうするか、何の戦略もなしに、ただ安保改定を、という望みだけで訪米した重光である。突如、日米軍事提携論の覚悟をダレスに問われて動揺し、それをかわすのに精一杯だった様子が浮かび上がってくる。

冷戦終結・米国超軍事大国化の二十世紀末まで——鈴木首相の辞意

大平正芳首相の突然の死で政権が崩壊すると、八〇年七月、誰も予想しなかった鈴木善幸氏が首相の座についた。当時、元首相・田中角栄が闇の実力維持のため描いた絵だ、と言われた。一方、米国では翌八一年一月、ロナルド・レーガンが米大統領になった。就任早々の二人がワシントンで初めて会談したのは同年五月である。問題は、首脳会談後に発表された共同声明のなかに、初めて「日米同盟関係」という言葉が盛り込まれたことによって生じた。日本からの同行記者団は「同盟関係ということは、憲法が認めていない集団的自衛権を約束したことにならないか」と追及した。首相は反論した——

「そこで私は『日米同盟関係』という文言には集団的自衛権を約束する意味は断じて含まれていないことを端的に強調したかったので『軍事的意味は全く含まれていない』と答えた。この私の説明に対し東京の外務省において事務次官が『日米安全保障条約が存在するのに日米同盟関係という文言に軍事的な意味はないというのはナンセンスだ』などと反論したと報道され、紛糾の火は燃え広がったというのがこの問題の全てだ」。鈴木は後にこう語っている（『等しからざるを憂える——元首相　鈴木善幸回顧録』）。

第一報がワシントンから届いたとき、首相官邸詰めだった私は宮沢喜一官房長官と雑談していた。へえ、やはり同盟関係と言ったの、と語り合ったのを覚えているが、実は宮沢さんは早くから不安視していた。当時の首相秘書官・畠山襄氏によると、宮沢さんは鈴木訪米直前まで「日米同盟という言葉が公式文書に入るのは今回の日米首脳会談が初めてとなります。マスコミで、日米の安保体制が変質するのではないかといった論調が日立ってきているので、日米同盟関係という言葉は問題になりますから気をつけてください」と外務官僚に念を押していたという。それがなぜ、外相・外務事務次官が辞任する大問題にまで発展したのか。首相官邸・外務省の言い分にはいくつもの食い違いがあり、裏に仕掛け人がいたのかを含めて、今も解せないことが多すぎる。

ただこの直後から、日米双方で、政界・メディアを含めて鈴木外交音痴説が広がった。日米関係のためにならない、というのである。しかし鈴木政権は、田中・大平という大派閥をバックに基盤は揺るがず、外交面でも八一年にはオタワ・サミット、南北サミットをこなし、八二年六月にはベルサイユ・サミットに、続いて国連軍縮特別総会に出席、続いてハワイ東西センターに出かけて「太平洋連帯構想」を明らかにするなど、意欲満々だった。内政面では七月、国鉄の分割民営化を盛り込んだ臨時行政調査会の答申を受け、こちらも積極的だった。それだけに、鈴木氏自ら書いているように、当人の総裁再選・総理続投は誰もが疑わなかった。ところがそれから数カ月後の八二年十月、鈴木氏は「大死一番、決断した」として突然辞意を表明した。

その理由について、鈴木氏は通り一遍のことしか言わずに他界した。ただ、辞任の決意は「八二年夏」、辞任にあたっては「誰にも相談しなかった」と語っている。上述したように、八一年夏ごろは、内政外交とも政治家としてやる気十分、それまでの善幸像を覆しつつあるとさえ私には思えた。そんな得意のときに、生命にかかわる病気の場合を除いて、政治家は引退しない。第一、誰にも相談しなかった、という鈴木発言には疑問がある。鈴木氏は辞意表明の約一週間前、中曽根康弘氏に会い「私はこれ以上やる気はない」―「自分の限度を知っている」と語っている(本田雅俊『総理の辞め方』)。

なぜ、相談した相手が、鈴木政権の事実上の生みの親である田中角栄氏でもなければ、出身派閥の領袖・宮沢喜一氏でもなく、それほど親しくなかった他の派閥の長で、次のポストを虎視眈々と狙っていたはずの中曽根康弘氏なのか。それに鈴木氏はなぜ「自分の限度を知っている」というせりふまで中曽根氏に吐いたのか。

日米同盟は軍事同盟にあらず、という鈴木発言は日米の日米中軸論者たちの怒りをかった。もともと社会党公認で衆院議員に当選した男だ、党の要職こそ歴任したが外交のことなど何も知らない男だ、だから同盟の意味すら知らないのだ……。当時、こんな声を何回も聞いた。しかし鈴木氏は、安全保障は軍事だけで確保されるものではないとする「総合安全保障論」を熱心に展開する。ことさらにアジア・太平洋にてこ入れするような発言をする。こうした言動に「危険なもの」を感じた人たちが、日米双方にいたはずだ。中心にいたのは、やはり岸信介元首相を中心とするグループだったろうし（評論家・細川隆一郎氏は「鈴木は辞めさせなければならん」と岸氏が自分に語った、と書いている）、大臣と次官の双方を失った外務省にもそうした流れがあった。

鈴木の後任が中曽根。中曽根を政権につけたのは事実上田中。辞任直前に鈴木が挨拶に行った相手は中曽根——。以下、私は推理する。米国の、日本の、日米安保体制護持派たちが、何らかの方法で「鈴木退陣・中曽根登板」を田中に働き掛けた。それは大変に強力なものだったに違いない。田中は「自らが置かれた立場」を中曽根に了解させた上で、鈴木に引導を渡した。鈴木は自分の「限界を知って」了承した。後継・中曽根は直ちに渡米して「軍事同盟」否定の鈴木路線を破棄した。レーガン大統領は安堵した。

二十一世紀以降――樋口リポートと「日米同盟」

しかし、鈴木善幸氏を軍事同盟否定論者と位置づけると間違う。詳しく語る余裕はないが、日米同盟うんぬんの日米共同声明において彼がレーガン氏に約束した「一〇〇〇マイル・シーレーン」防衛構想を見る限り、鈴木氏がどこまでこのことの重要性を意識していたか、当時の外務省・防衛庁の幹部を含めて、はなはだ疑問である。だが、今から蒸し返しても仕方ない。問題は、それ以後も今日に至るまで、日本の安全について、米軍との関係について、日本側が自主的に構想し、それを米側に提言し議論し結論を出す、といった姿勢が希薄なことである。それはそれ以後、続々と登場した政府間協定の内容を点検すれば明らかで、米軍事戦略という一本の線上から逸脱することはなかった。

抵抗がなかったわけではない。九三年に発足した細川護熙政権は、冷戦の崩壊などを念頭に「意味ある防衛力」をめざした。防衛問題懇談会を発足させ、座長に財界人の樋口廣太郎氏を据えた。委員に西廣整輝氏がいた。私が防衛庁詰め記者だったころの防衛課長で、後に防衛局長、事務次官を歴任した。慎重かつシャープ、行け行けどんどんのタイプではなく、「平和時の防衛力」を構築した。制服組のめざすものとは違ったが、人柄がよく、彼らのなかにも西廣ファンは多かった。六カ月後、懇談会は樋口リポートをまとめた。私の見るところ、これは西廣氏の考えの延長線上にあった。国連協力を柱とする「多角的安全保障の促進」、これがリポートの基軸で、「日米安全保障関係の機能充実」

は二番手に回された。米国の考えとは明らかに異なる内容である。不幸なことに、日本人が自分の頭で考えた日本の「対案」は、細川政権の短命で日の目を見ずに終わった。因みに『防衛白書』末尾の防衛年表に「樋口リポート」についての記述はいっさいない。

いかなる裏付けに基づくのか、何の説明もなしに公文書に記載されるようになった「日米同盟」という言葉を、不思議に思う人は少なくなった。いったん事が起きたとき、その公文書に基づいて、「同盟」の相手国がいかなる要求をしてくるか、国民に説くメディアも少なくなった。しかし、米国の軍事戦略はダレス以来、深化はしているが、底流にあるのは一貫して変わっていない。それは「死んでも同盟国を離さない」である。

二〇〇九年一月、米国防総省は"Capstone Concept Joint Operations, Version3.0"を公表した。その一節の「状況が許す限り、パートナーを通じて間接的に運営する」という項にこんな趣旨のことが書かれている。「将来、米国だけですべての危機に直接対応することはできなくなる。……米軍の直接展開に代わって、合同軍（the joint force）に支援された友好的代理軍（friendly surrogates）が行動することがあるかもしれない」。しかも、この「合同軍」は必ずしも、かちっとした形式を整えた「同盟」国の軍隊だけで構成されるとは限らない。パートナーの幅は広い。同盟の幅も広くかつソフトになる。となると、米国と「同盟」を組む相手方は、どこまで自主性を優先させ、どこまで自国の国益に基づいた主張ができるかが、これまで以上に大切になる。

二十一世紀、同盟もまた深化する。ソフト型、ハード型、どちらでもどうぞ。そう米国が考える時代が来ようとしている。日本もまた、独自の同盟観を確立した上で米国と対等で話しあい、自主的な方向をさぐるときが来ている。

編集部注

（1）この投稿記事は以下のようなものである。

『世界』一九五九年三月号。

「沖縄の現地をみて」

柳田馬人（東京・司書・二十四歳）

私は去年十二月末から今年の一月初めにかけて約十日間、沖縄の民俗をこの眼でみるために訪問、滞在した。これは私の勤務先である某大学図書館にはいくらか沖縄の資料があるため、その整理の都合上、一度は沖縄に行きたいと念じていたからである。わずか十日間、それも沖縄島だけから一歩も出ず、島の北部、中部、南部と車でぐるりとまわったにすぎないのであったが、そこでみた沖縄は、私のそれまで種々の資料をよんで抱いていたイメージとは全然ちがうものであった。

戦争のせいにちがいない。沖縄本島に関するかぎり、沖縄は完全に面目を一新していた。そこには「尚家」の沖縄もなければ、「沖縄県」の沖縄もない。戦後、日本のあらゆる地方が変化を余儀なくされたが、これほどに過去の姿を今日とどめぬところもめずらしい。とに角、一変した沖縄は今やかつての史の島、景の島（戦前、国宝指定物の一番多かったのが沖縄であった）ではなくなった。少くとも形式上は完全な独立国であると錯覚をおこさせるような「島」であった。那覇の国際通りのにぎやかさ、石川、コザ両市の横文字ばかりの商店街、沖縄島をかけめぐる物すごく立派な舗装道路、そしてあちこちにひるがえる星条旗、このような「外観」ばかりみていると、ただもう私などは驚きあきれてしまい、訪問の目的など、私のもっていたあわいエキゾチシズムと共にふきとんで、まず人間あっての民俗学だと一人決めして、当初の目的はさっぱり忘れることにした。そもそも沖縄ほどバタくさくなったところは、日本では東京しかないのである。国際都市那覇と土地の人が冠称つきで呼んでいる那覇市など日本内地のどの都市よりも東京化されているのであって、この外観のみからすれば、たまたま当地を訪れた本土の人々がその姿に驚きながら次のような判断を下すのは一応無理からぬことにはちがいない。

内村　実のところ私は沖縄でもっと絶望的なモノがあるかと思いましたが、行ってわかったことは、それが表面だけのことで、現地では案外落着いて生活している。どんな環境下でも根の生えた生活をもつこと。人間はそうでないといけないんで、実際感銘深いものがありました。

川端　新聞にでるのは政治記事ばかりだから（笑声）その感じからすると何か沖縄はいつでも沸とうしたみたいなんですネ、沖縄の人は温和しいし、案外静かだと思いました。

これは今年の元旦、沖縄タイムスという現地新聞にのった座談会記事の引用で、内村直也、川端康成両氏の発言である。両氏共「案外」という言葉で沖縄の落付き、静かさを強調している。

たしかにこういう見方も正しいと思われた。特に最近の沖縄の進路がアメリカ軍の施政面の改善で明るくなったと信じられていることはまず事実のようであった。（この「改善」は沖縄の人間を一時的にギマンするものであって決して沖縄のためにはならないことを強調する人もあったが、大勢は「沖縄、夏にはドルの雨か」という現地新聞の見出しで代表される楽観論であった。）

このことは沖縄の人々にほっとした感情を与え、沖縄のあらゆる面に小康状態を作りだしているように思われた。中年のおかみさんが、「民連は何でもかんでもアメリカさんに反対ばかりしとる」から沖縄のためにはならないというういわゆる良識論が台頭しているのも、あのプライス勧告当時の息づまるような緊張感が消失した証拠ではあろう。

しかし、私はその反対の現象も見たり聞いたりしたような気がする。内村氏が沖縄には「絶望的なモノが」あるがそれは「表面だけのことで」あるとされるのと丁度反対に絶望的なモノがむしろ内面にくいこんでしまい、非常に内攻しているように思えたのである。例を非常にさわがれたドルへの通貨切換えにとってみよう。沖縄の人々は、働いても働いても沖縄のためにはならなくなってしまったことを、敏感に感じとったらしいのだ。

二十五歳の一工員はいう。「自分らが働いてかせぐサラリーの建設的使い途は何もない。本土の人々のように日曜日ピクニックにでもという気にもなりません。それで結局若いものは酒ばかりのんでいるのです。」因みにそのすばらしい景色を幾度も歌にうたわれた万座毛や残波岬などは米軍基地のため、その大部分は立入禁止。そうして那覇市桜坂のバーの数はその人口に較べて驚くべきものである。更に彼は続けていう。「外商は沖縄でえたドルをすべて本国へ送る。沖縄の大商人は利潤をすぐに本土へ送って更に有利な企業に投資する。こうして沖縄のドルは私たちがかせげばかせぐ程、島外に流れていくのです。」

更にドルの切換えについてのエピソードを一つ語ろう。ある老婆が、田舎から野菜売りに街へ出たそうである。その時、彼女はおつりに便利なように沢山の小銭(一セントや五セントの硬貨)を用意した。街ですべて売切り、その売上げを計算してみたら、持ってきた小銭よりそれは少なくなっていたという。即ちこの老婆はセントやドルをまちがえて、おつりを余分に払ったらしいのである。それはうそか本当か知らない。しかしこの話は那覇の市内でよくきかされたところをみると、成程彼らはドル切換えの本質を十分見抜いてはいないだろうが、その不便さに腹をたて、日本のお金を使えぬことに歯ぎしりしながらもすべては内攻してしまい、更にそれは当然のコースのように「日本復帰」への悲願へとつながっていくように思われた。

沖縄の復興は外観だけである、と断言することはやさしいことにちがいないが、あの高い税金に苦しみ、本土の一・三倍という物価高に悩み、且つ健康保険も失業保険もないという沖縄、しかも都市計画はアメリカ軍の接収でそのメドもたたないという沖縄、こういう条件下では、よしそれが外観ばかりとはいえ大変なことであるにちがいない。そうしてこの苦しみにたえる最大の希望が「日本復帰」である。この理屈ぬきの感情を前にして私はひそかに顔をあからめざるをえない。それは戦前における本土人の沖縄の人に対するほとんど本能的とでもいえる偏見を想いだし、その差別的態度を想い出すからである。しかもその偏見は今日もなお消えていないのではないのか。沖縄問題を潜在主権という言葉ですませている我々の態度はその偏見のあらわれではないのか、更に重大なことは日本の新聞社は沖縄に全く支局をおいていないことである。我々は世界各地のニュースを各紙独自の記事で知ることができるのに、沖縄だけはそうではないのだ、これは新聞社の沖縄への偏見から生れたものではないのか。

こう考えてくると、沖縄への我々日本国民の偏見は意外に幅広いことに気付くのであって、更にそれは日本の思想界の貧困さの縮図でもあることに気付くのである。

米中和解の「引き出物」となった日米安保

【沖縄施政権返還交渉の取材メモから】

松尾文夫

私のジャーナリスト人生にとって、安保改定の一九六〇年という年は、大きな節目の年だった。一九五六年に共同通信社に入社した後、四年間の大阪社会部勤務を経て、本社外信部に配属となり、念願のアメリカ特派員への一歩をふみ出すことになった年だからである。

外信部の仕事は海外からのニュースや特派員の原稿を翻訳、処理するところで、政治部や社会部の記者と違って、いわゆる安保闘争の激しい現場を取材したわけではない。当時、日比谷公会堂の一階にあった同盟通信社時代からの古ぼけた編集局で、明け方まで外電翻訳の仕事を終えた後、白々と夜が明ける中を人気のない国会南口通用門のデモ隊突入のあとを見に行ったぐらいである。

しかし、この年の外信部での仕事で、いまも安保体制を基軸とする日米関係を追い続ける私のキャリアーが生まれる。一一月に投票が行われ、ケネディがニクソンを破って当選するアメリカ大統領選挙を担当するチームの一員となったことで、四年後の一九六四年にニューヨーク特派員、さらに一九六六年からはワシントン特派員となる道が開けたからである。

そして一九六九年三月までのワシントン勤務で、正面から向い合うことになったのが沖縄施政権返還交渉の取材である。つまり本土復帰の実現と引き換えに、沖縄の米軍基地が、アメリカの日本防衛義務を明確化した新安保体制の中で、そのカナメとして組み込まれていく過程を目撃する日々であった。民主党政権の登場とともに、普天間基地の移転問題の解決いかんでは日米同盟全体を揺るがしかねない現在の状況の「原点」といってもよい局面の取材であった。

バレオ氏との出会い

一九六〇年代末のワシントンは、すざまじいニューズの渦の中にあった。ベトナム戦争のエスカレーションに踏み切ったジョンソン民主党政権が、反戦運動の高まりの前に自滅現象を起こし、一九六八年の大統領選挙戦では、再選確実とみられていたジョンソン大統領が指名辞退に追い込まれる。代わって八年前にケネディに敗れて以来一度は政治の表舞台から姿を消していた共和党のニクソンがホワイトハウス入りの雪辱を果たす。この一九六八年には、キング牧師とロバート・ケネディ上院議員が暗殺され、ベトナム反戦デモのみならず、大都市での黒人暴動、過激派学生の大学占拠、同性婚、ウーマンリブなどの反体制運動——とあらゆる種類の亀裂がアメリカを覆う。ドラマとアイロニーに満ち満ちた「アメリカという国」が今もその傷跡を引きずる分水嶺がピークを迎えた年だった。ニクソンはただ「法と秩序」のスローガンを繰り返すことで、勝利を手中にした。沖縄の施政権返還交渉は、こうしたジョンソン民主党政権からニクソン共和党政権へという激しいアメリカ政治の激動期の中で展開された。

口火を切ったのは、一九六四年一一月に病魔に倒れた池田首相のあとを継いだ佐藤首相である。一九六五年八月の、日本首相としては初めての沖縄訪問で「沖縄の祖国復帰が実現しない限り、日本の「戦後」は終わらないない」と大見えを切ったからである。沖縄のアメリカ軍基地がベトナム出撃のためにフル稼働する中での、最初は外務省幹部もしり込みするほどの政治的イニシアチブだった。対米協調路線に徹した池田時代と一線を画す「自主外交」を主張し、北方領土とともに沖縄での施政権回復をスローガンとして掲げることで政権維持のエネルギーを蓄える戦略だったといわれる。

一九六六年一月のワシントン転勤の内示を得ていた私は、ニューヨークにいる段階から、この大ニュースの取材準備にとりかかった。コロンビア大学教授におさまっていたケネディ時代のアジア担当国務次官補、ロジャー・ヒルズマン氏を訪ねて、ワシントンでの沖縄関係のニュースソースの紹介を頼みこんだ。快諾してくれた同氏は「いい人物がいる。沖縄施政権返還に好意的なマンスフィールド民主党上院院内総務の補佐官に就任したばかりのフランシス・バレオ氏だ。私がケネディ政権に加わるまで勤めていた米議会図書館のアジア・太平洋調査部長のポストの後任として上院外交委員会スタッフから引き抜いた男で、マンスフィールド議員の信任も厚く、誠実な人物だ。戦時中は中国戦線で日本軍相手に情報作戦に従事していた」と述べて、電話することを約束してくれた。

このヒルズマン氏の紹介は大きかった。バレオ氏は、上院外交委員会スタッフ時代、マンスフィールド議員の意を受けて、一九五七年の段階で沖縄を現地調査し、日本への施政権早期返還を提案するレポートをまとめ上げていた人物だった。最初に会ったときから気持ちが合った、ニューヨーク生まれのイタリア移民の二代目で、苦学して今の地位までできたと語り、「日本に行って一番嬉しいのは、いいデパートがあることだ。貧しかった戦前のニューヨークでの少年時代、夢を与えてくれたデパートはもうアメリカにはない」といったしんみりとする話をしてくれたバレオ氏は、施政権返還交渉の主な動きや議会内の空気など、すぐ記事にできる情報をおしみなく提供してくれた。マンスフィールド院内総務のオフィスの秘書も紹介してくれ、おかげで同院内総務との単独インタービューに何度も成功した。一九六九年四月、私が任期を終えるころには、マンスフィールド院内総務がオフィスを出て、上院本会議場までの約五分間を一緒に歩いて質問に答えてくれる「特権」をもらっていた。

その後、議会スタッフとしては最高位の上院事務総長までのぼりつめたバレオ氏とは、終生の家族ぐるみの友人となった。引退した後も、二〇〇六年に八八歳で死去されるまで、アメリカ政治の流れの「読み方」についてのこの上ない指南役だった。私が二〇〇二年、ジャーナリストに復帰した後、『銃を持つ民主主義——「アメリカという国」のなりたち』（小学館、二〇〇四年。現在小学館文庫）をまとめることができたのも、そのおかげである。

一九六七年一一月、ワシントンを訪問した佐藤首相は、直前にわざわざサイゴンを訪問して親米政権首脳と会談、ベトナム戦争支持を鮮明にした作戦が成功して、ジョンソン大統領との間で「両三年以内の施政権返還」を確認する日米共同声明の発表にこぎつけた。ホワイトハウス・ウエストウイングの玄関前で、当時の下田駐米大使とアレキシス・ジョンソン駐日米大使が行った新聞発表には、上機嫌のジョンソン大統領が飛入り参加し、「今年になって会った八十七人の各国首脳のうち、こんどの会談ほど実り多く、助けになったものはない」と興奮しながら語るのを取材した日々を昨日のことのように思い出す。そして東京に帰任していた二年後の一九六九年一一月、とうとう佐藤首相とニクソン大統領との共同声明で、それが現実のものとなり、一九七二年五月一五日、沖縄施政権は日本に返還された。

私はその一週間後、次の勤務地となったバンコクへの赴任を沖縄経由とすることを強く上司に求め、円とドルが同居する那覇の街に降り立った。取材したアメリカ軍基地は、どこもベトナムへの出撃のためにフル稼働していた。そして日の丸がはためく目抜き通りの劇場では、「本土復帰」記念公演と銘打って、一八七九年の明治政府による武力による琉球併合、つまり「琉球処分」の芝居が、連れて行ってくれた沖縄の友人の通訳なしではまったくわからない琉球伝来の方言「ウチナーグチ」で上演されていた。

「ニクソン」を捉えそこねた

今、沖縄米軍基地が日米安保体制に組み込まれたあの時代を俯瞰して、どうしても報告しておかなければならないと思うのは、バレオ氏が教えてくれた「ニクソン論」のおかげで捉えることが出来た東アジアの安定剤としての安保体制、そのカナメとしての沖縄米軍基地の皮肉な役回りである。

一九六八年の激動の幕開けとなった三月のニューハンプシャー州予備選挙で、無名の反戦候補、マッカーシー上院議員のもとに結集したベトナム反戦票のおかげで、ジョンソンが事実上の敗北を喫した夜、「これで共和党のニクソンが勝つかもしれない」との貴重な予言をだれよりも早くくれたバレオ氏は、ニクソン大統領就任式直前の一九六九年一月には、こういった。

「ニクソン大統領を馬鹿にしてはいけない。一番怖いのは大統領選挙に続いてカリフォルニア知事選挙にも敗れて、落ちるところまで落ちたところからはい上がってきた強味は大きい。彼には面倒な人気というものがない。どんな妥協をしても、前言を翻しても誰も本気で彼を責めない。これは大統領として大きなプラスだ」。

その警告は、日米関係でも現実のものとなった。まず、この「なりふり構わない」ニクソン路線は、一九六九年一一月の佐藤・ニクソン共同声明で沖縄施政権返還を認める代償として、沖縄米軍基地への「有事核持ち込み」のみならず、当時南部諸州を中心とする繊維業界の強い要望を受けて、日本からの対米繊維輸出の自主規制をその「密約」の一部として認めるよう要求してくる。二〇〇九年末、故佐藤首相の遺族が公表した、一九六九年一一月一九日の日付と佐藤首相、ニクソン米大統領の署名がある「有事核再持ち込み極秘合意議事録」を佐藤首相の「密使」としてキッシンジャー大統領補佐官との間でまとめ上げた故若泉敬氏（一九三〇—一九六）は、一九九四年の著書『他策ナカリシヲ信ゼムト欲ス——核密約の真実』の中で、キッシンジャーがニクソン大統領にとっては、核問題よりも繊維の方が重要なのだと述べたと報告するなど、繊維自主規制問題に振り回される一幕を細述している。

私はこの若泉敬氏とこの頃会っている。ワシントンから帰任したばかりの一九六九年夏、四谷にあった京都産業大学の東京事務所に招かれた。友人の政治部記者が間に入っていたと思う。私がワシントンから送ったマンスフィールド会見などの記事をよく読んでいて、ニクソン・ホワイトハウス内の力関係など熱心に質問された。青白い顔で思い詰めたような表情が印象的だった。もちろん当時彼がキッシンジャーと渡り合っていた「密約」交渉については何一つ触れなかった。しかし、今から考えると、二七年後に沖縄戦跡地への贖罪の旅の果てに自尽する「殺気」が漂っていたように思う。冥福を祈りたい。

この極秘合意議事録について、外務省の「密約」問題についての有識者委員会は三月九日、「私蔵され、引き継がれていないため、必ずしも密約とはいえない」との奇妙な、賛否が分かれる判断を示した。私はやはり「密約」であったと思う。

しかし、より注目すべきは、この六九年一一月の段階で、はっきり顔を出していたニクソン政権のエゴイズムむき出しのしたたかな国益第一主義が、現在にまで至る日米安保体制、そのカナメとしての沖縄米軍基地に東アジアの「ビルトイン・スタビライザー」、つまり安定剤としての皮肉な役回りを与え、定着させてしまっているという現実である。

具体的にいえば、一九六九年一月の政権発足直後から水面下での模索が始まっていたニクソン政権の対中国和解政策では、沖縄米軍基地を抱え込んだ日米安保体制を、中国の日本軍国主義復活に対する不安を除去する切り札として使うことで、対中和解を果たそうとのシナリオが構築されていたわけである。つまり、日米安保体制という日本に対するアメリカの核を含む軍事的な傘が、七二年二月に実現した「世界を変えた」歴史的なニクソン訪中、毛沢東との握手の際の「引き出物」として差し出され、中国もそれを受け入れたという事実である。同年一一月の佐藤・ニクソン共同声明のウラ取引で繊維輸出自主規制を持ち出したのは、まさにこのニクソン現実主義路線のさきがけであった。

一九七一年七月のキッシンジャー秘密訪中が完全に日本の頭越しに行われたこともあって、日本には、いまだに「ニクソン・ショック」という言葉が残る。当時のロジャース国務長官が日本政府の苦情に対し、「注意深く見ていてくれればわかったはずだ」（一九七二年一月の福田外相への発言）と突き放したように、このアメリカの変身を見逃した後遺症はまだまだ尾を引いている。現在の普天間基地移転問題をめぐるアメリカとのぎくしゃくした関係のなかで決して忘れてはいけないのは、この「ビルトイン・スタビライザー」としての沖縄米軍基地、そして日米安保体制の実像である。そこには日米関係全体の過去と未来がともに絡む。

「南部戦略」からの始まり

最後に、アメリカと中国と日本、それに韓国、台湾、さらには北朝鮮までも含めて機能していることのアイロニーに満ち満ちた、日本にとってどこまでも重い構図について、報告しておきたい。

やはり、この日米安保体制「引き出物」路線を生みだした「ニクソンのアメリカ」という土壌について、きちんと捉えておかねばならない。ニクソン大統領の出現は、一九六八年の選挙で意外にも民主党のハンフリーではなくニクソン支持を表明して世間を驚かせたリベラル派論客の重鎮、ウォルター・リップマンの言葉に従えば、ケネディ時代のニュー・フロンティア政策、ジョンソン時代の偉大な社会政策――といった口当たりのいい大言壮語のスローガンで夢と公約を安売りした政策の破綻のなかでのみ可能だった。ベトナム戦争を拡大し、反戦運動、二つの暗殺、黒人デモ――と国内を分裂させ、ドルの地位を低下させた二代にわたる民主党政権の「インフレーション・ポリティクス」に疲れ果てたアメリカの選択だったというわけである。

したがって、「ニクソンのアメリカ」では、ニクソンが「声なき声の多数派」と名付けた保守化した白人中産階級の内向きのエゴイズムと現実主義が主役としてとりこまれることになった。内政面では、それは「南部戦略」と呼ばれた、愛国心にとみ、黙々と働き、道徳心、宗教心厚く、同時に反黒人、反学生運動、反反戦運動、反ゲイ、反東部、反インテリ、反ウォール・ストリートで団結する「声なき声の多数派」を共和党の新主流派として定着させるという戦略であった。奴隷州時代から民主党の地盤であった南部諸州が新しい産業地域として生まれ変わり、全米各地から新たに中産階級が流入する状況に注目、彼らを共和党に取り込もうとの魂胆から始まったために、こう名付けられた。六九年一一月の佐藤・ニクソン共同声明での「密約」として、施政権返還の見返りに、技術革新に乗り遅れつつあった南部諸州の繊維産業の圧力を受けて、日本の繊維輸出自主規制を執拗に求めたのは、この「南部戦略」の発動以外の何ものでもなかった。

「アメリカ兵が血を流す時代は終わった」とのスローガンのもと、ベトナム戦争のベトナム人化計画を打ち出し、名誉ある撤退への出口をひらいた「ニクソン・ドクトリン」はこの「南部戦略」の内向きのエゴイズムと現実主義の上で組み立てられた外交戦略である。ニクソンの対中和解はまさにその一部として実行に移された。キッシンジャーを北京秘密訪問に送りだした直後の一九七一年七月六日、ニクソンはカンザスシティーでさりげなく行った演説で、「アメリカは第二次世界大戦直後のように、自分のポーカー・チップを相手に配ってゲームをしていたような地位にはなく、挑戦してくる欧州、日本、ソ連、中国との五極の競争に打ち勝たねばならない」と述べ、「アメリカという国」の生き方そのものの転換を訴えた。

反共イデオロギーと民主主義の保護者を自任して拡大を続けたベトナム戦争に象徴されるケネディ―ジョンソン時代の「世界の警察官」メンタリティーを返上するとの宣言であった。つまり、何事もアメリカの国益第一の、現実的で、利己的な「競争者」への変身の告白であった。そして、中国との和解はこの五極での競争でアメリカが優位に立つための、しかもアメリカだけに与えられている「チャンス」と位置づけられていた。

米内外のほとんどのメディアが無視したカンザスシティー演説を、中国だけは見のがさなかった。七月九日、北京の土をはじめて踏んだキッシンジャーに対し、中国側は、いきなりこの演説をどう思うかと聞いてきたという。

まかり通る「引き出物」論

こうして、日米安保「引き出物」論が、ニクソン訪中発表の日から、まずアメリカ側であけすけに語られ始める。『ニューヨーク・タイムズ』紙のワシントン支局長、マックス・フランケル記者は、ニクソン訪中発表の日の解説記事の最後をこう結んでいた。

「ニクソン大統領は明らかに日本の成長しつつある経済、軍事力に対する中国の恐怖を利用して、アメリカが太平洋に居残ることを正当化し、さらには台湾からの撤収をわずかなものですませようと考えている」。

その約一カ月後の七一年八月、同じ『ニューヨーク・タイムズ』紙のジェームス・レストン副社長は北京での周恩来中国首相との独占インタービューで「アメリカが日本との安保条約に終止符を打てば、日本は現在より軍国主義国家になりそうだと、首相は思うのか、それとも逆に軍国主義的でなくなると考えるのだろうか。私は日本がアメリカと安保条約から解放されれば、核保有国への道を歩まねばならなくなることは間違いないと思う。したがって、私には首相が日米安保条約破棄を望まれることが理解できないのだが……」と述べ、日米安保、対中「引き出物」論の原型といってもよい論理をぶつけている。

これに対し周恩来首相は「それはこじつけの議論だ」として、いかに日本の再軍備、核武装がアメリカの後押しの上で進行しているかを細述している。

しかし、キッシンジャーは、それから約二〇カ月後の一九七三年三月三日付のニクソン大統領あて秘密メモの中で、次のように誇らしげに報告している。

「過去二〇カ月間の我々の説得の結果、周恩来は今や非公式の場では、日米安保条約が日本の拡張主義と軍国主義にたいする歯止となっていることを認めている。彼は北京政府が最近は日本との対応において、安保条約を攻撃するようなことは全くしていないことを指摘していた。彼はアメリカには自らが肥大させてしまった日本を押さえつける重大な責任があると述べた。……毛沢東は私がアメリカへの帰路、東京に一泊しかしないのは間違いだとし、同盟国である日本にもっと時間を割くべきだと言った。彼は又日本との貿易その他の摩擦が基本的な協力関係を損なわないようにすることに確認を求めた。彼はアメリカと日本、それに欧州、近東の友好諸国でソ連に対抗する枢軸を形成すべきだと説いた……」。

つまり、周恩来は、レストン記者の分析を受け入れていたのである。このメモは二〇〇三年以降、アメリカ国立公文書館で、解禁されている。

こうした中国側の「引き出物」受け入れの姿勢は、米中国交回復四カ月前の一九七八年七月の段階にはさらに顕在化する。日米安保と日本軍国主義復活の危険性への非難は完全に消えて、以下のような発言となって、日米の安保条約の「不平等の改善」まで口にするようになっている。

「ソ連が対外拡張を強くやっている現在、日米安保条約は当面、必要と考える。いまの状況下で（日米安保条約が）破棄されたらソ連の脅威が増え、中国への脅威も増す。アジア・太平洋地域にとっても不利である。日米安保条約の問題は国際的、相対的にみなければならない。将来、ソ連の脅威を取り除くことができたらその破棄を考えても結構です。ただ不平等な面があるとしたら改善すべきでしょう」（北京でアメリカからの軍事問題研究者友好訪中団と会見した伍修権人民解放軍副参謀長の発言）

この中国の路線が変わった兆候はない。鳩山政権発足後の二〇〇九年一一月一三日付『読売新聞』

朝刊は、「鳩山政権の下で日米関係に軋みが出ていることに関して、中国では、日米同盟の弱体化が進んでアメリカの日本に対する抑止効果が薄れては困るとの憂慮が顕在化しており、結果として、正式な軍隊保有、憲法改正への懸念が示されている」といった北京特派員電を掲載している。

そして、今この沖縄米軍基地を軸とする日米安保条約体制を「ビルトイン・スタビライザー」としての役回りで受けいれているのは中国だけではない。台湾、韓国も同様である。北朝鮮でさえ、二〇〇六年六月、ピョンヤンで故金大中韓国大統領と会談した金正日総書記は、はっきりと沖縄さらには韓国でのアメリカ軍駐留を容認する発言を行ったと、複数の韓国側会談参加者が認めている。

私が「ウチナーグチ」の琉球処分劇の「歓迎」をうけた一九七二年五月から三八年、沖縄が普天間基地移転問題で再び受難の時を迎えようとしているとき、忘れてはいけないのは、この東アジアの「ビルトイン・スタビライザー」の沖縄が「日本という国」全体に依然として払い続けている犠牲である。その深さである。この現実は肝に銘じておかねばならない。

II

日米安保における日本の主体性？

〈座談会〉

安保をめぐる「政治」と「外交」の不在

【沖縄米軍基地が問うもの】

渡辺靖（文化人類学・アメリカ研究）／**松島泰勝**（経済思想・島嶼経済）
伊勢﨑賢治（国際政治・平和構築）／**押村高**（国際政治・思想史）
司会・編集長

現在の日本社会を根底から規定しているはずの安保だが、日常のわれわれは、その意義や問題に必ずしも自覚的でない。安保はわれわれに何をもたらしているのか。異なるジャンルの専門をもつ気鋭の、安保闘争の経験なき新世代が、旧来の「肯定論vs否定論」とは異なる地平から、その意義と限界と問題を問い直す徹底討論。（編集部）

（司会）本日は、「日米安保」をめぐって徹底的に議論をしていただきます。戦後の日本、現在の日本は、アメリカとの関係なしには理解できません。例えば、憲法九条が大事だと言っても、これと日米安保との関係をこそ問わなければならない。また、ある時期から「日米同盟」という言葉が使われるようになりましたが、これも、従来の関係が定かではなくなったからこそ、ある種の危機感から使われているのかもしれない。いずれにせよ、戦後の日本を大きく規定しながら、実はきちんと論じられてこなかったものこそ、「日米安保」だったのではないか。安保改定から半世紀を迎える現在噴出している沖縄の普天間基地問題や「密約」問題は、そのことを示しているように思えます。

まずは、自己紹介を兼ねつつ、①これまでの日米安保をどう評価すべきか、②今後、日米安保をどうすべきかについて、ご発言下さい。

問題提起

日米安保のプラス面とマイナス面　渡辺　靖

パブリック・ディプロマシーへの関心

渡辺　私の専門は文化人類学で、主にアメリカのコミュニティを研究してきました。コミュニティというプリズムを通して、アメリカ社会の光と陰の両面を見てきたつもりです。
そして十年ほど前から、アメリカの対外広報文化外交（パブリック・ディプロマシー）に興味を持ちはじめました。もともと文化人類学は、他者性をめぐるポリティクスに敏感な学問なのですが、留学から帰国後、日本における反米論や嫌米論に興味をそそられました。その後、二〇〇一年に同時多発テロが起き、この問題をよりグローバルに捉えるようになると同時に、アメリカ側の反応や対応に興味を覚えました。これがパブリック・ディプロマシーに関心をもつに至ったきっかけです。

軍事力の外注化と近隣諸国の安心感

さっそく本題に入りますが、これまでの日米安保をどう評価すべきか。これにはプラスとマイナスの両面があるので、まずプラスの面から。

よく指摘されていることですが、軍事力を「外注化（アウトソース）」することで、非常に低いコスト（例えば、防衛費の対GDP比）でアメリカ軍の世界最高レベルの抑止力と防衛力を享受できてきたことが挙げられます。さらに防衛費を低く抑えることで、戦後の復興のため、社会整備や経済発展に資金を投入できました。これは、ひとつの合理的な選択です。

それから、近隣諸国に安心感を与えてきたという側面もあります。もちろん、日米安保が近隣諸国に与えるものは、安心感だけではない。しかし、そうした側面があったことは否定できない。さらに日本は憲法で戦争放棄を明言しています。そうした国家が、不安定要素の多いアジア地域に存在することの意義は決して小さくはない。細かい点を指摘していけば、いろいろ問題もあるでしょうが、大局的にはそう言えます。奇跡的な経済発展を成し遂げ、かつ成熟した民主主義体制を実現した国として、アジアに対してある種のモデルになってきた部分もある。またODAなどを通して経済的な繁栄を分かち合ってきた面もある。これも合理的な選択と言えます。

アジア軽視と沖縄の犠牲

ただし、マイナスの面もあります。

まず、これだけ軍事力を外注化し、経済や文化でもアメリカに頼ってきたことで、必然的に「アメリカ重視」となり、その裏返しとして「アジア軽視」となりました。そのことが、結果的に、日本外交の選択肢を狭める一因となった。要するに、戦後日本は「アジア」という選択肢を持てなかった。例えばイギリスの場合、「アメリカ」という選択肢と「ヨーロッパ大陸」という二つの選択肢があり、その中でバランスを保っている。ブレアがアメリカに近づき過ぎてヨーロッパ大陸側から反発を買ったのであれば、ブラウンが軌道修正する。そういう形で外交の選択肢を確保してきた。ところが日本は、「アジア」という選択肢、あるいはより広く「アメリカ以外」の選択肢を持たないために、結局、アメリカがさらに重い存在になった。日米安保をめぐっても、「もしかすると見捨てられるのではないか」という恐怖が常にある一方で、「もしかすると巻き込まれるのではないか、アメリカに取り込まれるのではないか」という相反する感情が抱かれてきた。このような事態は、やはり「アジア」という選択肢を持たなかったことに起因します。

このことは、実はアメリカにとっても不安材料なのです。日本がアメリカに親しいことは歓迎すべきことですが、他方で、日本がアジア諸国とうまく関係を構築できないことはアメリカの対アジア外交におけるリスク要因になり得る。日本がアジアの中で信頼される存在であって初めて、日米安保もさらなる正当性を持ち得る。アメリカ重視が、結果的に、皮肉にも、アメリカに不安を呼び起こす一因にもなっているわけです。

もう一つのマイナス面は、沖縄への負担の集中です。日米安保が沖縄の犠牲の上に成り立ってきたことは、否定しようのない事実です。これは日本本土の基地が大幅に減少してきた現実とは対照的です。それゆえに日米安保に関する議論も「沖縄を選ぶか、アメリカを選ぶか」という二者択一論に回収されてしまいがちです。

安全保障概念の変容と中国

では、日米安保を今後どうするか。

まず冷戦後、安全保障の概念自体が変容してきました。核軍縮や核不拡散が重要である一方で、防災、医療、保健、環境、エネルギー、貧困国支援なども、広い意味での「安全保障」と結びつくようになった。こうした安全保障概念の変容に合わせて、日米同盟の同盟概念そのものもバージョンアップする必要が出てきている。狭義の同盟、つまり軍事同盟としての同盟も、引き続き、一定の重要性を持ち続けますが、軍事同盟だけに収斂させない形で同盟関係を強化していかなければならない。さらに日米同盟を一定のベースにしながら、他の二国間関係、あるいは地域間の枠組を重層的かつ多面的に構築していくことも重要です。

この文脈において、とくに台頭する中国を大局的にきちんと捉えていかなければならない。中国は、中東、アフリカ、中南米などで非常にアグレッシブな外交を展開していますが、そこに見られるのは、これまで欧米社会が重視してきた規範とは、必ずしも同じでないように見受けられる。「もう一つの国際社会」の構築のようにも見えなくもない。果たして中国は、本当に「もう一つの国際社会」をつくろうとしているのか。あるいはまた別の目的を持っているのか。その真意が測り難く、ここに問題の難しさがあるわけですが、いずれにせよ、激変する中国を国際社会の中にソフトランディングさせていくことが重要であり、アメリカにとっても、世界にとっても、中国が台頭すればするほど（少なくとも現在のような軍事的台頭を続けるかぎりは）、日米同盟がより重要になってくるだろうと思います。

琉球・沖縄からみた日米安保　松島泰勝

琉球人として／日本国民として

松島　私は、島生まれ、島育ちです。生まれは石垣島で、その後、沖縄気象台に勤めていた父の仕事の関係で、南大東島、与那国島、沖縄島と移り住みました。大学から東京に住み、早稲田大学の政経学部と経済学研究科を出ました。大学院在籍中に外務省の専門調査員となり、グアム総領事館で二年、パラオ大使館で一年働きました。そのようにして西太平洋にある島々を見てきました。

私の専門は、経済思想と島嶼経済です。島嶼においては、必然的に経済と、その他の政治、軍事、文化、社会が密接に結びついている。そうした視点から、日米安保にも非常に関心を持っています。また私は、「琉球人」としてのアイデンティティを持っていますが、一九七二年の「復帰」以降は、「日本国民」でもあります。この二つの立場から日米安保について考えてみたいと思います。

沖縄の犠牲に依存する「砂上の同盟」

まずこれまでの安保をどう評価するべきか。

何よりも、日本国土の〇・六%を占めるにすぎない沖縄県に、米軍の専用基地の七五%が集中している現実を問題にしなければなりません。この意味では、日米安保の中心は沖縄にある。しかし、このように日米安保の当事者であるにもかかわらず、琉球人は、この中身の決定にいっさい関わっていない。一九五一年の旧安保の締結の時点でも、一九六〇年の新安保への改定の時点でも、沖縄は米軍統治下にあり、いかなる決定権も持っていなかった。このように、琉球人は蚊帳の外に置かれたまま決定された日米安保が、復帰後、自動的に沖縄にも適用されたわけです。そして、琉球人不在の体制は、基本的に現在まで続いています。

一九五〇年代の本土における反米軍基地闘争等で、本土に駐留していた海兵隊が沖縄に移設され、本土の米軍基地が大幅に縮小されました。

「日本の国防、日本の安全保障にとって日米安保は不可欠だ」と言いながら、沖縄だけに米軍基地をこれほど集中させているのは、日本人と日本政府の無責任体制の現われだと言わざるを得ない。「日米安保によって戦後日本は平和と繁栄を享受できた」と言われますが、沖縄にとっては、現在まで「平和」であった試しはなく、日常的に事件、事故が発生している。日米安全保障共同宣言や日米安保改定五〇周年に当たっての首相談話でも、「日米安保によって日本の平和が維持されてきた」と述べられている。ところが、ここに言う「日本」に沖縄は含まれていない。沖縄を例外とした形で日米安保が論じられているわけです。そこには「日本の国防の問題」が「沖縄の犠牲」の上で議論されている歪さがあります。負担は沖縄に強いられる一方で、本土にいる日本人だけが便益を享受している。

『沖縄タイムス』論説委員の屋良朝博さんが、『砂上の同盟』（沖縄タイムス社）という本を昨年出していますが〔編集部注――屋良朝博氏は、本書にも『沖縄米軍基地の戦略的価値』という神話」を寄稿〕、実際、沖縄の犠牲を前提とする日米安保体制は、まさに「砂上の同盟」と言えます。というのも、普天間飛行場の代替施設を辺野古につくろうとするも、なかなかつくれない。そこから「これによって日米同盟は崩壊する」「同盟が非常に揺らいでいる」といった議論が出てきている。要するに、こうした辺野古の問題で根幹が揺らいでしまうほど脆弱な同盟なわけです。安保条約の第六条に、アメリカへの基地提供義務が明記されていますが、その大部分は沖縄が担っている。そうである以上、逆にそこを沖縄が拒否すれば、当然、安保全体が揺らぐことになります。

　しかし安保条約上には沖縄に「米軍基地を集中させる」という文書はどこにもありません。条約と実態が合一せず、両者の間で常に齟齬が生じています。条約上、沖縄に米軍基地を集中させるという根拠がない。構造的に土台の弱い安全保障体制であると言わざるを得ません。

九五年の反基地運動と膨大な補助金

実際、一九九五年にこうした「安保の危機」が先鋭化します。十二歳の少女がアメリカの軍人三人にレイプされるという事件をきっかけに、沖縄で八万人以上の反米集会、反基地集会が開かれました。大田昌秀元知事も、財界のトップも参加して、まさに島ぐるみの反対運動が起こった。

この時、日本政府も、かなりの危機感を抱いたわけです。対応として具体的に何をしたか。日本政府は、沖縄に振興開発として多額の資金を投入する一方で、米軍基地の受け入れを財政援助の前提とする政策を行なうわけです。

いわゆる「島田懇談会事業」（正式名称＝沖縄米軍基地所在市町村に関する懇談会事業、座長＝島田晴雄）は、基地が所在する市町村に限定された振興開発で、一九九七年から現在までに約八〇〇億円。「北部振興事業」（沖縄本島北部の名護市が一九九九年に普天間飛行場の代替基地建設の受け入れを表明したことを受けた閣議決定「普天間飛行場の移設に係る政府方針」に盛り込まれた事業）の総額は、二〇〇〇年からの一〇年間で約一千億円。その他、沖縄米軍基地再編に関わる「SACO（沖縄に関する特別行動委員会）交付金」や「SACO補助金」がある。そして極めつけが、米軍再編に関連する特定の防衛施設を指定し、当該市町村に「再編交付金」を支払うという、二〇〇七年の「米軍再編推進法」です。これは、「受け入れ表明」「環境影響評価の実施」「工事開始」「基地運用開始」といった各段階で、市町村に国が直接、交付金を支給する、という露骨な「アメとムチ」の政策です。

これらの基地に連動した補助金・振興開発も、日米安保共同宣言（一九九六年）、周辺事態法の成立（一九九九年）といった動きも、すべて一九九五年の反基地運動によって露呈した「安保の危機」に対応するためのものでした。

そしていま第二の危機が到来しています。これが昨年来の動きです。

昨年、政権交代が起きる選挙の前、鳩山現首相を始めとして民主党の人々が、沖縄に来て、「普天間基地の機能は県外または国外に移設する」と言いました。こう明言することによって沖縄選出の自民党の衆議院議員は一掃された。それほどの期待が込められた政権交代だった。にもかかわらず、いまだ新しい候補地は決められない状況が続いています。

独立国にふさわしくない条約

では、日米安保を今後どうすべきか。

そもそもこれは「時代遅れの産物」ではないか。冷戦も終結し、アメリカ以上にアジアとの経済関係が拡大した現在、半世紀前に全く異なる状況下で結ばれた条約を単なる惰性で維持すべきかを問わなければならない。

日米安保は本当に日本の国益に適っているのか。米軍の本来的な任務は日本防衛ではなく、世界戦略の展開にあるのではないのか。そもそも米軍は日本の平和を守る存在なのか。「依然、不安定な地域が世界には広がっている」とアメリカは言うけれども、世界を不安定にしているのは、むしろアメリカ自身ではないのか。朝鮮半島、ベトナム、イラク、アフガン、いずれを見ても、アメリカの介入によって、かえって不安定化している。そうした状況下でアメリカと同盟を結ぶことは、むしろ世界の不安定化に手を貸すことになるのではないか。かえって日本を不安定な状況に追い詰めるのではないか。

また「日本国民」の一人として、「日本は本当に独立国なのか」と問わざるを得ない。米軍基地内は、いわば「治外法権」です。日本の法制度は基本的に適用されない。独立してから半世紀が経っても、こんな状況が続いている。例えば、明治国家にとって治外法権と関税自主権の撤廃こそ、独立国としての最重要課題でした。そうした独立国としての意識があまりに希薄ではないか。日本が本当に独立国なのであれば、少なくとも日米地位協定の改善や米軍基地の縮小・削減にもっと本気で取り組むべきだと「日本国民」の一人として強く思います。

太平洋の島々からみた日米安保

また太平洋から日米安保を捉える視点も重要です。パラオ共和国、ミクロネシア連邦、マーシャル諸島共和国といった国々は、現在、独立国ではありますが、軍事権は、アメリカが握っています(パラオ・マーシャル諸島・ミクロネシア連邦の各国は、国連の信託統治領から独立国に移行する際、アメリカと「コンパクト(自由連合)」を結んでおり、各国の国防と外交の一部はアメリカが担っている)。つまり、基地を提供する代わりに経済援助を受けているという意味で、沖縄と極めて似た状況にあり、政治的・外交的にも直接にリンクしています。さらにハワイには太平洋艦隊があり、海兵隊司令部の移転が予定されているグアムの全面積の三分の一は米軍基地です。そしてアメリカは、オーストラリアとANZUS（太平洋安全保障条約）を結んでいる。米国は太平洋全域において軍事的権限を有しており、日米同盟関係の動向が、太平洋諸島にも大きな影響を与えています。日米同盟や沖縄米軍基地も、こういった太平洋の島々の視点から捉える必要があります。

そして「島の人間」の立場から言えば、「島に基地がある」ということは、潜在的にはいつでも「戦場になる」ことを意味します。これはどの島にも共通する。島というのは、そこを押さえれば、周辺の制空権、制海権を掌握できる軍事的要衝です。ということは、島の人間からすれば、むしろ基地はない方が島にとっては安全です。軍隊が必ずしも島の人間を守るために島に駐留しているわけではないことは、すでに沖縄戦で思い知らされたことです。日米の軍事戦略家は生身の人間としてではなく、戦略上の道具、駒として島の人間や島そのものを見ています。人の生活、生命、歴史や文化から遊離した形で基地や安全保障について語っています。沖縄に基地が集中するほど、沖縄が戦場になる可能性も高まる。だからこそ基地は、一刻も早くなくしてほしい。これが「琉球人」としての私の願いです。

その上で、日米安保の今後についてどんなシナリオがあり得るか。とりあえず、三つのケースを想定してみます。

第一は、独立国として対等な同盟関係の構築です。そのためにはまず日米地位協定の改善が必要です。アメリカ軍人が基地外で犯罪・事故を起こした場合、日本側で日本人のケースと同じように裁けるようにする。あるいは基地内であっても、例えば環境破壊の恐れがあるような場合、調査できる権限を持つ。現在は、こうした調査もできません。基本的な事項を一つ一つ正していくことで、同盟関係を対等なものにしていく。そして沖縄に基地が集中している状況を改めていく。これを私はまず「琉球人」として願うわけですが、「日本国民」としての立場からしても、もし「日本の国防や安全保障にとって日米安保や米軍基地が不可欠だ」だと言うならば、日本本土も公平に米軍基地を受け入れてほしいと思います。

第二は、(時間のかかることでしょうが)二国間関係から多国間関係への移行です。これは、対米二国間関係への依存から脱却して、中国、台湾、ロシア、韓国、北朝鮮、東南アジア、太平洋諸島などと多国間関係を構築して、アジア・太平洋地域とともに自国の安全を保障していく、というシナリオです。

第三は、(最も可能性が高そうですが)現状維持です。何も変えない。引き続き米軍基地が沖縄に集中する。悲しいことですが、アメリカと対等にやり合う気概や覚悟が日本政府に見られない以上、こうなる可能性が最も高い。そうであるならば、むしろ琉球人が、自治的自覚をもって、自治権や外交交渉権を求めてアメリカと直接交渉していくべきではないか。琉球・沖縄が率先して現状を打破していく必要があるのではないかと思います。将来どのような状況になろうとも、琉球人は自らの生命、生活、文化や歴史を自治によって守らなければなりません。これが琉球人による琉球人のための琉球の安全保障です。

「感情論」で処理できるのか

えてして「沖縄からの声」は「感情論」として軽視されがちです。「沖縄の人には申しわけないけれども、もっと冷静に、戦略的にとらえるべきだ」と。しかしそうした「感情」は軽視できるようなものなのか。人々の気持ち、悲しみ、苦しみというのは、いつか爆発してさまざまな形に発展し、政治も動かします。ですから、「日本国民」として、同じ同胞として、琉球・沖縄の人々の苦しみや悲しみを本土の人々にきちんと認識してもらい、日米同盟のあり方や沖縄米軍基地の存在を、自分自身の問題として問い直してほしいと思います。「感情論」として退けるのは、自分自身の問題を他人の問題にすり替えることです。琉球人の反発は、基地によって自分や家族の命や文化的、歴史的土台が奪われるという、人間の自衛本能のあらわれです。琉球の人がなぜ「否（ノン）」を主張するのかと、当事者の気持ちになって考えるべきです。

右も左も「保守」――当事者意識の欠如　伊勢崎賢治

本土の基地返還と沖縄の基地存続

伊勢崎　僕は生まれも育ちも立川です。米軍基地がすぐ側にありました。しかし、米軍基地の問題は、自分の中では片づいていた。というのも、立川基地は、一九七七年には全面返還されたからです。その気持ちは、つい最近まで変わっていなかった。

ところが、四十代になって初めて沖縄に行き、基地の存在を目の当たりにしました。実は、来週も東京外国語大学の授業で沖縄を訪問します。「ピース・アンド・コンフリクト・スタディーズ」という国際政治における紛争に特化したマスターコースの講座を受け持って、イラクやアフガニスタンなどの紛争当事者国から学生を受け入れているのですが、その講座の一環として訪問するわけです。今回、米軍基地の視察を申し込んでみましたが、さすがに断られました。アフガニスタン出身の学生などもいるからです。

アフガン紛争と日本

僕にとって米軍は、まさに生まれたときから身近に存在していたわけですが、アフガニスタンでは米軍と直接関わることになった。結果的には、ブッシュ政権に使われた形になりますが（「不朽の自由作戦」)、日本政府特別顧問として、「北部同盟」(一九九六年のタリバンの首都カブール制圧後に、アフガニスタン北部を根拠とした反タリバン勢力。アメリカの支援の下、二〇〇一年一一月、カブールを奪還した)の武装解除を指揮した。そこでアメリカの軍事政策の脆弱さも目の当たりにしました。というのも、これが現在のタリバン再台頭の根本的な原因をつくっているからです。これは紛れもなくブッシュの責任です。オバマはその尻拭いをさせられている。そして現在オバマは、自らの外交政策の命運をかけて、第二回目の増派を開始し、アフガン南部で最大規模の軍事作戦を展開しています。これが成功するかどうか、米国におけるオバマへの審判もそろそろ下る頃です。第二回目の増派開始からは、もはや「ブッシュの戦争」ではなく「オバマの戦争」と言われています。

ブッシュが始めた間違った戦争をいかに終結させるか。ソフトランディングさせるか。軍事的な勝利はない。これは米軍も認めている。では講和するなら相手は誰か。敵もわからないのに講和がありうるのか。こういうことをいま考え始めています。

そしてアメリカでの政権交代・政策転換と軌を一にするように、日本でも政権交代が起きました。民主党政権は、インド洋で給油活動に当たる海上自衛隊を撤退させる代わりに、アフガニスタン本土の比較的安定している地域で民生・復興支援を行なう、という政策転換を図ろうとしています。これは後に詳しく述べますが、大きな問題を孕んでいる。いずれにせよ、突き詰めれば、すべては、日本は精神的に主体的なのか、独立国家なのか、という問題に行き着いてしまう。我々は独立国家なのか、我々にその気概はあるのか。ここに、現代日本人に対する日米安保の精神的なインパクト、という巨大な問題がある。

右も左も「保守」

現在、僕は「九条の会」に入っています。ただし、教条的な護憲論ではありません。今のところは九条を守った方が日本の国益になり、「世界益」にもなるというロジックです。

「九条の会」は、全国に六千以上あり、講師としてあちこちからお呼びがかかるわけですが、会場はいつも満員で、ほとんどがおじいちゃん、おばあちゃん。こうした講演を二年、三年続けてきて、「護憲派」の人々とつき合うようになって、最近、少し違和感を感じています。

「保守」というのは、要するに「現状維持」ですね。日本は、戦後六〇年間、戦争をしていない。戦争に巻き込まれてもいない。インド洋にも、イラクにも行ったけれども、わが自衛隊は一発も撃っていない。経済大国が六〇年間もこう過ごしてきたというのは、確かに稀有なケースです。こうした状況を維持したいのが「保守」だとしたら、「九条の会」の人々はまさに「保守」です。また、これとは一見、正反対の人たち、つまり日米同盟の強化によって、この平和の維持を望むの人々も「保守」です。つまり「この状態が続いてほしい」という意味では、右も左も、護憲も改憲も、同じ「保守」。護憲派は、この「平和」な状態が続いた理由を「九条のおかげだ」としたい。改憲派は、「日米安保による抑止力のおかげだ」としたい。理由づけは異なっても、「この現状を変えたくない」という点では、全く同じです。

「九条の会」で僕がアフガンの話をすると、怒り出す人がいる。「アフガンみたいな国と関わるから、自衛隊を出す、出さないという話になる。そんな国とは、最初からつき合わなければいい」と。つまり海外の事情から耳をそらし、嫌な現実から目をそらすというように、意識的に視野を閉ざすことで平和を維持したい。それが「九条の会」の根強い支持者の本音であって、これでは、結局、「保守」ではないかと思うわけです。

法的根拠を欠くが国益になる給油活動

アフガン支援について言えば、給油活動には僕は一貫して反対してきました。どう考えても法的におかしいからです。これは、NATO指揮下の軍事作戦です。NATO条約第五条に基づく作戦で、第五条が発動されたのは、おそらくアフガンの戦争が初めてです。つまり、「集団的自衛権」の行使です。

まず日本は、NATOの加盟国ではない。非加盟国としてこんな作戦に参加している。何を根拠にしているのか。法的に見ればあり得ないこと。しかもNATO自身が「これは集団的自衛権の行使だ」と言っている。日本は、憲法第九条が集団的自衛権の行使を禁じているはずで、とにかく法的な根拠が全くない。法的根拠のない軍事作戦は、いかなるものでもやってはいけない。この点を僕はずっと批判してきました。

しかし日本の現状、要するに、右も左も「保守」という状況を前提に考えると、あのぐらい低コストで日本の国益に適うことはない。日本人は絶対に死なない。そして年間八〇億円程度でいい。アメリカからすれば、「NATO非加盟国の日本もこれだけ協力しているのだから、NATO加盟国はもっと頑張れ」と言える。アメリカも文句ない。こんなにいいことはない。

ここ二年くらい、民主党の安全保障政策にも少し関わってきました。後の議論の中で述べますが、給油活動の停止と復興支援の開始という鳩山政権の代案は、おかしいわけです。給油活動は法的にはおかしくとも、人畜無害ですが、これから日本が行なうという支援は、アフガンの人間を傷つける可能性がある。そうすると、僕としては「給油活動の方がよかった」と言わざるを得ない。こういう捻れた構図になっている。

しかしそもそも、こうした捻れも、対テロ戦を日本人がどれだけ主体的に考えているか、というところに行き着く問題です。

日本こそ主体的に動くべき

この問題を先ほどのパブリック・ディプロマシーという観点から考えてみます。アメリカは、現在、「PRクライシス」に陥っている。「民主主義と人権の守護者」を標榜しながら、人々を殺し続けている。その矛盾が最も現れているのが、対テロ戦です。対テロ戦において、問題は、イラクの過激派でも、タリバンでも、アルカイダでもない。ラディカライゼーション(過激化)という現象そのものが敵なわけです。つまり、なぜ一部の人間が過激化し、爆弾を抱えて我々に突っ込んでくるのか。そして、この問題にアメリカが介入すればするほど、逆効果しかない。このような意味での悪循環に陥っている。

では、アメリカの同盟国としての立場から、あるいは世界平和を求める立場から、どちらにせよ、このような事態に主体的に向き合おうとすれば、日本は何をすべきか。

実は、日本は今こそ主体的に動くべきなんです。過激化の中和は、中立な人間にしかできない。アメリカの同盟国でありながら、なおかつ中立に見られているのは、日本しかない。ここにこそ、日本が主体的に行動するチャンスがあるのに、なかなかそうならない。なぜかと言えば、日本全体が、右も左も「保守」だからです。テロリストが日本国内に来ないかぎりは、どうでもいいんです。

危機を煽るような発言にもなってしまいますが、現在の対テロ戦の主戦場はアフガニスタンです。しかし、アメリカにとって最も深刻なのは、パキスタンです。パキスタン・タリバンという新しい問題がどんどん巨大化しています。パキスタンが核保有国であることを忘れてはいけない。もしパキスタンが保有する核兵器がテロリスト、過激派に渡ってしまったらどうなるのか。北朝鮮とのつながりは、まだ分かりませんが、日本もこのくらいの危機感は持ってもいいはずです。

ラディカライゼーション（過激化）、この現象そのものを脅威と捉え、これにどう対処するのか。軍事的な対処はもはや通用しない、出口がない、とアメリカ自身が言っている。ですからそれ以外の対処を考えなければならない。それができるのは、日本しかない。しかし日本自身はそのことに気づいていない。なぜかと言えば、対テロ戦も、所詮「対岸の火事」だからです。しかし実はそうではない。

ＮＡＴＯも、そうした危機感があるからこそ、嫌々ながらもアフガン戦争につき合ってきた。同盟というのは、そういうものです。ＮＡＴＯ加盟国それぞれの国内に反対派がいる。それでも反対を押し切って、これだけアメリカにつき合ってきたのは、やはり危機感を共有しているからです。その危機感が日本にはない。右も、左も、みんな「保守」だからです。ではこれからどうすればよいか。僕にはわかりません。

地位協定という糸口

少し話は変わりますが、主体性ということで言えば、少なくとも日米地位協定には改善の余地がかなりある。

アメリカが結んでいる地位協定（ＳＯＦＡ／Status of Forces Agreement）は、実は一〇〇以上あるそうです。「日米地位協定」もそのなかの一つです。そしてそれぞれの地位協定の中身は、アメリカとの地位協定の相手国からすれば、他の地位協定と比較されると困るので、あまり明らかにされていない。ところが、実は、米兵の法的保護規定一つをとっても、中身はかなり違うんです。

日米地位協定に関しては、まずオフデューティーかオンデューティーかが問題になりますが、オフデューティーでもかなりの法的な保護がある。ところが、例えば、最も最近に米軍が結んだイラクとの地位協定では、オフデューティーであれば、米兵の犯罪に関してはイラクの司法で裁くことになっていて、極端な話、死刑にもできる。

本来、日本は、アメリカの同盟国でありながら、地位協定の被害者側から考えられる稀有な国なんです。

日本が「被害者」（受け入れ側）の立場にある地位協定は二つあります。日米地位協定と国連軍との地位協定です（朝鮮戦争の発生を受けて一九五四年に、日本は、アメリカ、イギリス、フランスなどと「日本国における国際連合の軍隊の地位に関する協定」を結んでいる）。

ところが、自衛隊が海外に派遣される先の地位協定の存在を、我々はほとんど気にかけていない。日本が「加害者」の側に立つ地位協定が、実は二つあります。クウェート（二〇〇三年一二月、イラク復興支援特別措置法に基づく自衛隊のクウェート派遣に伴って締結された）とジブチ（二〇〇九年四月、海賊対策のための海上自衛隊P３C哨戒機の派遣に伴って締結された）に対するものです。クウェートとの協定は、日本にとって初めての地位協定で、最近のジブチとの協定は、飛行機の基地を警護するため、陸上自衛隊も派遣されることに伴って締結されました。

問題はその中身ですが、派遣側からすれば、日米地位協定よりもかなり条件が良いわけです。自衛隊員がオフデューティーで事件を起こしても公的な保護が完全にある。外務省は、国益に沿っていると言うわけですが、これをアメリカ軍が聞いたらどうなるのか。こういう発言の「国益」はどこを向いて言っているのか。それぞれの地位協定は、こういう問題をはらんでいます。

もちろん地位協定はどんなに改正しても本質的に「不平等条約」です。しかし、地位協定もない状況というのは、もっと酷い。実際、イラクとの間では地位協定がないまま、自衛隊が派遣された。当時のイラクは米のCPA（暫定統治機構）下で、米を含む多国籍軍の治的保護の措置は、悪名高きCPA条令一七しかなかった。これは正規軍だけでなく民間軍事会社の傭兵まで保護するもので、この傭兵たちが大きな人権侵害を起し大問題になった。イラク法から免責でも、正規軍ならそれぞれの国の軍法で裁かれる。しかし営利目的の傭兵にはそれがない。つまり、彼らを裁く法が地球上に存在しないという状況で、同じく軍法をもたない自衛隊がこのCPA条令一七下で派遣されたのです。これは本当に危ない状況です。自衛隊員の法的保護も重要ですが、自衛隊がもし現地で何か問題を起こしたときにどうなるのか。こういう問題に、我々はあまりにも無頓着です。とても軍事組織を外に出せるような社会とは思えません。我々は、被害者の立場で沖縄の基地問題を抱えているはずなのに、自衛隊の派遣先での人権の問題を少しも気にかけていない。ここまで不感症になったのも、我々がみんな基本的に「保守」だからです。

日米安保と日本外交　押村　高

「現実」はいかに形成されるか

押村　私の専門は、国際政治におけるディスコース分析（ナラティブ分析）です。例えば、「これが国際社会の現実だ」などとよく言われますが、なぜ人々がそれを「現実」だと思うように至ったのか、その過程を研究する学問です。「日米同盟は動かしがたい現実だ」と考えたとします。右も左も「保守」だというのは、まさに現状を動かし難い現実だとみなしていることを意味している。では、どのようにそのような状態に至ったのか。いつ誰がどんなことを言ったからか。発せられる思想や発言のうちに、彼らが「現実だ」と思っているものは何かを探り当てる、そうした研究です。最近は、国際規範や国際正義をめぐってこうした分析をしています（『国際正義の論理』講談社現代新書など）。

アメリカも、私にとってはそういう意味でのケーススタディの一つです。これについては、『帝国アメリカのイメージ——国際社会との広がるギャップ』（早稲田大学出版部）という本を編集したり、『アメリカ政治外交のアナトミー』（山本吉宣・武田興欣編、国際書院）という本に、「ディスコースとしての日米同盟——日本における安全保障とナショナルプライドの相克」という論文を書いたりしました。

日米安保のメリットとデメリット

日米安保については、皆さんのご発言に対する付け足しになりますが、功と罪の両面があるでしょう。

まず功の面は、総合的（包括的）安全保障という視点から考える必要がある。単に国土の安全ということにとどまらず、自らの地理的制約や地域的特性に応じて、エネルギー、資源、食料を総合的にうまく調達していかなければ日本は生存できない。この点、日米安保という軍事同盟を基軸に持たなければ、これだけの繁栄は築けなかった。これは否定しがたい事実だと思います。

ただ、問題は罪の方です。先ほど松島さんが「犠牲」と仰いました。私はとりあえずここでは「コスト」あるいは「代償」と表現しますが、問題は、あることを「代償」と思う人とそうでない人、またその「代償」がどこまで許容されるのか、その判断が人によって異なることです。安保について言えば、沖縄以外の本土の人間は、「これくらいはいい」と思ってきた節がある。実は「そうではない」ということが、いま次第に明らかになっている。その意味で、今ひとつの節目を迎えています。

さらに罪としては、「日本が半主権国家だ」と言われているように、同盟と引き替えに精神的な従属状態が当たり前になってしまった。私は、とくにこの精神的な側面の問題を強調したいのですが、それは、自らの戦争責任や戦後処理を考えるのに、そのほとんどをアメリカ任せにしてきたという問題です。

それからもう一つ、日本人が気づいていない実際のデメリットがあり、これも「コスト」と考える必要がある。二〇〇八年の日中の共同世論調査（http://www.tokyo-beijingforum.net/index.php?option=com_content&view=article&id=345%3Acanvass4th2008&Itemid=167）で、中国人に「軍事的な脅威と感じる国、地域はどこですか」と複数回答で尋ねたところ、アメリカが六〇・四％、日本が四八・一％、インドが一三・七％、ロシアは一〇％台でした。中国にとっての脅威は、まぎれもなくアメリカと日本です。これも日米が同盟を結んでいることのコストの一つです。しかし、我々は安保を維持するにあたって、通常こんなことは意識していない。むしろある種の保険のように、悪くても「無駄」、よければ「ハイリターン」なものとして日米安保のメリットを理解してきたわけですが、実は単なる「無駄」ではなく「副作用」

もあるわけです。

このようなコストもすべて再認識した上で、日米安保を問い直すべき時期に来ている気がします。

慣性としての日米安保

しかし、同時に私の専門の立場からして、もう一つ指摘しなければならないことがある。そもそもなぜ日米安保は維持されてきたかという問題です。

「右も左も保守だ」というお話がありましたが、推進者がはっきりしている政策というのは、改めるのも比較的簡単です。ところが、ある種の慣性や惰性によって弾みがついてひとり歩きしているような政策や制度は、改めるのは非常に困難です。とくに日本社会はこの種の方向転換が苦手です。国内の政治過程も、政治組織も、これに向いていない。

さらに、総合的安全保障とも関わることですが、日米安保という軍事同盟自体が、さまざまな目的、さまざまな側面、要するに「ヤヌス的」、あるいは「アモルファス」な側面を持っていたということがある。冷戦下では、「共産主義勢力への抑止力」とみなされ、同時に「日本の軍事大国化の歯止め」ともみなされた。しかし冷戦終結後は、実際にその役目を果たしているかどうかは別として、「テロ対策」や「平和活動」といった新たな目的が見出され、最近では「北朝鮮の核に対する抑止」や「中国の軍事大国化に対するミリタリーバランス」といった、もっともらしい「意義」や「理由」や「機能」がいくらでも出てくる。このように非常に多くの側面を持っていたということ自体が、実は安保が維持されてきた理由ともなっている。

国内政治に支えられる外交の重要性

では、日米安保は今後どうすべきか。

これまで見過ごされてきたコストに真剣に向き合うことがまず必要です。最大の問題は、犠牲になった人々の存在です。安全保障条約や地位協定によって、生活や「人間の安全」を脅かされた人たちの声を誰が代弁し、いかに政治過程に載せて、政策に反映させていくか。例えば、地位協定の改定については、ドイツなどの例も大いに参考になるかもしれない。

第二の課題は、精神的な従属や判断・思考の停止からいかに回復するかです。はっきり言って、サンフランシスコ講和も、国際社会への復帰も、自らの戦争責任も、戦後日本はほとんどアメリカ任せにしてきた。そこを根本的に見直して、アメリカと精神的に対峙することを通じて、自らを対象化し、アジアとの関係も自主的に構想していかなければならない。自分のことをよく知るというプロセスこそ、自立にはまず必要です。

それから、とくに強調したいのは、外交の役割です。例えば、中国が脅威化しないための措置というのは、まずは外交が担うべきことです。まず外交があって、軍事的にバランスを築くのは、その次の段階です。ヨーロッパでは、安全保障においても、ポリティカル・ウィル（政治的意思）という言い方が好まれている。独仏関係の緊密化も、バランス・オブ・パワーによるものではなく、やはり政治的意思に基づく外交が機能した成果です。さらに外交を二国間関係中心から多国間関係に広げていかなければならない。ところが、日本は、多国間外交が非常に苦手です。大国を巻き込むような形で多国間関係をリードしていくことは、日本が日米同盟以外の選択肢を確保するには極めて重要です。

そして現にある日米同盟を日本人の納得のいく方向に変えていく努力が重要です。もちろん、この点は、アメリカ次第でもあります。ただ、アメリカ自身が自らの軍事力をある種の「世界の公共財」として自覚するようになり、実際にそのように振る舞うならば、日米同盟の意義や性格も変わってくる。だからこそアメリカ次第なのですが、しかし現在は、いわば日本がボールを預かっている状況で、まずはこれをどう投げ返すかが問題になっている。

中長期的な展望として、軍事同盟の比重を少しずつ下げていくべきでしょう。安保の廃止というのは、なかなかコンセンサスを得にくい。そうである以上、政治的意思に基づいた外交を展開しながら、対米関係における軍事的比重を下げていくことが、現実味のあるシナリオです。アメリカも、同盟国に対して、民主勢力によって支えられているような外交政策であれば、仮にアメリカの意向に反するものであっても、比較的容認している。比較的自己決定を尊重しています。要するに、はっきりとものを言う国に対してはです。ところが日本は、残念ながら内部がまとまっていないので、アメリカとしても、今は様子をうかがっています。

ですから、地位協定についても、政党が「はっきりと見直せ」と選挙で言って、それが国民の支持を得るような状況になれば、多少の圧力はかかるかもしれませんし、アメリカも考え直さざるを得ないはずです。国内の政治過程に支えられた、しっかりした外交によって、軍事以外のところで日米同盟の付加価値を高めていく努力を積み重ねていくべきだと思います。

討　論

I　沖縄米軍基地と日米安保

（司会）日米安保のコストとベネフィットの両面を、それぞれの立場から指摘していただきました。しかし、政治的選択としては、コストとベネフィットの両面を比較し、最終的にトータルに判断することが求められるわけですね。その意味で、日米安保は必要なのかどうか。さらに議論していただけますか。

少なくとも当面は必要

渡辺　日米安保が五〇年を迎え、今後も必要かどうかと言えば、私は必要だと思います。

何よりも、安保を破棄した、あるいは破棄された場合のことを考えなければならない。当然、出てくるのは自主防衛論です。核保有論も出てくるかもしれない。先ほどの世論調査では、中国にとっての脅威として、アメリカがトップに挙げられていましたが、日本が自主防衛に走れば、日本が断トツでトップになるかもしれない。実際に防衛費も膨らむのは明らかで、その場合の経済的コスト、社会的コストを考えると、日本社会にとってかなりの負担となるはずです。

ただ、安保を維持にするにしても、地位協定の見直しを含め、より良い関係を構築するための継続的努力は欠かせないと思います。しかしそれは、こうした問題点を理由に日米安保そのものを破棄するという姿勢とは全く異なります。

けれども長期的に見れば、日米安保も、場合によっては解消可能だと思います。中国と台湾の関係がより安定的になる、中国が軍事的な拡張主義を改める、北朝鮮問題が平和的に解決される、といった条件さえ整えば、理論的にも、政治的にも、日米安保に拘る必要はない。

「沖縄開発振興」から問題にすべき

松島　日米安保をコストとベネフィットから考える場合、沖縄の「犠牲」は、「コスト」とみなされるわけですが、問題は、日本政府がこの「コスト」を「金銭」だけに換算して処理しようとしていることです。

反基地運動が高揚した一九九五年以降、莫大なお金が沖縄に降ってきました。もちろん、これによって沖縄の産業や経済が活性化すればよいのですが、そうなっていない。潤っているのは、本土企業、建設業や軍用地主など一部の人々だけです。商店街はシャッター通りで、失業率も高い。本土から来た投資の収益も、結局、本土の企業に回収されている。いわば、開発援助によっていびつな〝植民地構造〟が形成されている。産業構造も、自治体の財政構造も、ますます不健全になっている。「沖縄の自立」からは、ますます遠ざかっているわけです。この点を問題にするために、単に「基地」だけでなく「開発（経済）」のあり方から問わなければならないと『琉球の「自治」』（藤原書店）という本で訴えました。それも、むしろ琉球・沖縄の人々自身に対してです。いずれにせよ、沖縄の人もだんだん目覚めてきた。日本政府のこれまでの手法も通じなくなってきている。一月の名護市長選挙で基地反対派が当選したのも、その現われです。補助金と基地との関係を「アメとムチ」と表現することが多いのですが、実際は「アメ」ではなく「毒、麻薬」です。自治に基づかないカネは、地域を衰退させてしまいます。

「基地反対＝現地の声」なのか？

渡辺　私は沖縄の状況に詳しいわけではありませんが、一方で、「沖縄の人も、やはり日米安保の継続を欲しているんだ」という話はよく耳にします。振興開発が期待ほどの成果は上げていないとしても、「やはりそこには恩恵はある」と。ですから反対している人の意見を、そのまま「琉球人の声」として受けとめていいのかどうか。そこは本土から見ていて、正直よく分からないところがあります。

松島　安保維持、基地存続を望む保守派は、沖縄にもいます。基地や振興開発で恩恵を受けている人たちもいます。沖縄県知事の仲井眞弘多氏も基本的に保守派です。日米安保容認の現知事を選挙で選んだのも、沖縄県民です。

しかし、前回の衆議院選挙と政権交代を経て、状況はかなり変わってきています。現知事も、もともと辺野古賛成派でしたが、「県外移設」を言い出すようになった。また基地賛成派だった沖縄の経営者団体である沖縄経済同友会も、昨年頃から「県外移設」を主張し、本土の経済同友会の見解と対立している。いわゆる保革の色分けがはっきりしなくなっている。前回の選挙で、民主党が「県外移設」を主張するなかで、自民党系議員が全員落選したことが大きく影響している。沖縄では今、そうした地殻変動が起きています。

琉球・沖縄差別を維持する装置

松島　何よりも問題は、日米安保の是非の以前に、米軍基地がこれだけ沖縄に集中していることです。この構造こそ問わなければならない。

薩摩藩が琉球を侵略してから昨年、四百周年を迎えました。一八七九年には、明治政府によって琉球王国は日本に併合されます。この「琉球処分」から一三〇年が経ちます。そして沖縄戦があり、占領下の米軍統治があり、密約を伴った日本復帰という経緯を辿って現在の沖縄への基地集中という状況がある。こうした歴史的文脈を踏まえて琉球・沖縄と日本本土との関係を問い直す必要があります。

この間、琉球・沖縄は常に「犠牲」を強いられてきました。「琉球処分」における日本と琉球の関係も、本来、対等であるべきだったのに、それ以降、琉球・沖縄人はずっと差別されてきた。沖縄戦では、文字通り「捨石」となった。こうした差別の構造が現在まで続いているということです。しかも、日米安保、日米同盟が、恰もこうした差別の構造を維持する装置になっている。「琉球人」としては、もうこれ以上、受け入れられません。

必要なら本土も負担すべき

松島 私は日米安保には反対ですが、仮にこれを維持すべきだとしても、これだけ沖縄に基地が集中していることがおかしいわけです。

なぜ沖縄に基地が集中しているのか。しばしば「沖縄の戦略的価値」ということが言われますが、これは、むしろ日本国内の政治的理由からつくられた「神話」ではないのか。沖縄タイムスの屋良朝博さんは、「日本から海兵隊が撤退すると日本の安全が危なくなる」という議論に対して、「沖縄から海兵隊を戦地に運ぶ輸送手段が沖縄にない以上、根拠のない議論だ。海兵隊を沖縄に配備する必然性はない」と指摘し、その上で、沖縄への基地集中の理由として、軍事的な理由以上に政治的な理由を強調しています(『砂上の同盟——米軍再編が明かすウソ』、本書所収「『沖縄米軍基地の戦略的価値』という神話」)。海兵隊について言えば、むしろこれを輸送できる艦船は、佐世保を母港にしている。いずれにせよ、もし日米安保の維持のために基地提供が必要だというのなら、基地機能は、沖縄以外のところに移転すべきです。そういう主張も同時にした方がいい。

渡辺 普天間基地の移転問題の解決としては、沖縄以外の地域、しかもすでに米軍基地、自衛隊基地がある地域に、環境や社会への負担が極力かからない形で移転できれば、理想的だとは思いますが……。

この点、「国外移設」ということで、「グアムに持っていけ」という議論がありますが、非常に違和感を覚えます。日本の防衛のために日本が基地を提供していることを考えれば、グアム移転を主張するのはおかしい。グアムにとっても、すでにインフラや環境、伝統文化の保護といった面でかなりの負担がかかっている。そこに住む人々の視点を忘れて、「日本を守っている軍隊だけど、日本に置くのは嫌だからグアムに持っていけ」というのは、あまりに筋の通らない身勝手な議論です。

松島　スペイン、アメリカの支配下にあったグアムのチャモロ人と琉球人は同じ立場にあり、私もグアム移転には大反対です。

ところで「駐留なき同盟」という意見もあります。沖縄を含む日本列島に米軍が駐留せずに同盟を結ぶ、というやり方ですが、これに関してはどう思われますか。

渡辺　将来的な可能性としてはあり得ると思います。ただこれも、技術革新による軍事的展開の効率化や中台関係や朝鮮半島の緊張緩和といった条件が、整って初めて可能なことです。「駐留なき安保」は、「安保の廃止」にいたる途中の一段階としてあり得るのではないか。ただ、今はその段階ではないと思います。

太平洋の島々とアメリカ

松島　太平洋の島々に展開する米軍は、とても大きな存在です。グアム、パラオ、ミクロネシア、琉球といった太平洋の島々からアメリカを見ると、全く異なって見えます。アメリカは、「自由な国」でもないし、「民主主義の国」でもない。

グアムは、まずスペインに植民地化され、その後、米西戦争でアメリカの支配下となりました。現在は、「アメリカの属領」です。グアム選出の下院議員は、米下院議会において発言権はあっても、投票権はない。住民は、大統領選挙の参政権も持っていない（擬似投票が行われるが、選挙結果には反映されない）。グアムの北に位置する、北マリアナ諸島（マリアナ諸島のうち、サイパン島、ロタ島、テニアン島など、南端のグアム島を除く一四の島から成る）はカリブ海のプエルトリコと同じくアメリカのコモンウェルスという政治的地位にあり、グアムと同様に民主主義に制限が加えられています。なぜかと言えば、アメリカが、これらの島々を軍事的に「自由」に使いたいからです。米軍政下の沖縄も同様で、司法、行政、立法のすべてを米軍が支配しました。

日米安保五〇周年の首相談話で、「この日米同盟が共有する価値として民主的理念、人権の尊重、法の支配……」と述べられていますが、民主主義に関して、アメリカにはこうしたダブルスタンダードがある。日本も沖縄に対してダブルスタンダードを使っている。その構造は、二十一世紀になった現在でも基本的に変わっていません。

米軍に保障される独立と安全

渡辺　私も、アメリカ領サモアに調査に行ったことがあります。国連も、「非自治地域」、つまり事実上の「植民地」だと見なして、「解放しなさい」と言っている。地元でも独立が常に議論になるのですが、反対の声が圧倒的に多い。「アメリカからの独立などとんでもない」と。最大の理由は、経済的理由です。ただサモアの方も、経済的な見返りを受けつつ、現地人以外には土地所有を認めないといった制約を課している。外部資本による乱開発や伝統破壊を防御するメカニズムをきちんと組み、サモア独自の憲法に明文化している。本土やハワイから来訪するアメリカ人の滞在日数まで制限している。銃保有はサモアの憲法で禁じられている。外からは「植民地」に見えても、そこには、課せられた状況下での、ある程度の主体性、主体的な選択があるわけです。

自衛隊駐留による基地削減？

渡辺　沖縄米軍基地を削減するための現実的な方策の一つとして考えられるのは、もしかすると日本の自衛隊基地を防衛目的で海外に向けて稼働可能にすることかもしれません。端的に言えば、ある程度の自主防衛と集団的自衛権を認めることです。そうなれば、米軍基地は現在ほど必要ない。どの程度か分かりませんが、半減できるかもしれない。そういう可能性について、松島さんはどう思われますか。

松島　自衛隊による自主防衛という形ですね。琉球人にとっては、本土との関係で言えば、自衛隊も、やはり日本軍を引き継ぐ存在です。集団自決への日本軍の関与をめぐる教科書問題が示すように、アジアと日本との間だけでなく、琉球・沖縄と日本との間でも、歴史問題は依然解決していません。そうした状況ですので、米軍が減る代わりに沖縄の自衛隊が増えてもいい、とはとても思えない。

渡辺　しかし、基地は減りますよね。

松島　そうかもしれませんが、歴史と差別の問題が解決しないかぎり、自衛隊のプレゼンスを琉球人は受け入れられないと思います。

そもそも沖縄の地政学的重要性を軍事戦略家らが主張するわけですが、仮にある程度そう言えたとしても、米軍にしろ、自衛隊にしろ、ここに軍事的拠点が集中することで、かえってこの地域の軍事的緊張がさらに高まることになる。島に生きている人間からすると実感としてこのような見方になるのです。ですから、むしろスイスやオーストリアのように、軍事的要衝だからこそ自ら「中立地帯」となることで緊張緩和をめざすべきだと考えます。

国連軍駐留による基地削減？

伊勢﨑　護憲派の立場で、これを言うと非常に波風が立つのであまり口にしていないのですが、いま言われた「集団的自衛権」に関して、僕もすでに民主党の議員と議論しています。

手続きとしては、まず自衛隊を法的に軍隊として認め、軍法も定め、そして集団的自衛権も認める。そうなれば、軍事基地は全体としてかなり減るはずです。とくに沖縄に関してはそう言えます。ただ問題は、日本の今のような現状では……。

沖縄の人々に受け入れてもらう方法として、例えば、日本が被害者側にある二つの地位協定（日米地位協定と国連軍の地位協定）を一本化したらどうか。すべて国連軍にしてしまい、国連の旗で基地を持つ。もちろんすぐに国連ＰＫＯという形はとれないでしょうから、ＮＡＴＯのような枠組みをアジアでつくり、これに国連が承認を与える形をとる。具体的にはこの場合、朝鮮半島の非核化や北朝鮮政策が関わってくる。しかも国連軍の地位協定は朝鮮戦争勃発を受けてのものですから、日米地位協定もこれに吸収してしまう。そうなれば、基地もかなり減り、沖縄に基地が残っても、そこには国連の旗が立つ。

渡辺　中国が賛成するでしょうか。

押村　中国に対してどう説明するかが問題ですね。

伊勢﨑　ですから中国も含めてＮＡＴＯのような枠組みをつくる。鳩山首相の「東アジア共同体構想」をこんなふうに展開したらどうか。沖縄の人は、これで納得するでしょうか。

渡辺　まずアメリカが反対するでしょう。

負担が大きい米軍基地の維持

渡辺　ただアメリカにとっても、海外の米軍基地の維持は重い負担になっています。

冷戦の名残でもありますが、米軍基地は、世界一二〇カ国に七〇〇カ所もあるとされています。アメリカが「帝国」かどうかについては議論がありますが、いずれにしても、軍事的ネットワークをこれほど広げた国家はない。しかしこれが、かなりの負担になっている。「縮小したい」というのが本音でしょう。だからこそ、アメリカの拡張主義への懸念がある一方、アメリカは各地から少しずつ撤退する傾向にある。アメリカがこれだけ世界に軍事的ネットワークを張りめぐらせて、それなりの負担をして、これまで守ってきた国際社会の秩序が、もし多国間協調にしろ、他の形態で担保されるのであれば、アメリカとしても、そのコストを縮小していきたいというのが、おそらく基本的な方針だと思います。

II 安保をめぐる「政治」と「外交」の不在

安全保障をめぐる思考停止

押村 この問題はかなり錯綜しているので、とりあえず、次の三つに分節化してみます。第一に、基地が必要かどうか。第二に日米安保という同盟関係が必要かどうか。第三に、日本周辺における米軍のプレゼンスが必要かどうか。

まず第一の基地については、これが、メリットのための「コスト」で済んでいるのか、それとも「犠牲」なのか。先ほどのお話のように、技術的に移設が可能で、それによって「犠牲」が解消されれば、一番良いわけですが、そうでない場合は、「犠牲」が「メリット」をトータルで上回ってしまう恐れはないのか、じっくり考えてみる必要があります。

次に第二の日米安保という同盟関係については、「もしこの同盟関係を結ばなければ」というウィズアウトで考えてみると、例えば、次の選択肢が考えられます。①アメリカ以外の国と同盟を組む、②非武装中立、③ほどほどに武装した中立。

しかし、まず問題は、そういう議論を日本人が客観的にできるかどうかです。数字は雄弁なので、『世界主要国価値観データブック』（同友館、二〇〇八年）の調査結果を紹介しますと、「もし戦争が起こったら国のために戦うか」という質問を出したところ、日本で「はい」と答えたのは一五・一％、ドイツは二七・七％。つまり、ドイツでも日本の倍はある。ちなみに割合が高いのはアメリカで六三・二％。逆に言えば、防衛戦争でも戦いたくない人がアメリカにも四割いる。多くの先進国では、非戦論者は約三―四割です。それに対し、日本では八割が非戦論者です。

この数字は何を意味しているのか。独立国としての気概がないというお話もありましたが、まさに安全保障の問題を考えることを国民がある意味で放棄しているわけです。こんな状況で、もし日米安保が破棄されて、米軍がいなくなったら、どうなるのか。そこで、あたふたするのは目に見えている。逆から言えば、こうした状況で「アメリカ軍がいなくなった方がいい」と言うのは、ある意味で「防衛を放棄した方がいい」と言うのに限りなく等しいわけです。ですから、日米安保の停止や代替案を言う条件として、非武装中立なのか、武装中立なのか、他国との同盟なのか、これぐらいの道筋は示す責任が最低限あると私は考えます。

最後に第三の米軍のプレゼンスについて。例えば、インドとパキスタンの核開発競争に対するアメリカの対応を見ても、あるいはイスラエルとパレスチナの和平協議を見ても、米軍のプレゼンスは重要な意味をもっている。もちろん、米軍のプレゼンスが緊張を高めている面もあるけれども、全体としては「世界の公共財」としての役割を各地で果たしているのではないか。セキュリティジレンマが世界の至るところに残っている。とくに東アジアでは、いわば冷戦はまだ終わっていない。米軍のプレゼンスがなければ、やはり困るのではないか。

ただ、なぜそれが日本になければならないのか、と問うことはできる。もちろん、それを日本以外に押しつければよい、という話ではありませんが。

「惰性」を断ち切るには、このように基地が必要か、同盟が必要か、アメリカのプレゼンスが必要かとまず考えてみることが重要で、それによって現状とは異なるオプションの実効性や実現可能性を少しずつ高めていくこともできる。しかし、現実性のある他のオプションを描かないまま日米安保を否定するだけでは、混乱を引き起こすだけです。

安全保障をめぐる自己分裂

伊勢﨑　改めて「日米安保は必要か否か」と自問してみると、自己分裂が生じてしまいます。「必要ない」と言いたいナイーブな自分がいる一方、実務者としての自分は、「この問いは、やはりもっと現実的に問い直さなければ」とも思う。

理想を言えば、それは、軍事力や安全保障の枠組みなど必要のない世界が訪れたらいいに決まっている。しかし、そこでやはり考えなければならないのは、先ほどのサモアのようなケースです。安全保障問題の本質や米軍のプレゼンスの意味を考える上で、非常に参考になる。アフガニスタンも、形式的にはアメリカの属国ではないが、軍事的には明らかに属国です。二次被害として民間人の犠牲もかなり出ているから、当然、アフガン市民の反米感情も高まっている。しかし、いますぐ米軍に「出ていけ」と言うアフガン人はおそらくいない。そうした屈折がある。いま米軍が撤退すれば、タリバンが戻ってくるからです。米軍はアフガニスタンから撤退すべきです。しかし、いまは絶対にダメです。内戦になるのが確実だからです。逆にいま、とにかくアフガンから撤退したいのはアメリカ自身。他方、米軍に撤退してもらいたくないと一番願っているのは、米軍の存在に怒りを覚えつつも、アフガン人。安全保障をめぐる問題は、決して一筋縄ではいかない、こうした構造を持っています。

例えば、アメリカの拡張主義があるから、中国や北朝鮮を刺激するのであって、もしこれがなくなれば、例えば北朝鮮はミサイルなど撃ってこない、という議論がある。議論としては立てやすいですが、果たして本当にそうなるのか。実は何の保証もない。

安全保障問題に関わる選択は、常に眼前にある現状を前提とするほかない。日米安保も、いきなり解消というのは、選択肢として通用しない。「発展的解消」に向けて、日米安保のどこをどう改善していくか。そういう言葉に置きかえなければならない。その「具体的な一歩」をどう選択するか。

ただこう考えていっても、「日米安保全体の問題」と「沖縄の基地問題」をどう考えるべきかという問題にぶち当たる。沖縄の負担を本土に移せば、それで済むのかと言えば、そうではない。それでは、日米安保そのものの問題が見えなくなる。どちらを先に考えるべきか。個人的には、やはり沖縄の問題を優先すべきという気もしますが、「いや、そうではない」という自分もいる……ということで、僕としても、全く考えがまとまっていません。

ただ、日本国民そのものが、そんな状態にあって、ないものねだりをしても仕方がない。理想論で言えば、僕も、日本国民に安全保障問題に正面から向き合ってほしい。対テロ戦でも、アメリカも困っているのだから、アメリカができないようなことを同盟国として日本に主体的に取り組んでほしい。それは、インド洋の給油活動などよりも危険を伴うかもしれない。人的犠牲も生じるかもしれない。しかし、そもそもわれわれは、それだけのコスト、代償を払ってまで主体性を追い求める国民なのか。僕は、この頃、否定的になってきました。

「惰性」としての自動延長

渡辺　非常に興味深いお話ですね。押村さんが先ほど「惰性」という言葉をおっしゃったこととものながると思いますが、私の中にも葛藤がある。集団的自衛権の問題についてもそう言えます。「北朝鮮がアメリカにミサイルを撃っても日本から反撃できないのは、やはり論理的におかしい」と思う一方、「しかし、そもそも北朝鮮が自国の崩壊を覚悟でミサイルを撃つだろうか」という思いも出てくる。そして、現実を前にして、「しかし、……」「しかし、……」が心の中で続いていく。つまり、最終的にこれをつき動かす何かがなければ、「とりあえず」ということで、現状を敢えて変えていこう、とはならない。それだけのエネルギーとコストを費やして、わざわざ改変するまではないだろう。少なくともいまはまだその必要はない、「もしかすると」や「かもしれない」で動くべきではない、と。しかも「戦争が終わって、安保が改定されてまだ五〇年しかたっていない」という感覚も、僕の中にはあります。これが、ある種の「惰性」的な部分なんですね。

押村　先日、ロッキード事件の発覚直後に、当時の自民党幹事長・中曽根康弘から米政府に「この問題をもみ消すことを希望する」との要請があったと報告する公文書が見つかった、という記事が出ていましたが（『朝日新聞』二〇一〇年二月一二日付など）、要するに「これがあまり表沙汰になると、日米安保に支障をきたす」と中曽根は言ったわけです。つまり、日米安保は、絶対に手をつけてはいけない「黄金律」としてある。存在自体が自己目的化している。

沖縄にはもはや「惰性」も通用しない

松島　右も左も「保守」で、「とりあえず、まあいいか」と本土の人々が「惰性」として受け入れている「現状」も、琉球人にとっては、これ以上は受け入れられません。差別的構造の下、補助金で基地を受け入れさせるような「現状」をです。そうした「目覚めた琉球人」、「怒る琉球人」にどう向き合うのか、どう説得するのかが、いま日本政府と日本人に問われている。ところが、安保五〇周年の鳩山首相の談話にしても、そうした緊張感が全くない。

伊勢﨑　お話を伺うと、ヤマト（本土）の国益と琉球の国益は区別した方がよい気もしますが、それ以前に沖縄への負担集中は、国内における差別の問題としても捉えられますから、国内問題としてこれは解消しなければならない。日米安保を「惰性」で続けるにしても、本来、その負担を少しでも本土に移さなければならないはずです。

松島　鳩山政権も、県外の移設先を探したようですが、どこも反対です。大部分の日本国民は、日米安保を漠然と肯定しながら、しかしその負担が自分のところに来るのには猛烈と反対する。安全は得たいが、責任や負担は負いたくない。こんなひとりよがりで無責任でよいのでしょうか。そこが問われていると思う。日本国民の一人一人が、本当にそこを問わないと、日米安保も日本の平和や安全も、真剣に議論できないはずです。このまま「惰性」を続けることは、琉球・沖縄にとっても、そして日本自身にとっても、国益を損なうことだと思います。

対米偏重が日米関係を損なう

押村　先ほど「惰性」と言いましたが、一方でこれを強力に推進する人もいますね。反米論が出てくると、ムキになって叩く人が結構いる。現実的に他のオプションが見付からないという理由もありますが、いわばアメリカが望む以上にアメリカ的にものを考える人もいる。小泉さんの「アメリカも驚くほどの親米」がその典型ですね。

渡辺　アメリカ重視の裏返しとして、日本がアジア近隣諸国と、歴史問題も含め、安定した関係を構築できていないのは、アメリカにとっても頭痛の種です。アメリカの対アジア外交におけるリスク要因になる得るからです。日本にとってアジア外交はアメリカ外交でもあるのです。

琉球の潜在的可能性

松島　琉球の立場から言えば、琉球は、周辺地域と多様な関係を結んできました。とりわけ、中国との関係には長い歴史がある。琉球が米軍統治下に置かれるときも、中国が反対しましたが、これは琉球とのつながりを意識してのことでもある。実際、今でも琉球には、クニンダー（久米村人）という、いわゆる中国系の人々が住んでいる。仲井真・現知事もクニンダー系です。また朝鮮半島とのつながりもあり、とりわけ李氏朝鮮とはさかんに交易していた。同様に、東南アジアとも交易関係がありました。そこには、日本本土とは異なる歴史があり、そこにこそ、島嶼・琉球の発展の可能性もあるわけです。日本も、むしろそうした方向で琉球を「活用」すればよい。そうすれば、例えば中国との交流の可能性もより広がっていくでしょう。

ところが、日本はここを米軍基地として「使う」ことで、琉球が潜在的に持っている可能性を殺してしまっている。そして、日本も、沖縄の米軍基地を基点に対米従属関係を続けることで、みずからの別の可能性を閉ざしているように思われてなりません。

III　「惰性」をどこから断ち切るか

国益論の限界と外交の役割

押村　外交官と話をしていても、「このままでいい」と言う人はいません。「ヴィジョンが必要だ」とか「日米同盟の意義を更新していく必要がある」などと言う。しかし、「では、実際、どう変えるか」ということになると、みんな沈黙する。

ただ、惰性を改めるようなきっかけは、起こる可能性はある。その一つは米中関係が改善する場合です。とくに中国に対するアメリカの位置づけが変われば、日米同盟の意味もかなり変わってくる。しかも中国の経済力は、まもなく日本を名実ともに抜くわけで、中国を「仮想敵」に日米が同盟を組むというシナリオも、その妥当性が問われる。オバマ大統領も、日本での演説で、中国のことに多く言及していた。そういう動きはすでにあって、しかし、これがむしろ日本にとっては「惰性」を断ち切るためのきっかけになるかもしれない。

また「惰性」を断ち切るためには、国益を問い直す必要があるわけですが、これにも限界がある。「現実主義も、生存自体が目的になったら、退嬰主義だ」と高坂正尭が言っています。国益を重視する現実主義といっても、何か「こういう世界をつくりたい」というヴィジョンがなければ、方向性を見失ってしまう。多国間協調で正義と秩序のある世界を構築しつつ、そこに国益を位置づける努力が必要です。これは外交の役割であって、国防の役割ではない。安全保障や国防は、あくまで外交の手段としてある。そうでないと、例えば、「中東から石油が入ってこなくなればどうなるのか」、といった生存レベルの国益論だけになってしまう。「生存するためにアメリカとどう手を組むか」ではなく、「世界をどういう方向に導きたいか、そのために日本の外交はどうあるべきか」といった視点から国益を問題にするような議論が起これば、「惰性」も断ち切られ、日米同盟の位置づけも変わってくる気がします。

「中立」に見られている日本

伊勢﨑 「惰性」をどう改めるかは、おそらくわれわれアカデミアの責任でもある。僕の中の「ナイーブな自分」が、二年前から続けていることがある。アフガン問題で、「主体的な役割」を引き受けることによって、「惰性」を改めるきっかけをつくるということです。これは、危険が伴う。不謹慎な発言でもありますが、おそらく象徴的に誰かが犠牲になる覚悟でやるくらいでないと、そうしたきっかけはつくれないと思う。

先ほども述べたように、対テロ戦において考えるべきは、日本の役割です。中東でも、アフガンでも、どういうわけか日本は国連よりも「中立」に見られている。とくにアフガンでは、国連は全く信頼されていない。アメリカの手先だと思われている。ですから日本はこの立場を生かす手はない。軍事的な関与ではなく、信頼醸成的な関与を日本が主体に行う。つまり国連ではなく日本の主導で停戦地区をつくっていき、米とNATOが段階的に出ていく。これは、NATOにとっての出口政策の表明にもなり、NATOの一部の首脳と僕らがロビー活動してきたことでもある。

ところが問題は、日本にそうした政治的な意思が欠如していることです。給油活動の停止を、「惰性」を改める一つのきっかけにすることもできた。本来、昨年一一月のオバマ大統領の訪日前に、日本側で意見を固めて、給油活動停止の対案をつくるべきだった。ところが、意見を固める前に、オバマさんが先に来てしまった。官邸は慌てて五年間で五〇億ドル(毎年約八百億円)という、この「事業仕分け」の時代に途方もない額の支援を約束した。給油活動は、年間八〇億円ですからその一〇倍です。問題は、中身を全く吟味していないことです。とにかく八百億円という金額でオバマさんに納得してもらった。僕らも、民主党が野党の時代から働きかけていたのですが、順番が逆になってしまった。

この金額は現場で必要な事業を積み上げた結果ではない。数字が先にありきの支援表明です。アフガン問題をどうするかという主体的な戦略づくりより、アメリカに媚を売ることを優先した。

それで最近になって、八百億円の中身が問題となり、やっきとなった結果、かなりの部分が、警察官の給料の肩代わりに当てられることになった。いま地球上で最も腐敗している警察組織がアフガニスタンの警察です。こんなことをやるのは、日本だけです。アフガン政府は閣僚レベルの人間が麻薬ビジネスに絡む世界最大の麻薬国家です。そこに警察が深く絡んでいる。その給料を国際援助が払いつづけることがアフガン社会にどんな影響を与えるか。害だけです。それから元タリバン兵の「職業訓練」。これも馬鹿げたことです。僕がタリバンの司令官だったらダミーの部隊をつくって、恩恵だけ受け取って、戻ってこいと言うでしょう。まだタリバンと講和の交渉のきっかけさえ見えていない状況なのに、こんな表明は、まったくデリカシーに欠けています。これでは、まだ給油活動の方がましです。少なくともアフガン社会には害はないから。

「惰性」を改めるきっかけをつくろうと「ナイーブな自分」は、まじめに取り組むつもりでも、「冷めた自分」は、日本国民にも、日本の政治にも、期待などできません。沖縄への負担集中は絶対にどうにかしなければいけませんが、結局、日米安保は、「惰性」によってこのまま続くことが、いまの日本人には一番いいのかなという気がしないでもない。

「惰性」に手を貸すメディア

松島　だからこそ、琉球・沖縄を突破口にして、日米関係の再検討の潮流が日本全国に広がればよいと思います。日本人の「惰性」を終わらせてもらわないと、結局、沖縄の米軍基地問題も変わらないわけですから。その点、民主党政権下での密約問題の解明に期待したいところです。有識者委員会では、四件が調査・検討されていますが、そのうち二つが沖縄関係です。密約の解明が、日米安保の問い直しの始まりになれば、と思います。

伊勢﨑　メディアのプロパガンダ報道も問題ですね。

メディアというのは、戦争を行ないたい一部の為政者に使われるものだ、という認識が僕には拭いがたくある。とくにアメリカがそうです。ただ、日本のメディアは少し違う。日本のメディアは、大衆に迎合して、先走る。

去年一二月初めに、普天間基地の移設問題に関連して、「ルース駐日大使が岡田外相と北沢防衛大臣を恫喝した」という報道がありました。新聞によって、「呼びつけて二人を恫喝した」とか、「外務省の中で他の日本人のスタッフを退席させて恫喝した」とか。しかし、「恫喝」などあり得ないでしょう。僕は、ガセネタだと思います。一国の大使、要するに官僚が、民主的に選ばれた他国の閣僚に対して高飛車に出ることはまずあり得ない。アメリカの高官は、絶対にそんなことはしない。アメリカの実質的な「属国」であるアフガンにおいてでも、そんなことをすれば、大変なことになる。「一部の関係者がそう言っている」という言い方ですが、これは、一種のプロパガンダでしょう。

日米関係が、人間の愛憎劇のレベルで理解される。日米同盟を語るメディアも、それに接するわれわれも、このレベルなんです。これが現実であって、「惰性」を改めるきっかけをつくることは、大切ですが、不可能に近い。

渡辺　確かに普天間基地の移設問題について、日本の主たる新聞の社説も、事前に代替案を用意していなかった鳩山政権と閣僚の不規則な発言に対する批判的論調が圧倒的ですね。来日したゲーツ国防長官が現行案の受け入れを迫ったことに対しても、批判はなく、「ああいう圧力をかける旧来のやり方はよくない」という批判が、むしろアメリカ側から聞こえるくらいです。日本のメディアが、「悪いのは鳩山政権の方であって、ゲーツが怒るのはもっともだ」という論調なのは、何を意味しているのかは断言できませんが、気になった点ではあります。

沖縄と本土との温度差

（司会）その点、新聞の論調にしても、沖縄と本土ではかなり違うのではないか。

松島　沖縄に住んでいる両親から、『琉球新報』と『沖縄タイムス』を送ってもらっていますが、本土の全国紙とかなりの温度差を感じます。本土のメディアも、先回りしてまでも「アメリカの意向」

ばかり気にして、沖縄で起きている「現実」や現地の「声」を拾おうとしていない。そうした沖縄への無関心を感じます。やはりこうしたメディアが「惰性」の継続に手を貸しているように思えます。

（司会）『砂上の同盟』の書評で北海道大学の岩下明裕さん（本書にも寄稿）が次のように書いています。「沖縄タイムスという地方新聞社から出版された本書は、日本の内地の一般書店で眼にとまることもなく、アマゾンを通して買うことも難しい。基地問題と沖縄は、日本の中で、幾重ものフェンスに覆われ続けている。」実際、アマゾンで検索してみると、在庫ゼロで、「この本は現在お取り扱いできません」と。

松島　出版の世界でも、これだけ隔離された状態にある。米軍基地は金網で仕切られ、向こう側の世界は、われわれの手に及ばない場所です。同時に、本土と琉球・沖縄の間にも、そういう見えない壁が立ちはだかっているように感じます。

（司会）すべての矛盾が沖縄に集約されているように思えますね。これまでの議論を踏まえて、日米安保を今後どうすべきか、最後に一言ずつお願いします。

ヴィジョンによって安保を活かす

押村　日米安保、日米同盟が自己目的では外交とは呼べない。日本が描く何らかのヴィジョン、「望ましい世界」がまずあって、これに合致するような外交戦略を展開する。その中で日米同盟を活かしていく。それができた時に初めて日米安保を発展的に活用したり、解消したりできる。

ただ、まだまだ制約もある。とりわけ最大の問題は、政治的意思の欠如、自立のための気概の欠如です。これらを欠くために、現状を批判するにも代替策なしに行なう構図がある。これは、日本の政治過程そのものの問題でもあるが、市民社会、学者、外交官もまた、もっと主体的な役割を果たし、きちんと「外交」を展開していかなければならない。

その上で参考になるのは、ヨーロッパ、あるいは「ミドルパワー」と言われている国々かもしれない。カナダ、オーストラリア、フランスなどは、多国間関係の中でしか自らの尊厳やアイデンティティを活かす道はないので、世界は多国間関係中心であってほしいというヴィジョンがある。まずいかなる世界であれば、自分らしさを発揮できるか。そのヴィジョンがあって、そのために同盟が必要であれば、これは正当化されてよい。ですから問題は、政治的意思であり、外交力であり、ヴィジョンであり、気概だと思います。

対テロ戦での日本の役割

伊勢﨑　日米安保の問題と同時に沖縄の基地問題をどう考えるのか。これはかなり難しい問題です。不謹慎な例えですが、ごみ処理場は、みんな必要だと分かっていても、自分の近くに来ることには、みんな反対する。そうしたコンテクストで沖縄の問題を考えるべきなのか。あるいは、そもそもごみそのものを出さないという根本から考えるべきなのか。あるいは、両方同時に考えるべきなのか。

ただ少なくとも可能なのは、地位協定の見直しです。見直すためには、アメリカと他国との地位協定と比較すればよい。日本側にかなり不利なものだということが分かってくるはずです。

そして、対テロ戦を「対岸の火事」ではなく、「世界の問題」「自分の問題」と受け止められるような世論をいかにつくり出すか。われわれアカデミアが、メディアを使いながら、「惰性」を改めるきっかけをどうつくり出せるか。

身近に迫っているのは、パキスタンを始めとする核拡散の脅威です。保有国による多国間核軍縮や核不拡散条約体制の強化を提言した、オバマ大統領の「プラハ構想」も、単に軍縮というよりは、何よりも核兵器がテロリストに渡ることを恐れてのことだと思います。そうした危機感がモチベーションとしてある。ラディカライゼーション（過激化）そのものが問題となる対テロ戦において、アメリカに最も近い国として、日本にしかできない役割があると僕は信じています。美しい誤解にすぎないかもしれないが、われわれが中立に見られていることは、間違いのない「事実」です。ここでわれわれがリスクをとりながら主体的に行動することで、「惰性」を改めるきっかけになれば、と思う。

ところが日本の現実に目を向けると悲観的にならざるを得ない。アフガニスタンの問題にしても、そもそも日本のメディアが現地に行っていない。情報の面では完全に鎖国状態です。社会全体がリスクをとらなくなってしまった。だからリスクを保証することもできない。例えば「戦争保険」という概念が日本の保険会社にはない。だからメディアの本社の人間は現地に行けない。安全保障をめぐる議論が内向きになるのも当然です。「惰性」を改めるには、まずこうしたメディアの現状を変えていかなければならない。

沖縄の現実を直視してほしい

松島　日米安保という条約によって、琉球・沖縄の人々がどんな状態に置かれているのか。まず本土の人々に想像してほしい。二〇〇四年に、沖縄国際大学に普天間基地のヘリコプターが墜落した際、私はたまたま現場に居合わせました。事故現場には黄色いテープが張られ、沖縄県警の人々も中に入れない。いつでもどこでも「治外法権」になり得る状況を、目の当たりにしました。形式上は日本領であっても米軍にかかわる場所、空間は米国領となり、その中では琉球の歴史や文化も消され続けています。これが琉球の日常です。日米安保も、本土の人々には何か抽象的な条文にすぎないかもしれませんが、沖縄では日常生活に深く関わっている。そうした実感を持って、この問題を考えてほしい。

また海兵隊司令部が沖縄からグアムに移転することになっています。「沖縄の負担軽減」という位置づけで理解され、日本政府もその費用を負担するわけですが、要するに、これは、海外の外国基地建設のために国民の税金が使われることになるのです。おそらくグアムでは自衛隊も参加して共同演習、共同訓練がさらに多く行われるはずです。すでにアメリカ空軍と航空自衛隊の共同演習が行なわれている現在、「負担軽減」と言いながら、沖縄において米軍と自衛隊の共同訓練、連携協力体制が強化されています。こうして極東から太平洋の島々まで、日米の軍事協力関係が強まるなかで、琉球・沖縄やグアムの人々の基地依存という状況がさらに深刻になる。

ごみ処理場の問題と米軍基地の問題との比較がありましたが、一つ異なることがあります。大田昌秀元知事は、代理署名拒否をして日本政府に、当時の村山総理に訴えられ、最高裁で負けました。現在、この「機関委任事務」は、沖縄県から取り上げられ、日本の政府のものになっている。要するに沖縄は、米軍基地に関して選択権をもっていない。これは、紛れもなく「強制」です。一九九五年以降、日本政府はさまざまな法律を整えてきた。「民主主義国」を標榜する国家の下で、こんな「強制」が、一見「合法的」に行なわれている。しかし、沖縄の声は始めから無視されているわけです。日本国民としてこんなことを許していいのかと、もし日本人に良心があるならば訴えたいと思います。日本人は「沖縄戦」の時と同じく、日本本土を守るために再び沖縄を犠牲にしてもかまわないと考えるのか。それとも同じ国の同胞として、琉球人が平和で楽しく暮らすことを望むのかが日本人自身に問われています。

長期的な外交政策としての人材育成

渡辺　地位協定の見直しは賛成です。ただし、選挙向けのスローガンではなく、伊勢﨑さんが強調されるように、他の地位協定との比較を通して冷静に代替案を練り、交渉していくのが望ましい。

それと気になるのは、外交における一貫性の問題です。

今回、ある意味でポピュリスティックな形で風が吹き、政権交代が起こりました。しばらくは民主党政権が続くのかもしれませんが、これがいつまた変わるのかもわからない。そのときの風向きによって、安全保障や基本的な外交政策が翻弄されるのは危険なことです。

政権交代が頻繁に起こるアメリカには、外交についてはある程度の一貫性を担保する仕組みがある。

例えば、クリントン政権からブッシュ政権への移行の際にも、対日外交の指針として、二〇〇〇年に、民主党系のジョセフ・ナイらと共和党系のアーミテージとの間で「アーミテージ・レポート」が作成された。内容については、もちろん賛否両論はあると思いますが、しかし、そうした超党派の試みをしている。日本も、沖縄の人々も含めて超党派で対米政策について熟議する場を設けるべきです。

そして最後に「惰性」を乗り越えるには、まず現実の多面性をしっかり理解することが前提となります。そのうえで、とくに若い世代に対して、いかなる代替案があり得るのかを想像させ、ブレインストーミングする機会が必要です。

ただ残念なのは、若い世代を中心に国民全体が内向きになっている。日本からもアメリカになかなか出ていかないし、鳩山政権下では国際的な人物交流や知的対話に使われるような予算も、大きくカットされた。

しかし、相互理解のためのチャンネル、ネットワークづくりは、目先の数値で表せるようなものではない。沖縄も含めた日本の事情とアメリカの事情、両方分かっているような人材を育てていかなければならない。内向きにならずに外に目を向けるような機会を整備していかなければならない。そこからしか次のオルタナティブも出てこない。交流事業のための予算を始めとして、こうしたインフラの整備が長期的には非常に重要になると思います。これを怠ると、ボディブローのように効いてくるのではないでしょうか。

（司会）沖縄の基地問題や密約問題をめぐる混乱を通じて明らかになるのは、安全保障問題に関して、

われわれがいかに「惰性」を続け、主体的選択や行動を避けてきたかです。その結果として、安保をめぐる「政治」や「外交」が不在で、内向きのメディアや世論の現状がある。この「惰性」を改めることは容易ではありませんが、本日の議論で今後のあるべき方向性は示されたと思います。

長時間ありがとうございました。

（二〇一〇年二月一九日／於・藤原書店「催合庵」）

「配給された」平和

新保祐司

屈辱の隠蔽

「日米安保」のことを考えるとき、思い出される光景が一つある。

普段、思い出すことはまずないが、今日のようにテレビや新聞などで普天間基地移設問題がさかんにとりあげられて、「日米安保」のことに思いが及ぶようになると、それは思い出されるのである。そういう折にしか、思い出されないのは、やはり思い出したくないからであろう。

その記憶は、高校生のときで、恐らく二年生だったと思う。

私が通った高校は、神奈川県立横浜緑ヶ丘高校であった。旧制横浜三中である。この学校は、本牧地区にあった。

本牧は、北は山手、西は根岸に接し、東南は東京湾に面している。いわゆる鉄道空白地帯で、最も近い駅が、JRの京浜東北線の山手駅で、そこから歩いて十五分以上もかかったと思う。

その頃の私は、不良に近く、遅刻、早退の常習犯であった。朝の遅刻の方は、緊張性の下痢のせいか、山手駅に着くと、いつもトイレに行きたくなる。もともとぎりぎりの電車であったから、当然、遅刻となる次第であった。

その日は、何の故だったか、ずいぶん遅くなった。私は、ひとりで通学路を歩いていた。中間くらいの所で、ふと、気がつくと、頭上で、わいわい騒いでいる。びっくりして、上方に振向くと、アメリカ人の若者（同世代と思われる）が、七、八人、スクールバスの窓から胸から上をのり出して、私に向って罵っているのである。スクールバスは、ごていねいにも歩く速度に合わせていた。

そのとき、私は別に何をしていたわけでもない。一人で歩いていただけである。日本人の若者が、一人でいたので、彼らは、からかってみたくなったに違いない。

予想もしなかったことで呆然としていた私を置いて、まもなくスクールバスは走り去った。走り去りながらも、彼らは私に向って、大きな罵声を浴びせつづけた。

もうひとつの記憶は、たしか美術の時間に、野外で絵を画くことになったときだと思う。私は、恐らく不良仲間数人と連れだって歩いていった。そこには、フェンスが張りめぐらされていた。その近くで、絵を画こうとしたのである。

と、そのフェンスの向こうに並んで建っている、きれいな西洋館（その前には広い芝生の庭が広がっていた）から、金髪の小さな女の子が走ってきて、フェンスの手前に来たかと思うと、大声で叫んだのである。

shout out といったように聞こえたが、よく分からない。我々に向かって、どなって何かを命じたようなのはたしかである。恐らく、近づくな、こっちには入るな、あるいは向こうへ行け、といった意味のことをいいたかったのは間違いない。我々、不良は態度も悪かったのかもしれない。

白人コンプレックスが十分あったに違いない、当時の我々高校生は、かわいい金髪の女の子がやってきたのでうれしかったのに違いない。それが、その子にどなられたのだから、呆然としていたと思う。

これまで、スクールバスとかフェンスとか書いてきたが、本牧には、当時まだアメリカ海軍の軍人のための住宅地があったのである。高級軍人用と聞いたことがある。スクールバスは、その軍人の子弟のためのものであり、フェンスは住宅地を我々日本人から保護するための壁のようなものであった。

本牧の海岸には、避難用の船がいつも接岸しており、日本人が何か「反乱」でも起こしたときには、すぐ海に逃げられるようになっていると聞いたことがある。これは、真実かどうかは分からないが、その当時のアメリカ人と日本人相互の複雑な感情があらわになった話である。

この本牧の米軍住宅地は敗戦直後に米軍に接収されて出来たものである。一九七七年の日米合同委員会で日本に返還されることが合意され、一九八二年に返還された。今日、大型ショッピングセンターに開発されているのは、周知の通りである。

私が、高校を卒業したのは、一九七二年だから、卒業してから十年後に返還されたことになる。社会に出てからしばらくして、このニュースを聞いた記憶があるが、その後のショッピングセンターなどには行ったこともない。

高校時代の二つの屈辱的な記憶は、私が「日米安保」というものを考えるときの原点となっている。個人的な経験にすぎないかもしれないが、戦後のアメリカと日本の立場をはっきり示していると私は考えている。

米軍の基地の近くに住んでいるわけでもなく、米軍の軍事的存在を眼にするでもない、日本人の多くには、「日米安保」は「空気」のようにある。その生々しい姿は、眼に触れない。あるいは、見ようとしないのである。

それどころか、この米軍住宅地はアメリカ村ともいわれ、日本におけるジャズなどのアメリカ文化の発信地となったのであり、今日では、「本牧ジャズ祭」が行われている始末である。

国際政治に精通していない私とて、「日米安保」が果した役割の大きさを知らないわけではないが、「日米安保」の底には、私が高校生のときに経験したような屈辱が詰まっているように思われる。それを「本牧ジャズ祭」といったアメリカ文化礼賛によっておおい隠しているのではないか。

「土人」のエリート

「日米安保」が、何故必要か、中国・北朝鮮に対しても不可欠であるといった論旨を明快に語る言論人（外務省出身の人間が多いように思われるが）の文章を読んでいると、司馬遼太郎が今、話題の『坂の上の雲』の中で、青木周蔵について書いていることを思い出す。

極端に傲岸で、かれの目からみれば同郷出身の元老である伊藤博文や山県有朋も度しがたい馬鹿者であり、まして外務省の同僚や下僚どもはおろかそのものであった。さらにつきつめていえば日本人そのものが、かれの目からみると蛮人にみえたらしい。それがことごとく憂国の情といりまじるために、自然のいきおいとして言動がヒステリックになってゆく。

明治三十三年、かれが外務大臣のとき、首相の山県にも相談せず、異例の上奏文を書き、天皇に上呈した。

「ロシアが日本を侵そうとしているこのときに、わが国の現状をみればどうか。日清戦争に勝って一強国たる地位にのぼったとはいえ、その実質は半開国にすぎない。たとえば臣周蔵の自邸と宮城との距離はわずか数丁にすぎないが、参内の途上、馬車からみるに、往来する日本人の八、九割までは依然として蛮服（和服）をつけている。このような半開状態で、強露の圧迫をはねかえすことはとうていできず、国家を救わんとすれば大改革が必要であり、区々たる外交操作をもってしても、国運の窮状をどうすることもできない」

というのが要旨であった。外交官によくある対内ヒステリーであるとしても、日本の現状はこのようであった。

吉田茂も「外交官」出身だが、彼が戦時中、軍人たちの会合に呼ばれたことがあった。そこから帰ってからの感想を何かの本で読んだとき、実にいやな感じがしたのを思い出す。吉田は、今日の会合は実に不愉快であったといい、何か白人の植民地の「士人」たちが、白人の家を襲撃するための打ち合わせをジャングルの中でやっているように感じたともらした。

「外交官」吉田には、大東亜戦争を遂行している軍人など「蛮人」であったのであろう。「さらにつきつめていえば日本人そのものが、かれの目からみると蛮人にみえたらしい」。

「極端に傲岸」な吉田が、「バカヤロー解散」をやったのも、この意味からすると象徴的である。

「日米安保」の必要を明快に語る言論人のことを思って、青木周蔵や吉田茂のエピソードに触れたのは、青木や吉田は、自分を「士人」であるとは思っていないからである。「士人」に間違いないが、自分が「士人」であることを意識しないように生きている。青木は和服を「蛮服」といい、吉田は葉巻を吸い、英国のウィスキーを飲む。

「士人」のエリートは、自分が「士人」であることを忘れ、「白人」の仲間だと思い込む。そこに心理のごまかしがある。

「日米安保」は、「士人」の安全保障のために必要であり、「白人」と「白人」であるかのような「士人」である自分たちが、このシステムを保持してやっているのであると考えているに違いない。

「日米安保」という占領の継続

そもそも、「日米安保」とは、異例の同盟である。戦勝国と敗戦国とが、本来、同盟など結べるはずがない。結局、「日米安保」とは、占領の継続である。佐瀬昌盛防衛大学校名誉教授が、『産経新聞』の「正論」（平成二十二年二月九日付）の中で、「日米安保条約は独立国間の同盟条約として他に類例のない構造をもつ。第五条で米国は日本共同防衛の義務を負うが、日本に米国共同防衛の義務はない。代わりに第六条で日本は日本の安全と極東での平和と安全の維持のため、米軍に基地を提供する義務を負う。」といい、「異形」の同盟と呼んでいる。この「異形」が成り立つのは、同盟の一方が、「独立国」ではないからではないか。

七年に及ぶ占領が終わった昭和二十七年四月二十八日をもって、日本の主権回復の記念日とすべきとの運動が以前から、一部の人たちによって行われているが、結局、その声は大きくはならない。日本人に、主権を回復したという意識がうすいからである。河上徹太郎は敗戦直後の昭和二十年十月に有名な「配給された『自由』」を書いたが、「日米安保」とは、「配給された」平和なのではないか。

占領下とその後の「日米安保」は、だらだらと、ずるずるべったり（日本特有のものであるが）とつづいている。その最たるあらわれは、占領下でアメリカによって作られた憲法を、主権回復後も、今日に至るまで後生大事に守っていることである。憲法も「配給された」憲法にすぎない。「自主憲法」の制定のかけ声も、「日米安保」五十年の現在では、ほとんど聞こえないまでになった。

中村光夫は、占領が終わった年の「占領下の文学」という論文の中で、「いわゆる戦後文学は、アメリカの占領政策から生まれたものであり、全体としては占領政策のひとつの現われと見るのが、おそらく正しいのです。」と書いた。それにならっていえば、この五十年の日本の文化とは、結局「日米安保」下の文化ということになるであろう。

「アメリカの対日政策から生まれたものであり、全体としては対日政策のひとつの現われ」にすぎなかったのではないか。もちろん、その「日米安保」下の状態から脱出しようとした例外もあるに違いないが、おおよそでいえば、「日米安保」下の思想であり、文学であり、文化に他ならない。

「もの悲しさ」の痛感からしかはじまらない

このような、日本の姿を考えていると、私は作家の高見順の言葉を思い出す。昭和十六年十二月八日の真珠湾攻撃による対米英宣戦の詔書に対する反応である。

それは私の心にひそむ戦争反対、戦争憎悪の気持からのものでもなければ、戦争謳歌、開戦歓迎の気持からのものでもない。日本というものが、なんとも言えず悲しい、そうした悲しさへと私の心を誘って行くもの悲しさだった。

私も、今日の「日米安保」下の日本を思うと、「なんとも言えず悲しい」、そういう「もの悲しさ」を痛感するのである。

父祖たちや特攻隊の若者たちが戦って死んだ、当の相手と、敗戦した果てに、同盟を結び、安全を保障される。これ自体がそもそも戦死者たちに対する裏切り行為である。しかし、当時の、そして今日の日本も、この「日米安保」がなければ、安全ではないし、繁栄もなかった。しかし、その「日米安保」は、占領の形を変えた継続である。

これは、「なんとも言えず悲しい」状態ではあるまいか。

中国と同盟を結ぶわけには、決していくまい。そうすると、この一種の占領下から脱出するためには、日本は、徐々に自立自存の道をとらざるをえないのは、自明だが、その道も日本人が、とることができるか、今日の日本人の精神力を考えると、ほぼ絶望的である。結局、「なんとも言えず悲しい」のである。

自立自存の道となれば、憲法改正、国軍の保持、徴兵制、国防費の大幅な増加、暖衣飽食の断念、といったことにならざるを得ないが、これらのことに日本人は耐えられないであろう。

私に、こう思わせるのは、安倍晋三政権がとりくんだ「戦後レジームからの脱却」の挫折である。「戦後レジーム」とは、「日米安保」下の日本の体制ということとほぼ等しい。

平成十九年九月に安倍首相が突然、退陣したときに、私は、この退陣をどうとらえるかについて『産経新聞』のインタヴューに答えて、次のような解釈をしたことがある。

私は、安倍元首相を、一種のモーセだったといった。旧約聖書の『出エジプト記』の中で、モーセが、イスラエル人を当時奴隷状態におかれていたエジプトから「脱却」させる。

これは、人類の精神史上、画期的な出来事であり、あらゆる民族、あらゆる個人はいずれ、「出エジプト」しなければならない。「出エジプト」するということが大人になること、自立することであり、「戦後レジームからの脱却」とはまさに、この「出エジプト」である。

戦後の日本は、「日米安保」の下で、経済的には繁栄したけれども、精神的に大きなものが欠落してしまったと、安倍氏は強く感じたに違いない。それは氏の著書『美しい国へ』を読めばよく分かる。真の自立や誇りがなくなったと何回も書いている。

そこで、アメリカの保護下で繁栄を追求するという現状から脱却して自立しようとした。しかし、大多数の日本人は、それについて行こうとせず、安倍氏はモーセになれずに、挫折した。

なぜかといえば、「戦後レジームからの脱却」には大変な苦労を伴う。忍耐も強いられる。モーセの「出エジプト」のときには、飢えが襲う。エジプトの軍隊が追いかけてくる。そうした中で、実に四十年間、砂漠の中をさすらう。当然、意志の弱い人間は、脱落していく。残った人間だけが、「約束の地」カナンにたどりつく。

今日の日本人はどうかというと、四十年間もつづく苦難になど耐えられるわけがない。四十年どころか、安倍政権がはじまって半年も経たないうちに嫌になってしまった。モーセのときは、「エジプトにもどって、奴隷になっても肉鍋を食べてた方がいい」とつぶやいた輩がいたけれども、安倍政権の下で、防衛庁が防衛省になり、集団的自衛権の行使や日本版NSC構想が検討され、年金改革、公務員改革、教育基本法の改正、等々「戦後レジームからの脱却」が現実に進んでいくと、マスコミや官僚をはじめ戦後的な既得権益で守られている多くの日本人は、アメリカの庇護の下の「日米安保」という「エジプト」の中でぬくぬくとしていた方がいいと考えて、閣僚のあらさがしに狂奔し、安倍内閣潰しに走った。

日本人は、結局「出エジプト」を選ぶことをせず、今や民主党政権の下で、「肉鍋」に子供手当やら何やらと、手当をどんどん入れてくれ、と要求しているのである。明治の昔、明治二十六年に、すでに北村透谷は「明治文学管見（日本文学史骨）」の中で、当時の日本の国民を「モーゼなきイスラヱル人」と呼んでいる。「モーゼなきイスラヱル人は荒野の中にさすらひて、静に運命の一転するを俟てり。」と。

「日米安保」という占領の継続が、戦後の繁栄を支えてくれたといわざるを得ない日本、そして今さら、それから脱却したら、中国の軍門に下らなければならないという恐怖にとらわれている日本、にもかかわらず、自主防衛を選択しない日本、このような八方ふさがりの中にいるのが現在の日本であろう。そして、なるべく、だらだらと、ずるずるべったりに、現状の中にとどまっていたいと思っているのである。

こういう日本を思うと、私は、もう一度いうが、「なんとも言えず悲しい」と痛感する。夏目漱石は「涙を呑んで」、上滑りの日本の近代に耐えるといったが、私もこの戦後の日本の実情に「涙を呑んで」耐えようと思う。「悲しい」と思ったところでどうなるものでもないではないか、といわれればその通りだが、「日米安保」を「空気」のようにしか感じないで、その中に閉じこめられていることに安住していてはいけないだろう。「日米安保」下の日本は、「なんとも言えず悲しい」国なのだとまず痛感することからしか、この国家の自立自存は、はじまらないのは間違いない。そして、国家が自立自存していなければ、日本人の精神の自立もまた、ありえない。

それにしても、この日本という国と日本人という国民には、ついにモーセは現われないのであろうか。

「密約」の半世紀と日米安保

【「対等性」という形式への固執が奪ったもの】

豊田祐基子

本当に「他策」はなかったのか

読者の多くは、二〇一〇年三月上旬に公表された日米密約に関する有識者委員会による調査報告書を目にしていることだろう。本文を書くにあたり公表解禁日前に約五〇頁にわたる報告書を手にした筆者は暗澹たる思いに囚われている。そこに提示されていたのは密約を結び、引き継いできた責任を回避したい一心の外務省のシナリオに沿った「厳密に言えば密約は存在しない」という詭弁に過ぎなかったからだ。

委員会は四つの密約を「狭義」と「広義」に分類し、国民が預かり知らない間に義務や負担を負わされる「狭義」の密約と認定できるのは一つだけだという。そうした結論を導き出した理由は、要約すれば次の通りだ。公式声明と内容が変わらない。正式な外交合意という形式を取っていない。「暗黙の合意」があったと推論できるが、当時の交渉担当者に密約を結んだとの認識があったことを証明できない――等々である。一方で唯一、委員会が認めた「狭義」の密約を証明する「正式」な合意文書などは見つかっていないのである。

報告書で展開されているのは高名な学者たちによる密約の分類と形式に関する難解な解釈論であり、国民に開かれた委員会という視点は全くといっていいほど欠如している。何が密約なのかを決めるのは彼らではなく、日米外交に関する重大な事実について知らされることがなかった国民であるはずだ。私たちが知りたいことは、この報告書には書かれていない。

日米同盟の基盤となる改定日米安保条約が発効して五〇年が経つ。沖縄・普天間飛行場の移設問題をめぐり漂流する日米対話の行方を目の当たりにしつつ日米安保体制の制度疲労を認識する国民が必要としていたのは、密約を伴いながら存続してきた現在に至る日米同盟を選び続ける以外に第三の道はないのか、という問い掛けに現政権が一定の方向性を示すことだった。報告書はそのための一歩であるはずだった。

「対等」で「主体的」な同盟運営を主張する鳩山民主党政権にとって、それまで政権の座にあった自民党が否定してきた日米密約について公式に語り、検証することは歴代自民党政権との違いを強調する上で格好の手段だろう。しかし、表面上は自民党との差別化にある程度の成功を収めたとしても、従来の同盟構造を追認するだけの報告書からは鳩山政権が目指すという新たな日米関係構築への指針は見えてこない。

佐藤栄作の密使として施政権返還後の沖縄に再び核を持ち込むという密約を結んだ若泉敬はその心情を「他策ナカリシヲ信ゼムト欲ス」と書いたが、本当に密約を交わし、そして継承する以外に「他策」はなかったのか。報告書になかった解答を私たちは追求していく必要がある。

密約はなぜ生まれるか——「実質」と「形式」の相克

有識者委員会が取りあげた密約は次の四つである。①核を搭載した米艦船の日本領海通過、寄港を認めた「討論記録」②朝鮮半島有事の際に日本側との協議なしに米軍が自由に在日米軍基地から出撃することを認めた「第一回日米安全保障協議委員会議事録」③返還後の沖縄への核再持ち込みを認めた「合意議事録」④沖縄の軍用地の原状回復に伴う補償費四〇〇万ドルを日本側が肩代わりする秘密合意。あえて詳述は避けるが、①と②は一九六〇年の日米安保改定で、③と④は一九七二年の沖縄返還に関連して結ばれた合意である。そして、うち三つが安保改定時に日米が設置に合意した基地使用をめぐる事前協議制度に秘密の適用「例外」事項を設けるものであった。

米側の文書調査や関係者のインタビューから、筆者はこれ以外にも密約が存在したことを確認しているが、合意形成時期や交渉担当者が異なる密約に共通しているのは、いずれも日米安保体制を選択することに伴う真のコストを隠すために結ばれたということだ。このことは密約が生まれる温床となった事前協議制度を取りあげると分かりやすい。

日米安保条約を基礎とする日米同盟とは、日本側が基地を提供することと引き換えに米軍が日本を防衛するという「非対称」な交換関係である。互いを守り合う古典的な同盟とは異なるために、どちらか一方がより多くの血と汗を流したのか、費用を負担したのかという同盟維持にかかるリスクとコストの配分をめぐって日米に恒常的な不満を生み出す不安定な構造になっている。ここで日本が負う真のコストとは、極東や世界の「安全の維持」という名目さえ立てば、米軍が「いつでも、どこでも、好きなように」在日米軍基地を使用することを、ときに甘受しなくてはならない可能性を指している。そこから生じるのは米軍駐留に伴う騒音や事故、犯罪という目に見える負担だけではない。日米関係において日本は対等たりうるのか、という問いそのものである。

旧安保条約は米軍が内乱に介入する権利を記載する一方で、日本防衛義務を明記しておらず、サンフランシスコ講和条約発効と同時に独立を果たした日本にとってその「植民地」的体質を修正することは喫緊の課題となっていた。そうした国民世論を背景にして行われた安保改定で日本の要請により設けられた事前協議制度は、米軍の重要な配置変更などに際して日本との協議を義務付けるものであり、米軍の基地使用について発言権を確保するという意味で「対等性」の象徴でもあった。

だが、敗戦国であると同時に被爆国の日本が事前協議制度の主眼を、核の持ち込みに歯止めをかけ、日本以外で起きる戦闘行為に在日米軍基地が使用されるのを防ぐことに置いていたのは米国には看過できない点であった。朝鮮戦争の余塵がくすぶる中で冷戦を闘う米国にとって在日米軍基地はあくまで極東戦略実行の足場であり、その最重要手段となる核運用について日本が拒否権を有することはもってのほかということになる。

密約は、日米安保体制を維持する上で日本が求める対等性と、米側が必須とする軍事的柔軟性という二つの背反する要請を寄り合わせる装置として生まれた。すでに機密解除が解けた米政府文書などから事前協議をめぐる日米交渉を紐解くと、米側が基地の自由使用という「実質」を死守しようとした一方で、日本側がこだわったのはあくまで日米は対等であるとの「形式」を取り繕うことであったことが分かる。その結果、事前協議制度には、核搭載艦船の寄港・通過、そして朝鮮半島で再び戦火が上がった場合の在日米軍基地使用については無条件で「イエス」と回答するとの抜け道が日米合意の上で設けられることになった。唯一の対等性の担保は誕生時から骨抜きだった。

密約が生まれた日米安保改定の五年前には左右社会党が統一、次いで自民党が結成され「五五年体制」が幕を開けた。自由主義陣営の一員として米国が提供する核の傘による拡大抑止力で東西冷戦を闘う一方で、対米従属の象徴として日米安保体制を攻撃対象とする社会党を国会に配し、国内で展開していたもう一つの冷戦に勝つためには「米国に物が言える」政党としての体裁を政権に就いた自民党が維持する必要があったことも密約の形成を促した要因であった。

日米関係を基盤に市場を確保し、経済成長を実現することで支持を集めてきた自民党は、米側の軍事的要請を理解する政党でもある。事前協議の設置自体をはねつけて、自民党を窮地に陥れるのは米側にとっても得策ではなかった。日本の国内事情に左右されずに軍事的権利を確保できるという意味では、密約への同意は合理的ですらあったのだ。日本側は密約が露呈したときに釈明できるように正式な合意文書を回避することに腐心したが、基地使用の権利が確保さえできれば形式など米側には二の次であった。そのため密約は、「討論記録」や「議事録」といった形式を取っている。有識者委員会が密約の「形式」を主要な論点としたのは、この点でも核心から外れている。

冷戦という舞台装置を背景に生まれた密約は、日本が対等性の建前を維持しながら米側に限りない軍事的柔軟性を許容することで、日米安保条約が規定する「基地」と「人」との交換関係といういびつな相互性をむしろ強化した。日本政府は日米関係における対等性を追求する上で、日米安保体制のいびつな骨組みを修正するのではなく、その看板だけを塗り替えて延命させることを選んだのである。

〝継承〟のメカニズム

軍事的に脆弱な戦後日本を率いる自民党は、米国との連携は不可欠であり、密約によって嵩上げされた日米安保体制を国内で売り込む以外に日米関係を維持する手段はないと考えたかもしれない。米側にも在日米軍基地の価値を共有する自民党を支援することが必要だったという点で、密約は日米双方の戦略的選択だったと結論付けることは可能だろう。だが、日米安保体制が抱える最も深刻な病巣は、冷戦によって余儀なくされたはずの密約が冷戦終結を挟み数十年間にわたって継承されてきたことにあるのではないだろうか。

密約の担い手である自民党が一九五五年以来約三八年間にわたって政権の座に就いてきたことが継承のメカニズムを支えていたことは言うまでもない。岸信介政権下の日米安保改定、佐藤栄作政権下の沖縄返還において、密約は各政権が命題とする政治的果実を限られた交渉時間の中で収穫するために不可欠な偽装だと位置付けられてきた。しかし、密約は引き継がれる過程において、自民党そのものを守る手段へと転化していくのである。

事前協議によって担保したはずの対等性の建前と、米軍による基地自由使用の実態の乖離、または非核三原則と核搭載艦船が日本領海と港を往来している実態との乖離が明らかになれば、政権の崩壊は必至だ。自民党が支持の源泉としていた日米関係もまた打撃を免れない。佐藤栄作が「いつ露呈するか分からない」恐怖を払拭するため密約の破棄に動いたことがあるが、密約の内容を超える対米支援を明示的に約束するよう米側から要求され、その試みは頓挫している。日米同盟を「健全化」するために必要と考えた大平正芳は公に米核搭載艦船の寄港を容認しようとしたが、世論の反発がかえって日米関係に与えるダメージを恐れて断念するなど、密約破棄にかかるコストは次第に高くつくようになり、自民党は自縄自縛に陥っていくのである。

自民党が党の理屈で密約を継承していく一方で、日米安保をめぐる交渉が外務省や米国務省の外交官らが占有する空間で展開されてきたこともこの構造を強化してきた。国務省で対日交渉を担当してきたのは、滞日経験もある〝ジャパン・ハンズ〟と呼ばれる知日派で、核アレルギーを抱える日本の特殊事情を理解している。彼らは米国の軍事的要請を時間をかけて教育する必要性を認識しており、日本が核運用を含む基地使用の実態について国内外でレトリックを変えることを容認してきたのだった。

外務省でこれに相対するのは北米局や条約局など主要部局に所属するエリート外交官であり、米側の論理を阿吽の呼吸で読み説く能力が評価される。岸信介の後に首相に就任した池田勇人がそうだったように、異なる派閥の自民党閣僚の間で密約が共有されていないケースがあると米側から確認を迫られることになるが、多くの場合、密約で合意された米国の権利について政治家への〝伝達役〟を外務省が請け負ってきたのだった。

既成制度化する密約

同盟を維持するための論理など国民には理解できないと考える政官が形成する結界において、かくして国民不在の状況は続き、日米安保体制と同盟を維持するためのコストは慎重に隠されていった。この間に起きた重要な変化は、密約で先取りした対米支援がなし崩しのうちに同盟国・日本の公的義務として制度化していったことである。

日本側が肩代わりした軍用地補償費四〇〇万ドルを含む沖縄返還時の財政密約で、日米安保条約や同条約に基づき米軍の権利・義務を定めた日米地位協定にも記載がない基地内の施設整備費を日本が負担することを約束している。この施設整備費は一九七九年には前年に合意した基地で働く日本人従業員の労務費負担に続き、「思いやり予算」として日本が支出することになった。

そして、北朝鮮の核不拡散条約脱退に端を発した一九九〇年代の朝鮮半島危機を契機に日本領土外で起きる紛争に際しての防衛協力が問われるようになると、日米は一九九七年に新日米防衛協力の指針（ガイドライン）を策定。朝鮮半島有事を含む「周辺事態」発生時には、後方支援拠点としての基地提供だけでなく、輸送や機雷除去など日本側の対米支援項目が明示された。日本有事での防衛協力を定めた一九七八年の旧ガイドラインに協力の前提条件として記載されていた「事前協議」がここでは消えてしまうのである。

一九八九年、マルタで行われた米ソ両首脳による冷戦終結宣言を受けて、周囲を取り囲む「敵国」は国際政治上消滅し、日本とその基地を守ることが自由主義陣営と米国を守ることだという説明に破綻が生じるようになっても、「基地」と「人」との交換関係は継承された密約を土台に築かれた同盟の構造によって継続してきたのである。

もう誰も傷つかない

有識者委員会による調査報告書公表に至る密約の〝公式認定〟に至る過程は、一九九〇年代半ば以降、米国で作成から二五年を経過した政府文書の機密解除が進展したことに始まっている。この中で、日米安保改定時の事前協議に関する密約や沖縄返還時の財政密約を裏付ける資料が公開され、日本でもその存在が報道されたが、これは思いやり予算の拡充や新ガイドライン作成などを経て日米同盟をめぐる現実がすでに密約を裏書きし、かつ超越したことで「機密性はない」と判断されたと考えるのが妥当だ。一九九一年に米国が米艦船からの戦術核引き揚げを宣言したことで、現実的に日本に核が持ち込まれる可能性が低下したことも影響しているだろう。

密約は日本が平和憲法を掲げ、非核政策を採る一方で、日米安保体制を選択することを通して米国の核の傘と在日米軍基地に依存していることの鋭い矛盾を覆い隠すために生まれたが、対等性の建前からは到底認められないはずの宿題の大半を日本はこなしてしまったのである。

小泉政権以降に密約を結び、温存してきた自民党の凋落が否定できなくなると、外務省OBによる「告白」が続いた。複数の元外務省幹部が「オフレコ」を条件に報道機関の取材に応じ、核搭載艦船の寄港容認を含む密約が引き継がれてきたことを明かした。そこから透けてみえるのは、核を保有する北朝鮮や軍備増強を続ける中国を視野に、米国の核の傘を強化する必要があると考える元外交官による非核三原則が「二と二分の一」原則であることを既成事実化し、残された宿題を政権交代前に完成したいとする意図だ。密約を交わした担当者のほとんどがすでに故人だとしても、外務省が密約を引き継いだ責任や、なぜ退職した現在になって急に重い口を開いたかについては何の説明もないのである。

こうした〝密約慣らし〟の末に、自民党から民主党への政権交代が行われた時点では、密約の公表をしても誰も傷つかないとの判断があったのではないか。おそらくは有識者委員会による調査報告書をもって、民主党政権の日米密約に関する取り組みは幕引きとなるだろう。だが、密約を過去のものとして葬ろうとする民主党に問題の核心は見えてはいないようだ。

真に失われたものとは

安保改定から半世紀を経ても日米同盟は日本が基地を提供する代わりに米軍に守られるといういびつな交換関係のままだ。不安定になりがちな関係を支えるために、思いやり予算をはじめとした財政支援や自衛隊による防衛協力といった人的支援がそれに加わったが、原型は変わらない。「対等性」の体裁にこだわるあまり、基地使用にまつわる既得権を死守する米国の要請を受け入れた日本政府が交わした密約がこの構造を強化し、修正する機会を奪ってきた。

密約が引き継がれていくなかで「他策」はなかったわけではない。その陰で大きく乖離していく実態と建前を収拾できずに、誰のための、何を守るための同盟なのかを問うことなく、同盟の維持そのものを目的とする日本政府の思考停止によって失われてきたのである。密約の存在について知りながら、政府に説明を求めることを諦めてきた国民もまた、選択の機会を自ら喪失していった。密約の存在によって同盟を維持する上での代償について目隠しをされてきた国民にはそのための義務を負う上での納得はおろか、新たに日米関係を再構築する覚悟などできるわけがないのである。有識者委員会は密約の存否ではなく、それによって失われたものを問うべきだった。

対等な同盟関係という「形式」に固執する鳩山民主党政権が、歴代自民党政権と同じ失敗を繰り返しているのは明らかだ。沖縄の普天間飛行場移転が進展しないのは、冷戦終結後も米国が主張するようにテロなどの脅威が存在するとしても、なぜ新たな基地が日本に必要なのか国民が理解できないからだ。なぜ独立と引き換えに旧安保条約に調印したときと同じように米軍基地を支えなければならないのか。その問いに向き合うことなく、自民党時代に頓挫した移転案を新提案と称して弄ぶことを「対等」と考える民主党が引き起こす混乱によって、再び同盟を維持する上でのバランスシートについて再考する機運は失われつつある。依然として基地使用権という「実質」を最重視する米側は、新しい同盟の見取り図を持たずに従来案の変更を主張する日本に対し、さらなる対米支援という見返りを要求するだろう。

在日米軍基地の約七五%が集中し、日米安保体制を選び取ることの現実を一身に体現してきた沖縄の基地問題と、日米密約の存在が時を同じくして浮上したのは偶然ではない。密約が覆っていた矛盾がむき出しになったいま、既存の同盟維持にかかるコストを支払うには高過ぎると誰もが感じるようになっている。そのシグナルを読み取れずに時間を浪費する日本政府に残されるのは、支持なき日米同盟だけである。

日米同盟と日本の核政策
【論じられ方の変容とその政治学的考察】

黒崎　輝

日米同盟論議の変容

今年、現行の日米安保条約が調印されてから半世紀が経過した。その間この条約を法的基盤として存続してきた日米同盟は、いまでは日本の国民から広範な支持を得ている。しかし歴史を遡ると、旧安保条約時代も含めて長い間、日本国内では日米同盟をめぐる政治対立がみられた。いわゆる五五年体制の下、自民党が一党優位を確立し、一九九三年まで単独で政権を掌握したことは、日米同盟の国内政治基盤となった。しかしながら、政府・自民党が日米同盟を日本の安全保障の基軸とみなして日米安保条約の継続に努める一方、社会党など革新勢力がそうした政府・自民党の姿勢を批判する状況が続いたのである。五五年体制時代、日米安保条約の是非は保革対立の主要争点の一つであったといってよい。背景には、冷戦という厳しい国際情勢があった。

しかし、冷戦の終結を経て五五年体制は崩壊し、日米同盟をめぐる政策論議のあり方は大きく変容した。政界再編や政治改革を経て保革対立の構図が消滅し、日米安保条約の是非は重要な政治争点ではなくなった。その間に二大政党制化の潮流が強まり、やがて日米同盟の堅持を唱える自民党と民主党が政権をめぐって競い合う構図が生まれた。このような状況の下、日米同盟をめぐる政策論議の焦点は、日米同盟の機能や運用、その発展の方向性といった各論へと移行していったのである。昨年、民主党を中心とする連立政権が発足して政権交代が実現したが、今後も与野党の入れ替えはあれ、日米同盟のあり方に関わる個別具体的な事案をめぐって政策論議が続けられることになりそうである。

なぜ核政策の論じられ方を問うのか

この小論の目的は、こうした日米同盟をめぐる政策論議のあり方の変化が日本の核政策論議に及ぼしてきた影響を考察することにある。周知の通り、日本は被爆国の立場から「核兵器を持たない、作らない、持ち込ませない」という非核三原則を堅持してきた。また、日本は核の脅威から自国の安全を守るため、米国が提供する核抑止力、いわゆる「核の傘」に依存してきた国でもある。この非核三原則や「核の傘」依存政策をめぐって日本国内では様々な議論が行なわれてきたし、日本の核政策に関する歴史研究や政策分析も少なからず存在する。ところが意外なことに、核政策論議を政治的営みとして捉えた上で核政策の「論じられ方」について考察した研究は皆無に等しい。本稿は非核三原則と「核の傘」依存政策に焦点を合わせ、核政策論議の政治力学を分析しようという試みである。

当然のことながら、核政策の論じられ方には様々な要因が影響を与えてきたと推察できる。その一つとして誰もが思いつくのは、日本国民の反核感情ではなかろうか。冷戦終結のような国際秩序の構造変動に加え、北朝鮮核危機や政権交代といった日本国内外の歴史具体的な状況要因も無視できない。本稿はこうした要因も考慮に入れて考察を進めるが、日米同盟をめぐる政策論議のあり方の変化に特に着目し、それが五五年体制崩壊後の核政策論議の動向を理解する鍵になることを明らかにしたい。日本において生産的な核政策論議を進めていくためには、その現状に対する理解を深める必要があると考えるからだ。

そのために以下では、五五年体制下で非核三原則や「核の傘」依存政策が日本政府の「宣言」政策として確立された経緯を振り返り、政府・与党の指導者が「核の傘」への不信感や非核三原則見直しを公言することを抑制する効果が、日米同盟をめぐる保革対立の構図にはあったと指摘する。また、その保革対立の構図は、日米安保条約の是非をめぐる論争から離れて「核の傘」依存のあり方について議論することを困難にしたと論じる。その上で、五五年体制崩壊後、日米同盟をめぐる保革対立の構図が消滅した結果、それ以前に比べて「核の傘」への不信感や非核三原則見直しを公に語りやすい状況に政府・与党の指導者が置かれている可能性を指摘する。そして国政の場でも日米同盟の堅持を前提として「核の傘」依存のあり方について政策論議を深めることが可能な状況が生まれていることを明らかにし、最近の核政策論議の動向と関連付けながら、その歴史的意義について考えてみたい。

「核四政策」の確立――「核の傘」依存と非核三原則の不可分性

それではまず、非核三原則や「核の傘」依存政策が日本政府によって公に表明され、「宣言」政策として確立された経緯を概観することから始めよう。一九六七年一二月、国会答弁に立った佐藤栄作首相は「非核三原則」という言い回しで日本政府の非核兵器政策を表現した。そのため、非核三原則はよく佐藤の名とともに語られる。しかし、そこで佐藤は新政策を表明したわけではない。実は五〇年代後半、日本政府はすでに国会答弁などを通じて、核兵器を持たず、作らず、持ち込みを許さないという立場を国民に示していた。当時、冷戦下で米国がソ連と熾烈な核軍備競争を繰り広げ、欧州や極東で核兵器の配備を進めていた。日本では一九五四年三月のビキニ事件を契機として反核感情が醸成され、それが「国民感情」へと成長した。このような状況の下、原水爆実験や日本への核持ち込みなどが国政の場で議論され、日本政府に核問題に関する立場の説明が求められるようになる。それに応える形で日本政府は非核兵器政策を表明したのであった。

一方、「核の傘」依存が日本政府の「宣言」政策として確立されたのは、佐藤政権期であった。それ以前から米国は西側防衛を目的として、日本を含む同盟諸国に米国の核兵器および通常兵器からなる抑止力を提供していた。日本政府はこの「拡大抑止」への依存を認めつつ、「核の傘」依存を表明することは慎重に避けていた。しかし六〇年代後半、日本の核政策を取り巻く国際環境が流動化するとともに、日本政府に核政策の明確化を求める圧力が日本国内外で強まる。国際社会では中国が核武装を進めるなか、米ソ両国の主導で核不拡散条約交渉が行われていた。日米二国間では、沖縄返還問題が外交案件として浮上した。こうしたなか、一九六八年一月に佐藤首相が国会答弁の中で核四政策を発表した。そこでは非核三原則、核軍縮、原子力平和利用と並んで、「米国の核抑止力への依存」が核政策の四本柱の一つとして位置付けられた。佐藤は日本の首相として初めて、「核の傘」依存を国民に言明したのである。これを機に「核の傘」依存は非核三原則と不可分の政策として定着する。

核四政策発表当時、日本国内に「核の傘」依存政策に対する批判や反対がなかったわけではない。日本の安全が核兵器に守られることを快く思わない人々は少なくなかった。事実、一九七〇年に新日米安保条約の固定期限が終了することから、「七〇年安保」に向かって野党は政府・与党とは異なる独自の政策を打ち出していた。たとえば社会党は日米安保条約の即時解消を唱え、アジア・太平洋非核地帯の設置を提案した。これは米国の「核の傘」からの離脱を意図した提案であったといえる。しかし、一九七〇年以降も自民党政権が継続し、日米安保条約が自動延長という形で継続された結果、日本は米国の「核の傘」の下で非核三原則を堅持することになる。(1)

五五年体制下での核政策論議の抑制

かくて五五年体制時代に日本政府の「宣言」政策として確立された非核三原則や「核の傘」依存政策であったが、それらをめぐる政策論議に日米同盟論議はどのような影響を及ぼしていたといえるだろうか。まず、日米同盟をめぐる保革対立の構図には、たとえ米国の「核の傘」の信頼性に不安を感じたとしても、そのような不安を抱いていると国民に受け取られかねない見解を政府・与党の指導者が公に表明することを抑制する効果があったと考えられる。また、その保革対立の構図は、彼らが核武装や核持ち込み容認といった非核三原則の見直しを意味する見解を公言することに対する抑制装置にもなっていたと考えられる。なぜなら、日米同盟をめぐる保革対立を背景としてそのような発言をすれば、米国の「核の傘」の信頼性や日米同盟の意義に対する国民の不信感や疑念を強める恐れがあったし、結果的に日米同盟に批判的な革新勢力を利する可能性があったからである。それは日米同盟堅持を至上命令とする政府・与党の指導者にとって是が非でも避けなければならない事態であった。

事実、五五年体制時代、政府・与党の指導者が米国の「核の傘」に対する不安を露骨に表明したり、その信頼性を維持するための方策を公の場で米国に求めたりすることはなかった。また、政府・与党の指導者が非核三原則の見直しを求めるような見解を公に表明することもなかった。もちろん、このことから直ちに日米同盟をめぐる保革対立の構図が政府・与党の指導者の言動に影響を与えていたとは断言できない。たとえば国民の反核感情など、考えられうる抑制要因は他にもある。こうした諸要因を考慮しつつ、保革対立の構図の抑制効果を実証することは難しい。しかし、政府・与党の指導者の言動に対する抑制機能がその保革対立の構図に「潜在」していたと推論することはできる。

さらに、日米同盟をめぐる保革対立の構図にはもう一つ重要な政治的効果があった。それは「核の傘」論議を硬直化させる効果である。佐藤の核四政策表明後も政府・自民党は日米同盟を堅持しつつ、米国の「核の傘」の下で日本の安全を確保しようとしていた。しかも、保守勢力側には非核三原則への抵抗感はあっても、国内の反核感情を「核の傘」依存政策にできるだけ反映させようという意識が希薄だった。他方で革新勢力には安保反対を棚上げにした上で、「核の傘」への依存を減らすための より現実味のある対案を模索しようという意欲が欠けていた。日米同盟を重視する政府・与党を攻撃するための材料として核問題を利用する傾向が革新勢力側にあったことも否めない。こうして五五年体制の下では日米安保条約の是非から切り離して「核の傘」依存のあり方について議論を深めることができない状況が続いたのである。その結果、自民党政権が続く限り、いわば米国任せの「核の傘」依存政策が温存されることになる。

五五年体制の崩壊と核政策論議の変容

しかしながら、冷戦終結を経て五五年体制は崩壊し、本稿の冒頭で述べたように日米同盟をめぐる政策論議のあり方は大きく変容した。このことは核政策論議にどのような影響を与えてきたのだろうか。まず、日米同盟をめぐる保革対立の構図の消滅により、米国の「核の傘」の信頼性に対する不信感の表明と受け取れるような見解や、非核三原則の見直しを求める見解を政府・与党の指導者が公言することに対する抑制要因が一つ失われたといえる。考えられうる抑制要因は他にもあるので、このことだけで核政策論議にどのような影響があるかは断定できない。しかし、そうした見解を以前より公に表明しやすい政治環境に政府・与党の指導者が置かれている可能性があるとはいえよう。

事実、それを裏付けるような動きが具体化している。たとえば二〇〇九年七月、日米両政府は「核の傘」を含む米国の「拡大抑止」に関して定期協議を開始することで合意した(2)。また、二〇〇六年九月に北朝鮮が核実験を強行した直後、日本の閣僚や与党幹部が核保有論議を是認する発言をしたことも注目に値する(3)。その動機や理由が何であれ、日米同盟をめぐる保革対立の構図の消滅による政治環境の変化は、そのような発言がなされるのを可能にした背景要因になっていたと推論できるからだ。そう考えると、今後、同様の発言が繰り返される可能性は十分ある。米国の「核の傘」に対する信頼の維持を目的として、たとえば北大西洋条約機構（NATO）の核運用参与（nuclear sharing）に類似の措置を求める議論が提起されても不思議ではない(4)。ただ、そうした言動は核政策論議の政治力学が変化した結果であって、必ずしも実際に政策が変更される可能性が高まっていることを意味しない点に留意すべきである。以上の議論は仮説の域を出ないが、五五年体制崩壊後の核政策論議を読み解く上で有益な視点を提供してくれるはずである。

保革対立の構図の消滅によってもたらされた重要な影響は、もう一つある。すなわち、五五年体制崩壊後、国政の場でも日米同盟の堅持という共通了解に基づいて「核の傘」依存の中身について議論を深めることが可能な状況が生まれている。しかも、その影響はすでに具体的な形で現れている。前述の通り、五五年体制崩壊後、日米安保条約の是非は日本の安全保障政策論議の主要な争点ではなくなった。こうしたなかで自民党が政権復帰し、同党を中心とする連立政権が続いたため、結果的に「核の傘」依存政策が見直されることはなかった。その間に最大野党となった民主党もまた、日米同盟の堅持を唱え、「核の傘」からの離脱は主張してこなかった。しかしながら、「核の傘」依存のあり方、より具体的に言えば、他国による核兵器の使用に先立って自国の核兵器を使用しないという核保有国の政策、いわゆる「核先制不使用（no first use）」に関して日本政府と異なる政策を表明するに至ったのである。

核先制不使用や「核の傘」依存に関する従来の日本政府の立場と民主党の政策についてもう少し詳しくみていこう。これまで日本政府は米国政府と歩調を合わせるかのように、核先制不使用を支持してこなかった。冷戦後に関して言えば、北朝鮮の生物・化学兵器の脅威を念頭に、核兵器の使用のみならず、生物・化学兵器の使用に対する抑止も米国の「核の傘」に期待するようになったことが、その主な理由として考えられる。背景には、米国政府がいわゆる「計算された曖昧さ（calculated ambiguity）」政策を採用し、核先制不使用を支持してこなかったという事情がある。その政策は、米国や同盟諸国に対する生物・化学兵器の脅威に対処するために核兵器を使用する可能性を否定せず、あいまいさを意図的に残すことで米国の抑止力を高めることができるという論理に基づいている。[5]米国の核抑止力を損なうという理由で核先制不使用を支持してこなかった日本政府は、事実上、この政策を受け入れてきたといえる。[6]

他方、民主党は二〇〇〇年に核政策を発表し、注目すべき方針を打ち出した。それは日米同盟を維持しつつ、「米国が日本を守るために米軍の保有する核を他国の日本に対する核攻撃に先立って使用することはないこと」について、日米間で合意を結び、将来的には北東アジア非核兵器地帯の実現を目指すという方針である。[7]この方針は米国と核先制不使用に関する二国間合意を結ぼうというもので、米国の核兵器使用に対して日本側から一定の歯止めをかけることに、そのねらいがあるといえよう。この合意が成立すれば、米国の「核の傘」の機能は他国による核兵器使用の抑止に制限され、米国による核兵器使用の敷居は高くなる。これは「計算された曖昧さ」の除去を意味する。このような政策提案が政権奪取を目指す政党から出てきたことは、五五年体制崩壊後に起こった「核の傘」論議の変化の表れとみなすことができる。

核軍縮・不拡散への主体的関与のチャンス

こうしたなか、二〇〇九年に日米両国で新政権が発足したことを受け、これまでになく「核の傘」依存政策見直しの気運は高まっている。米国ではオバマ大統領が「核兵器のない世界」に向けて核軍縮・不拡散に積極的に取り組む意向を表明し、そのために米国の国家安全保障戦略における核兵器の役割を縮小する必要性を繰り返し言明している。オバマ政権は米国の「核の傘」を同盟諸国に引き続き提供することを約束しているが、オバマ政権の核兵器政策の今後の行方が注目されている。[8]

こうした米国の動きとも連動して、国際社会では核軍縮・不拡散推進の観点から核兵器の役割を縮小する方策を核保有国に促す取り組みが活発化している。日本との関係で特に注目されるのは、日本とオーストラリアの呼びかけで発足した国際的な賢人会議「核不拡散・核軍縮国際委員会(ICNND)」の提言である。二〇〇九年一二月にICNNDが発表した最終報告書は、非核保有国への核兵器使用を禁止すること(消極的安全保証)に加え、核保有国の保有目的を核兵器の使用の抑止に限定すること(「唯一の目的」宣言)や、核先制不使用を宣言することを核保有国に求めている。[9]

このような状況下で発足した鳩山政権は「核の傘」依存政策の見直しに前向きに取り組む姿勢をみせている。本稿執筆時点では、前に紹介した民主党の核政策が政府政策に取り入れられるには至っていない。しかし、岡田克也外相は核軍縮推進の立場から核先制不使用や「唯一の目的」宣言に関心を示し、そうした措置について米国側とも協議する意向を明らかにしている。[10] 米国側に対して「核の傘」の役割の見直しを日本側から積極的に働きかけようという動きが出てきたことは画期的である。それは「核兵器のない世界」を目指す国際社会の新たなうねりに呼応するものであるし、政権交代の産物ともいえる。しかし、そうした最近の動きによって日本の「核の傘」論議のあり方が変わったわけではない。これまであまり注目されてこなかったが、五五年体制崩壊後、国政の場で「核の傘」依存のあり方について議論を深めるための政治環境は静かに整えられてきたのである。

ともあれ、日本は現在、被爆国や米国の同盟国としての歩みを反省し、日本外交や日米同盟の新たな可能性を追求する機会をとらえかけているようにみえる。確かに日本は、被爆国の立場から非核三原則を「国是」としてきた。核軍縮・不拡散の推進を国際社会に呼びかけ、そのための諸活動に積極的に関与してきたことも事実である。しかし、米国の「核の傘」への依存を続けてきた日本は、自国の安全保障政策における核兵器の役割の縮小に積極的かつ主体的に取り組んできたとは言い難い。したがって、「核の傘」依存政策見直しの気運が高まっているとはいえ、長年続けてきた「核の傘」依存の慣行を見直し、実際にそれを改めることは、そう簡単ではないだろう。しかし、「核の傘」依存のあり方について政策論議を進めていくことは、いかなる結果に帰着するにせよ、日本にとって有意義な営為となるにちがいない。それは国際社会における被爆国・日本の役割や日米同盟のあり方を問い直し、日本の進むべき道を模索することでもあるからだ。これまで先送りされてきた感がある厄介な課題であるが、そのための政治的条件は整いつつある。この機会を日本は活かせるだろうか。

注

（1）日本の核政策の形成については、拙著『核兵器と日米関係——アメリカの核不拡散外交と日本の選択一九六〇—一九七六』有志舎、二〇〇六年を参照。

（2）『朝日新聞』二〇〇九年七月一九日。

（3）『朝日新聞』二〇〇六年一〇月一六日、同前二〇〇六年一〇月一九日。

（4）NATOの核運用参与については、梅本哲也『核兵器と国際政治一九四五―一九九五』日本国際問題研究所、一九九六年、六八―七八頁。

（5）Scott D. Sagan, "The Case for No First Use," *Survival*, Vol. 5, No. 3 (June-July 2009), pp. 169-171.

（6）佐藤行雄「核軍縮時代の日本の安全保障――拡大抑止の信頼性の向上が鍵」『外交フォーラム』二〇〇九年八月号、四六―四九頁。外務省の立場は、同誌に掲載された座談会での佐野利男・外務省軍縮不拡散科学部長（肩書は当時）の発言からも窺うことができる。同前、一二四―一二五頁。

（7）『朝日新聞』二〇〇〇年四月一四日。

（8）本稿執筆現在、オバマ政権は「核態勢見直し（Nuclear Posture Review）」の最終報告を取りまとめている。これはオバマ政権の核兵器政策の指針になる重要文書である。

（9）*Eliminating Nuclear Threats : A Pratical Agenda for Global Policymakers*, Report of the International Commission on Nuclear Non-Proliferation and Disarmament, pp. xix-xx. なお、この報告書は以下のウェブサイトから入手できる。ICNND Website, <http://www.icnnd.org/reference/reports/ent/index.html>.

（10）『朝日新聞』二〇〇九年一〇月一九日、二〇一〇年一月二九日の衆議院本会議での岡田外相の外交に関する演説。

（付記）本稿脱稿後の二〇一〇年四月、オバマ政権は「核態勢見直し」報告書を発表した（注（8）を参照）。そこでは、これまでになく核兵器の使用を制限する方針が打ち出されたが、例外なき「唯一の目的」政策や核先制不使用政策の採用は見送られた。本稿で指摘した日本の課題は過去のものにはなっておらず、今後の日本の対応が注目される。

III

東アジアの平和を阻む日米安保？

「同盟」の新しい地平を目指して

岩下明裕

同盟の隘路

米国にとっての日本が必ずしも世界のなかでもっとも重要なパートナーではない一方で、日本にとっての米国はその存在抜きにはなにも語れない。そもそも、日米関係は、同盟を論じる以前の問題として、非対称な性格を帯びている。もちろん、これには戦勝国に「抱かれて」復興した敗戦国と戦勝国との関係といった側面もあるだろうが、むしろ日本が米国に積極的に「抱かれること」を通じて、自らの経済発展や復興を進めてきたこと、そしてその目指すところが、ユーラシア大陸に膨張する大国の復活といった「野望」の実現ではなく、主に北東アジアの範疇のみに自らのプレゼンスをとどめ、可能な限り自己武装を回避するやり方でこれを進めてきたことにも原因があるように思われる。

日米関係における、日本側の「求愛」はいたるところで見いだせる。例えば、中国をどう見るかというイシューがそうだ。私は二〇〇七年九月から二〇〇八年六月までワシントンのブルッキングス研究所にいたが、滞在中にもっとも驚かされたことの一つが、ワシントンの政策研究コミュニティに属する米国人のほとんどが、「日本は中国の脅威を深刻に受け止めており、だからこそ米軍に日本にいてほしい」と考えていたことだ。日本にもあまり深く考えずに、中国や北朝鮮の「脅威」を信じ込む人たちは少なくないが、だからといってそれが米軍の沖縄駐留に無条件につながるはずもなく、こう考えている日本人も多いはずだ。「米国の基地が日本にあり、日米同盟があるのは、日本の防衛なんかではなく、米国の世界戦略のため。米国の利益のために日本に居続けている」と。不幸なことは、この両者の認識ギャップが、その存在さえあまり知られていない点にある。このギャップの存在、さらにはこれを生み出す構造こそが、日米関係における真の問題だと私は考える。

北東アジア政策研究コミュニティ

私は米国研究者でもなく、日米関係の専門家でもない。私は、ブルッキングス研究所の北東アジア政策研究センター（CNAPS）客員研究員になる以前、ワシントンのシンクタンク関係者たちとのつきあいは皆無だった。着任当初、現地の日本人によく尋ねられた。「ロシア研究者のあなたがなぜワシントンにいるのか」。この問いは、ワシントンにいる日本人の多くが、日米関係にしか関心がないことを示唆している。もちろん、他の地域に関心を寄せる関係者もいた。とはいえ、関心の幅は広くても中国、朝鮮半島など北東アジアの範疇にとどまり、その視線も中国や朝鮮半島を主体的にとらえるのではなく、あくまで日米関係における対象や反射として考えていた。ロシア、中央アジア、南アジアなど、北東アジアを越える地域への関心をもった日本人研究者がワシントンに来ることの意味を彼らはほとんど理解しえなかった。

　ある地域やイシューに対する関心の幅の狭さ、言い換えれば、政策コミュニティのサークル性は、異なるサークル間の交流や相互乗り入れを妨げている。例えば、南アジア、中央アジア、ロシアなどをテーマとしたセミナーで、私は他の日本人をみかけたことがほとんどない。もとより、これは日本人に固有の責任では必ずしもない。ワシントン全体の構造の問題ともいえよう。ＣＮＡＰＳが主催するセミナーに参加する顔ぶれは固定しており、ジョンズ・ホプキンス大学のＳＡＩＳ（The Paul H. Nitze School of Advanced Internatioanl Studies）の中央アジア・コーカサス・セミナー、ジョージタウン大学のＣＥＲＥＳ（Center for Eurasian, Russian and East European Studies）のロシア・セミナーなどいずれも常連がいるのだが、彼らと他地域のセミナーで出会うことは皆無だ。イランを議論するのに北朝鮮を、中国を論じるのにパキスタンを知ることが不可欠な時代なのに、サークル間の隔絶は深い。

　ワシントンへの政策関与という観点からみれば当然なのだが、地域にかかわる政策研究コミュニティにはその地域に出自をもつ人たちが多い。南アジアのサークルではインド人やパキスタン人が目立つし、ロシアのサークルでは中東欧出身の人が少なくない。北東アジア・サークルには日本人、韓国人、台湾人が集中する。その地域と「縁がある」ということが、サークル内での優位性を生み出す。ある日本人研究者が（地域のそれなりの研究者であったとしても）イランやアフガニスタンのセミナーに参加しても無視されがちだが、北東アジア・サークルではディレッタントでさえ重宝される。要するに、専門的知見をもって議論できなければ存在感を示せない他の地域サークルと異なり、北東アジア・サークルは日本人に「優しい」。

これは、私が北東アジア政策研究コミュニティとかかわって驚いた、二点目とも結びつく。例えば、本屋などで並ぶ日本人の著作（もともと少数だが）、あるいは北東アジア・サークルの米国研究者がソースとして依拠する日本人の多くが、私にとって未知であった。いかに私が日米関係、中国、朝鮮半島の専門家でないとはいえ、人文・社会系については、日本人で誰が評価された研究者であるか、日本の学界や論壇、あるいは東京の政策研究サークルでどのような議論が影響力をもつか、だいたいを把握している。日本のなかで定評ある論議がワシントンにはあまり届いていない。

サークルのもつ構造的問題がここでも原因のように思われる。私がワシントンにいた二〇〇七年後半は、「日本パッシング」が盛んに日本国内では報道されており、民主党が勝利し、とくにヒラリーが大統領になった場合に、日本軽視、ひいては日米関係の危機につながるとする見方が流布していた。事実、当時の日本のパイプは共和党とは強く、またシンクタンクではＣＳＩＳ（Center for Strategic and International Studies）とは確固たるものがあったものの、民主党には薄く、そのブレーンの多くが所属していたブルッキングスには、日本の専門家がいないどころか、日本人研究員さえ私一人という有様であった。日本をテーマとしたセミナーも少なく（私は日米関係に争点があまりないからだと楽観していたが）、セミナーがたまに開かれるときでさえ、日本人の報告者は皆無、いわゆるジャパン・ハンド（知日派）と目される人たちの（しかも、ケント・カルダーやマイケル・グリーンといった大御所たちの参加も欠いた）微々たる会ばかりであった。

例外をあげるとすれば、政治家たちを中心とした講演会の存在であろう。政治家が登壇する場合、組織者や現地支援者の尽力で、在住日本人やおそらくは日本と関わりのある米国関係者と目される人が参加し、傍目には盛況にみえる（さすがにこの場合には大御所たちもつきあってくださる）。東京から来た登壇者たちはご満足かもしれないが、それはあくまでサークルでの内輪の盛り上がりにすぎず、コミュニティを越えた、ワシントンの政策形成全体に対してほとんどインパクトがない。客観的には、馴れ親しんだサークルで、米国の友人たちとの「旧交」を温めることで自己存在や日本とのパイプの確かさを確認したに過ぎない。

ワシントンの知らない「日本」

狭いサークル内のこの閉じた構造は、意図的ではないにせよ、しばしば「あうん」の呼吸でサークルの外に流す情報やイメージをつくりあげてしまうことになりかねない。おそらく従来は、日米間の機微に関わる問題はこのようなサークルのなかで「静謐」に解決され、日米友好を演出するのに一役かってきたに違いない。だが、世界のグローバル化、それに伴う地域を越えた様々な困難の相次ぐ出現は、このサークルのなかだけでは日米同盟を舵取りできない状況を生み出している。特にこのサークルに関与する日本人は米国に詳しく、かつ英語が堪能であっても、米国への知見以外は十分ではなく、また問題関心も乏しい。翻って、米国人専門家も、日本以外には精々、中国・台湾、朝鮮半島くらいまでがカバーの対象である。さらに米国にオバマ、やや遅れて日本に鳩山の民主党両政権が誕生したこと、とくに対米同盟の締結からその発展をほぼ一手に管轄してきた自民党が政権を失ったことが、日米関係の旧来のパイプを大きく揺さぶることになる。

新しい日米関係のあり方を模索するには、まず何よりも、日本に対するワシントンの見方を日本の実相に近づけなければならないだろう。こう考えた私は、ワシントンが「知らない」日本人の地域専門家、とくに北東アジア地域以外の専門家を現地で「売る」ためのプロジェクトを立ち上げた。もちろん、北東アジアに関しても「中国が怖くて米軍にいてほしい」などといった一方的な議論ではなく、中国をその強さも弱さも客観的にみながらバランスのとれた堅実な主張をしている、日本の多数の中国研究者の存在をワシントンに知ってもらいたいと思った。幸いにも、CNAPSのリチャード・ブッシュは私の提案に関心を示し、北海道大学スラブ研究センターとの共催と国際交流基金、在米大使館などの支援を軸に、「日米同盟――北東アジアを越えて」(http://src-h.slav.hokudai.ac.jp/publictn/report/20090702-j.pdf)を組織できた。スラブ研究センターが招待した、ロシア、中国、中央アジア、中東欧以外に、南アジア、中東の日本人専門家に対して、いわばオール・ブルッキングスが受けて立った二〇〇九年五月のシンポジウムは、参加者が一五〇人に至り、共同通信、毎日新聞などが大きく記事にとりあげた。このシンポは、日米の専門家が北東アジアを越えて同盟を語ったという意味でも画期的であったが、通常のセミナーではあまりない、地域を越えた専門家が一堂に会したという意味で、これはブルッキングスにとっても類例のない試みとなった。

二〇〇九年一〇月に開催された、第二回共催シンポジウム「原子力ルネッサンスと日米同盟」(http://src-h.slav.hokudai.ac.jp/publictn/report/20100208-j.pdf)も参加者は一〇〇名を越え、これまであまり焦点をあてられることのなかった争点を軸に、日米の専門家が中身の濃い論議を行ったことが評価された。私はもっと「知られざる」日本の知見をワシントンに伝えたいと思った。その一つが沖縄だ。現地で開かれる日米関係のセミナーなどで、沖縄が話題になることは実に少ない。それを知った私は、日米同盟について議論するとき、いつも沖縄のリアルな姿とその抱える問題の深刻さをもっと考えるように同僚たちに訴えかけた。しかし、冷淡な反応、あるいは無関心のどちらかしかなかった。彼らの多くは沖縄の現実を知らないどころか、基地問題の意味さえ理解しない(言うまでもないが、ジャパン・ハンドに限れば、その一部は「存在」については熟知している。前述には北東アジア政策研究コミュニティ全体のなかで、という限定をつけておく)。本土に暮らし、日常的には沖縄のことなど考えない日本人でさえ、これには驚くに違いない。二回目のシンポジウムが成功に終わった夜、沖縄と安全保障をテーマにシンポジウムを開かないかと、(ハワイに本拠をもつがゆえに、島嶼問題に理解の深い)ワシントンの東西センターに提案した。ブルッキングスのシンポジウムと並行して、私たちとセミナーを共催していたこともあり、彼らは乗り気であった。

ワシントンで沖縄を考える

日米関係と沖縄を世界に発信できる研究蓄積と堪能な英語力を兼ね備えた人材を探す旅にでた。佐藤学（沖縄国際大学）と屋良朝博（沖縄タイムス編集委員）の二人を招請に至る経緯は省略するが、このシンポジウムの準備が進むにつれて、普天間海兵隊基地の辺野古移設が日米関係の争点としてにわかにクローズアップされていったのが印象的である。まったくの偶然だが、名護市長選挙の前日（二〇一〇年一月二三日）、佐藤らと那覇で共催フォーラムを開催し、選挙当日に、私は辺野古の海でボートからキャンプ・シュワブを視察していた。

そもそも海兵隊の基地問題は一九九〇年代後半に当時のクリントン政権と橋本自民党政権が長年にわたる交渉の結果まとめたもので、いわば日米双方にとって「過去の問題」である。しかし、社民党をも含んだ鳩山政権が、日米関係の「対等性」を主張し、普天間基地移転の見直しを表明したことで、にわかに日米関係の争点となっていく。そして、日米関係のいわゆる専門家がいっせいに「同盟や日米安保の危機」を主張し、しばしばこれを中国と結びつけて、「中国に甘い」鳩山民主党批判の戦列に加わった。日本では、基地が辺野古に移転されなければ、日米関係が崩れるかのような言説が登場した。

対照的に、米国側の見方は異なっている。そもそも経済や医療保険が主要課題であった今のオバマ政権にとって、外交懸案の比重はさがっており、その外交のなかでも北東アジアが最重要課題であるはずもない。中国との関係が最近、きしんでいるなかで、日米関係の不透明感を懸念する声があったとしても、その程度である。その日米関係において、普天間問題はシンボリックであっても、戦略的には同盟の現実を左右する課題ではない。

本書にも寄稿している屋良の『砂上の同盟――米軍再編が明かすウソ』(二〇〇九年)を私は次のように理解する。日米のいわゆる「専門家」、いや普通の「市民」にさえ共有されている前提、「アジア太平洋をにらむ戦略的要所として地政学的に沖縄の位置が重要だから海兵隊は沖縄にいるべきだ」という根拠は神話だ。海兵隊を運ぶ艦船、いわば「消防車」が佐世保にあるのに「消防隊員(海兵隊)」を沖縄に置きつづけることに戦略的な意味がみえないからだ。むしろ、佐世保の近くに置かれる方が望ましい。にもかかわらず、それが沖縄のなかで「処理」されようとするのは、米国というよりは、あくまで基地を沖縄に封じておきたい東京の意思に違いないと。

辺野古問題が連日、ニュースのトップを飾りだした二〇一〇年三月九日、かねてより計画していた「日米同盟における地域的安全保障と沖縄」を、東西センター、笹川平和財団USAとともにスラブ研究センターは共催した。日本メディア特派員、国務省、国防総省関係者、元沖縄総領事、現地シンクタンク関係者など一五〇名がみまもる熱気のなか、シンポジウムの第二セッションで登壇した屋良は、元々、本土にあった海兵隊基地が一九五〇年代に米国管轄下の沖縄に移転された経緯、日米同盟で沖縄だけが集中的に基地を背負わされる不平等性、戦略的にはより機能しうる内地に移転させず、なおかつ沖縄だけに封じ込めつづける政治性などを「リアリスト」の立場から訴えた。佐藤はこれに基地被害の深刻さを訴え、嘉手納があれば戦略的に十分に機能する一方で、中国や北朝鮮の脅威に沖縄に配備された海兵隊は対応し得ないと援護した。

これに対する米国側のコメンテーターであった、J・E・アワー（バンダービルド大学・元国防総省日本担当）は、日米で長い年月をかけて合意に達した事実の重みを前面に掲げて、真っ向から反論した。そして佐藤の基地被害の訴えを、世界中の基地問題の現実のなかで冷静にとらえるよう切り返した。論点は多岐にわたるのだが、私には軍事的には利益をもたらす、本土移転があり得ない説得的な理由をやりとりから見いだすことはできなかった。一度、決まったのだから、また最初からやるのはかなわない。当時の交渉にかかわったジャパン・ハンドが「すでに合意したのだから」とけんもほろろなのは、おそらく理屈以上に、感情による。他方で、ランチオンに登壇した国防副次官補デレク・ミッチェルは、すべての選択肢を検討中だとして、本土移転の可能性を一方的に否定することはなかった。米国の本音は、交渉にかかわっていささか感情的な当事者たちをのぞけば、私たちが思う以上にクールなのだろうと私は受け止めている。彼らは基本的にこれを日本の国内問題であると考えている。つまり、日本側がきちんと話をまとめて、それが米国にとってもより利益となるのであれば（このケースでは本土移転は米国にとって戦略的には意味がある）、反対する理由が彼らにあるとはあまり思えない。とすれば、やはり、ボールは日本側にある。

沖縄セッションは最後までほとんどの参加者が席から立てない熱気のなか、双方が真っ向からぶつかりあい、厳しくはあるが、冷静で聞き応えのある議論の応酬で幕を閉じた。司会であった私はこう結んだ。「このシンポジウムの目的は、対立的な側面をクローズアップするためにあるのではない。なにが問題なのかを浮き彫りにし、これまでの言説を再検討すること。そして、このような率直な議論を通じて、深く実質的で広がりのある日米関係を作り直すことにある」「普天間問題の存在にかかわらず、ずっと日米同盟における沖縄の実相とその意味を忘れないで考えつづけていてほしい」（心のなかでは、日本人報告者たちはみな「対等」以上にできたと手応えを感じていた[1]）。

シンポジウムを終わって私は考えた。どうしたら、日本にとっても米国にとっても、そして沖縄にとってもウィン・ウィンになるだろうかと。おそらく最終的には、責任ある政治家が覚悟とリスクをとって解決への道筋をつけるしかない。海兵隊基地を地元に誘致しても選挙に勝てる強固な地盤をもった保守政治家や日米安保の重要性を日々訴える国士、彼らに日米同盟の未来に対する責任を引き受けてほしい。例えば、安倍晋三元首相が山口に、あるいは石破茂元防衛相が鳥取に、基地を招致する。「日本の安全保障上、もっとも脅威とされる北朝鮮を睨みながら」。

多様かつ重層的なパートナーとして

これまでの日米関係を律してきた「声」が、ワシントンと東京との狭いサークルのなかからのみ生まれてきたのであれば、それは日本のリアルな姿とワシントンの現実の橋渡しとしての使命を終えつつあると私は思う。日米関係の現状が、一部の関係者による「密約」によってかろうじて取り繕われてきたとすれば、過去においてそれは機能したとしても、それではは未来に対応できない。そして、「密約」問題を契機に、日本と米国の間のギャップが明らかになりつつある。いま真に重要なことは、このような狭いサークルを通じてしか「同盟」を演じることができなかった日米関係を、多様かつ重層的なものに作り替えることである。そのためには何をすべきか。

第一に、日本政府は正面から国民に問いただすべきだ。日本がこれからも、これまでと同じような安保体制の下で積極的に米国に「抱かれつづけたい」のか。そして、そうであれば、基地を沖縄だけでなく日本本土で引き受ける覚悟を示せと。国民ひとりひとりが安全保障にかかわる義務と責任を引き受けるべきであり、政府はそのことを明示しなければならない（但し、徳之島や北海道の矢臼別といった「辺境」の地にのみその機能を移転させ、「本土」がそれを引き受けないのであれば、本質的な変化とはいえない）。仮に、民意がいまの米軍に「抱かれた」体制から脱却したいということであれば、国民とともに「脱安保」（正確には「現安保」の作り替え）、自主防衛の模索、そしてアジアのなかでのより軍事的にも自立した地位を目指すべく、米国との関わり方を変えることだ。この道はけっして容易ではないが、かならずしも米国と敵対することを意味しない。逆に真の同盟関係を展望するプロセスのなかでこれを見通すこともできよう。

第二に、これまでの北東アジア・サークルのあり方を見直すべきだろう。外交には最小限の秘密は絶対必要だが、一部関係者での閉じた議論とは、可能な限り決別し、開かれかつ重層的なサークルの形成を促すべきだ。これにはいくつもやり方がある。例えば、日本の中国研究者の主流の議論が米国ではほとんど知られていない。中国学者がもつ根強い英語嫌いの責任も少なくないが、良質な分析や議論を日本の国内で発信している彼らの声がきちんとワシントンに届けば、「日本人はみんな中国が怖くて米国に助けを求める」かのような表層的メッセージへの誤解はすぐに解ける。また日本で北東アジア地域を研究している日本の学者たちはもっと自らワシントンで声をあげてほしい。そのなかには沖縄や北海道といった地域の声も含まれるべきだろう。東京発の情報それ自体がすでにバイアスに満ちているのだから。「良貨」で「悪貨」を駆逐しよう。

第三に、北東アジア以外の米国の政策研究サークルにより関与すべきだ。もはや、グローバル化する世界のイッシューに対して、日米両国による柔軟かつ緊密な対処が求められる昨今、ジャパン・ハンドはおろか北東アジアのサークルのみで議論すべきときではない。すでに、私たちは米国のカウンターパートの共催事業として、日本の「知られざる」声をワシントンの専門家と切り結ばせるためのフォーラムを立ち上げている。米国にとっても、北東アジアを専門としない日本の研究者たちとの重層的な交流や協力はメリットとなる。米国サークルの隔絶を壊す効果もある。日本の北東アジア地域を越えた専門的知見を彼らのそれと共有することで、軍事的な関係を単線的にインド洋にひっぱるといった日米安保の量的拡大ではなく、ユーラシア大陸全体をカバーしうるソフト面での協力的関係が構築できれば、これは真の同盟を深化させる一歩ともなるだろう。

私たちはもっと日本の現場から発せられている多様な声をワシントンに伝えるとともに、ワシントンからの本当の声に耳を澄まそう。この意味で、日本が今、直面する真の問題は、(世界中どの国も実現できそうにない)米国との「対等な関係」を求めたり、逆に(米国に見捨てられることを恐れて)「同盟の危機」を憂えたりすること以前に、ありのままの日本の知力と体力を結集して、米国と真摯かつ率直に向き合うことではないのか。私たちのもつ人的資源と専門的知見はそれほどすてたものではない。日米同盟の挑戦は、米国ではなく、日本のなかにある。

注

(1) 結局、普天間基地の「(最低でも)県外」への移設という鳩山首相の約束は果たされないまま、新たに菅政権が誕生したことで、沖縄は忘れさられてしまった(これについては「『善良な市民』と普天間——私たちは『鳩山』を嗤えるのか?」『毎日新聞』二〇一〇年五月一二日夕刊 http://borderstudies.jp/essays/essays/pdf/iwashitaMainichi20100512.pdf「国境から世界を変える——北大で沖縄展示開催」『沖縄タイムス』二〇一〇年六月八日 http://borderstudies.jp/essays/topics/pdf/100608okinawatimes.pdf を参照)。二〇一〇年三月のワシントンでの沖縄シンポジウムの報告書の刊行が、少しでも沖縄を議論する灯をともしつづけることに寄与できれば幸いである(http://srch.slav.hokudai.ac.jp/publictn/report/20100624-j.pdf)。

分割された東アジアと日本外交（1）

原　貴美恵

「日米安保」を問い直すことと、日本と近隣諸国との関係を問い直すことは不可分である。本稿では、日本をとりまく東アジアの安全保障環境を、冷戦とサンフランシスコ講和という局面から再考する。特に「日米安保」と背中合わせに引きずられてきた主要な地域紛争に焦点をあて、これらが如何にして「未解決の諸問題」となったのかを、主に公文書資料検討を基にした近年の研究成果から論じる。そして、過去に盲点となりがちであった諸問題の共通の起源に注目し、そこにみられる幾つかの特徴を踏まえた解決を考察する。

東アジア――残存する冷戦構造

日本では「十年一昔」という表現があるが、それに従うと「冷戦の終焉」が世界中で謳われだしたのは、もう随分昔のことである。九・一一事件、それに続くアフガン戦争やイラク戦争等にみる二十一世紀に入ってからの世界情勢の変化に目を向けると、なるほど冷戦とは現在から切り離された過去の史実のように思える。しかし、東アジアに目線を転じて、その歴史と現状を再考してみると「冷戦は終焉した」とは言い切れないものがある。

今一度、東アジアの地域冷戦について認識を整理し直してみよう。冷戦には、概して（1）共産主義対非共産主義という異なるイデオロギーに立脚した社会システム間の対立、（2）それに伴った軍事開発や安全保障同盟などの軍事的対立、更に（3）対立の前哨としての地域紛争の存在、という特徴があった。それらに即して考えてみれば、第一の社会システム間対立では、東アジアにおける冷戦体制は、中国が共産圏の中核的存在として台頭した点で欧米の米ソ二極体制とは異なっていた。中国は、朝鮮戦争介入を機に米国による「封じ込め」政策の対象となったが、一九六四年の核保有や一九七一年の国連加盟等を通じ国際舞台においてアジアの極としての地位を名実共に確立した。一九八〇年代末から九〇年代初めには、欧米での「冷戦の終焉」に続き、東アジアでも劇的な緊張緩和が見られた。しかし、この地域で起った変化には、東欧諸国の民主化や共産主義政権崩壊のような根本的なものは少なく、ソ連の消滅以外には主な冷戦構造は崩壊を免れていた。中国の共産政権は、近隣の共産・権威主義国家同様、現在も存続しており、近隣諸国にとって潜在的脅威であることに変わりない。（但し、中国は七〇年代末からの改革路線で資本主義への移行が始まっていたので、地域冷戦はその時から経済システムの面においては、部分的終焉に向かっていたと見ることは可能であろう。しかし、当時「米中冷戦だけが終焉し、米ソ冷戦は継続している」という一般認識は不在であった。）

第二の軍事的対立では、東アジアの冷戦は、欧米の北大西洋条約機構（NATO）対ワルシャワ条約機構といった多国間同盟体制とは異なり、米国が個々の同盟国と結んだ二国間安全保障条約を軸としたハブ・アンド・スポークス型の体制を特徴としていた。一九五一年九月、対日講和と同時期に成立したこのサンフランシスコ同盟体制の基軸的存在が「日米安保」である。それから半世紀以上が過ぎた現在、ワルシャワ条約機構は既に消滅し、欧米のNATOは反共産主義の性格を失い、かつて共産主義圏にあった東欧諸国もメンバーとして受け入れてきたが、東アジアの二国間同盟体制は継続しており、これが共産主義国へ拡大される可能性は希薄である。一方、この地域での新しい動きとして、ASEAN地域フォーラムや六カ国協議など、多国間枠組みでの安全保障協議や対話の開始が指摘できるが、これはNATOのような同盟ではなく、（既に七〇年代に始まっていた）全欧州安全保障協力会議（CSCE）[2]に近いデタント的性格のものである。いずれにせよ、東アジア地域諸国は、隣国同士で多国間同盟を設立できるまでの信頼関係は築けていない。

第三の地域紛争は、主に旧枢軸国の処理を巡る問題として出現したが、これは欧州より東アジアで顕著に現れた。欧州ではドイツが唯一の分断国家であったのに対し、東アジアでは幾つもの冷戦の前哨が出現した。台湾海峡、朝鮮半島にみる分断国家の問題、北方領土、竹島、尖閣列島、南沙・西沙諸島問題等の領土帰属係争、更には沖縄の基地問題も、全て旧大日本帝国の戦後処理から派生したものである。東西二つのドイツは既に一九九〇年に統一されたものの、これら東アジアの諸問題は全て今日まで燻り続けている。

私は、東アジアで一九八〇年代末から九〇年代初めにかけて起こった緊張緩和の動きは、「冷戦の終焉」よりむしろ一九七〇年代のデタントに近いと解釈するほうが相応しいと考えてきた。従来、「冷戦」という言葉は、超大国間や対峙する体制間の対立が緊張した「状態」と、そのような対立の「構造」という概して二通りの使われ方をしていた。一九九〇年代初めに「終焉した」根拠とされたのは、第一の認識だけに基づくものである。東アジアの冷戦構造は残存しており、似たような紛争が再燃する可能性は常に潜在している。五〇年代の「雪解け」そして七〇年代のデタントに見た緊張緩和は、後に再び東西関係の悪化に取って代わられた。東アジアではこれと同様の現象が、米ソ・欧米での「冷戦の終焉」後も見られている。天安門事件以降の米中対立、中台間や朝鮮半島での軍事緊張、日朝国交回復交渉の中断、歴史認識や領土問題を巡る日本と隣国との政治的緊張などは、その例として挙げられよう。緊張緩和という状態は必要条件であっても、そこに根本的な構造の崩壊という十分条件が伴わなければ、冷戦は完全に終焉してはいない。東アジアにおける「冷戦の終焉」は、過去の史実ではなく将来への課題なのである。

対日戦後処理と地域紛争

ところで、先にあげた東アジア冷戦の特徴でも三番目の地域紛争は、第二次大戦後の対日処理、特にサンフランシスコ平和条約と深く関係している。同条約は、かつて日本が支配した広大な領域の処理を規定しているが、個々の処理領土の厳密な範囲や最終帰属先を明記していない。このため、様々な紛争――朝鮮半島、台湾海峡、北方領土、竹島、沖縄・尖閣、南沙・西沙諸島問題等――の種が残されたのである。これらの係争は、現在では独立した別個の問題として扱われがちであるが、それはそれぞれの異なる発展の仕方や資料アクセスの制限から[3]この戦後初期に遡る共通基盤が忘れられていたためだと思われる。

関係連合国に残る戦後対日処理関係の公文書、特に平和条約の主起草国である米国の条約草案は、諸問題が未解決にされた過程を知る上で貴重な資料である。この資料の検討からは、実に興味深い事実が浮かび上がってくる。米国では一九五一年のサンフランシスコ講和に至るまでの時期、かなり詳細な対日戦後処理が準備されていた。条約の表記が曖昧なのは、単なる偶然や手違いではなく、慎重な検討と度重なる修正が施された結果である。多くの問題は意図的に未解決にされていた。そして、これら諸問題理解の共通の鍵として（1）地域冷戦、（2）リンケージ、（3）多国間枠組み、の三点が指摘できる。以下、これらについて言及し、将来への考察に繋げてみたい。

（1）地域冷戦と「戦後未解決の諸問題」

欧州に端を発した冷戦は、終戦から講和会議までの六年間に東アジア情勢を大きく変容させ、実際の「熱い戦争」にまで発展した。米国で準備された数々の対日平和条約草案には、この時期の同国アジア政策が刻々と変化していく様子が色濃く反映されている。

戦後初期の米国草案は、連合国間の協調と日本に対する「厳格な平和」を特徴としていた。カイロ宣言、ヤルタ合意、ポツダム宣言といった戦中合意は、必ずしも一貫するものではなかったが、初期草案は、それらを大まかに踏襲する内容になっていた。草案は長大で詳細なもので、領土条項では戦後日本の新しい国境線が緯度・経度を用いて克明に記載されており、それを示した地図も添付され、また「竹島」や「歯舞・色丹」といった個々の島名も帰属先も明記されていた。全体として、初期草案は「将来に係争が残らないこと」を特に配慮して準備されていた。

しかし、冷戦の激化に伴い米国のアジア戦略における日本の重要性が増し、その防衛と「西側」確保が最重要課題の一つとなると、対日講和は「厳格」から「寛大」なものへと変容していく。中国本土と朝鮮半島北半分に共産政権が樹立された後、一九五〇年一月には米国の西太平洋防衛線、いわゆるアチソン・ラインが発表されたが、日本とフィリピンはその線の内側に、一方「喪失」を覚悟していた台湾と朝鮮半島はその外側に置かれていた。しかし、一九五〇年六月に朝鮮戦争が勃発すると、米国は政策を一転し、朝鮮と中国の内戦に介入、翌年に戦況は膠着状態に陥る。その間、ジョン・F・ダレスの下で仕上げられた草案の内容は、初期のものとは随所で異なり、条文は「簡素化」され、諸々の問題が曖昧にされた。そこでは、連合国間の戦中合意の遵守は選択的（selective）になり、ソ連へ千島譲渡を約束したヤルタ合意は無視された。

締結された平和条約には、日本による「千島・南樺太」「台湾」「朝鮮」等の領土放棄が規定されているが、初期草案に見られたような処理領土の厳密な範囲や、戦後の新しい国境線についての規定はなくなっていた。千島・南樺太や台湾については、初期草案にあった「中国」や「ソ連」という帰属先の記載が消え、最終的には、全ての処理領土について帰属先名は明記されなかった。[4] 沖縄については、平和条約の条文は日本による放棄を明言していないものの、日本の主権を認めたわけでもなく、将来の帰属先は未定となっていた。ダレスは講和会議で、日本が沖縄の潜在主権を有するという米国の見解を口頭で表明している。しかし、その五年後には日ソ平和条約交渉に介入し、妥結可能性が出てきた北方領土問題とリンクして、沖縄の主権の行方は条件次第で変わり得る旨の「脅し」を行っている。

サンフランシスコ平和条約は冷戦の副産物であり、その領土処理から派生した「未解決の諸問題」は、地域冷戦の前哨である。アチソン・ライン上に沿って北東から南西に向けて並ぶ日本の領土問題は、共産主義国ソ連との間に残された北方領土問題、北半分が共産主義化した「朝鮮」との間に残された竹島問題、そして大陸部分が共産主義化した「中国」との間に残された沖縄・尖閣問題である。これらの係争は、日本を西側陣営に確保するための楔、あるいは共産主義圏から隔てる壁のように並んでいる。[5] 元来、日本と中国との領土問題は沖縄であった。蒋介石の中華民国政府は、大戦中から様々な機会に、中国による沖縄「回復」の意思表明を行っていた。だが、周辺の資源価値が注目されだすと、日中間の領土係争の焦点は尖閣に移行していった。

アチソン・ラインに反映されたように、台湾と朝鮮は共産圏への「喪失」が一時認識されていた。

しかし、これらの領土は朝鮮戦争の勃発により完全な共産化を免れる。結果として、朝鮮半島は三八度線で、中国は台湾海峡で分断されたまま「封じ込めライン」が固定化してしまう。朝鮮半島の三八度線と台湾海峡は、日本防衛の観点からは朝鮮との竹島、中国との沖縄・尖閣係争に加え、二重の楔と見ることも出来る。

一方、対中国戦略の観点からは、尖閣・沖縄、南沙・西沙諸島問題は、台湾問題と共に、対中「封じ込め」の楔としても位置づけられる。同条約中で処理された南沙・西沙諸島は、アチソン・ラインの西南端に位置し、米国東南アジア戦略の要であるフィリピン防衛のための楔と見ることもできる。これらの領土は、根拠に強弱の差はあるものの、大戦中の国務省による検討では全て中国への帰属が検討されていた。にもかかわらず平和条約で帰属先を未定にしたのは、帰属の根拠が不十分であったというよりも、どれ一つとして共産化した中国の手に渡さないことを確実にするのが一番重要なポイントであった。南沙・西沙諸島に限っては、戦前もその主権をめぐり係争は存在したものの、当事国も問題の性格も異なっていた。即ち、大戦前の（日仏英による）植民地獲得競争の前哨から（対中国）冷戦の前哨へと、生まれ変わったのである。

その後、これらの領土の幾つかに変化が起こる。一九七二年には沖縄の施政権が日本へ返還された。沖縄については、台北の中華民国政府が正式にその主張を取り下げたかどうかは不明である。かつて北京の中国政府は日本への沖縄返還を支持したが、これは米軍の沖縄駐留に反対する政治プロパガンダ以外の何でもなかった。南沙・西沙諸島係争におけるベトナムの方針転換という前例にみたように、北京と台北の両政府が日本の主権を承認しない限り、将来中国が「伝統的」主張を引き継ぎ、沖縄を主張する可能性は必ずしも否定できない。（ベトナム国土が分断されていた頃は、北ベトナム政府は南沙・西沙諸島について中国の主張を全面的に支持していた。しかし統一後は立場を逆転し、敗北した南ベトナム政府の主張を受け継いで中国と対立している。）

沖縄を巡る問題は「返還」後は、「日米安保」下の米軍駐留継続に伴う基地問題として今日に至っている。一九九〇年代には、沖縄の米軍基地撤退が日本全土を巻き込んだ論争へと発展したが、論争の中心はいつしか「撤退」から「移転」へと摩り替ってしまった。

(2) 問題間のリンケージ

対日戦後処理では、全ての領土が独立して別個に処理されたわけではない。「未解決の諸問題」の発生は、戦後の占領政策中、平和条約中、その後これらの領土処理が検討された際、その時々に存在した領土処理同士や他の問題とも関係していた。朝鮮半島の南北分割占領（＝ソ連による朝鮮半島全土占領の阻止）やミクロネシアの信託統治（＝米国による「南洋」の排他的統治）取り決めには、千島とのリンケージが米国の対ソ交渉で重要な役割を果たした。即ち、勢力圏取り引きのバーゲニング・カードとして使われたのである。朝鮮戦争勃発後、平和条約草案に「国連に領土処理を委ねる」という案が一時浮上したが、これは朝鮮処理案がその他の領土（台湾、千島等）に波及したものだった。結局それが廃案になったのも、朝鮮戦争の展開が（米国に不利になり）その採用を難しくしたのに加えて、国連で処理すると英国が中華人民共和国を承認したため台湾が中国に渡り共産化することが懸念された、即ち、今度は台湾処理が朝鮮と千島処理に影響したためであった。一九五〇年の朝鮮戦争勃発後、台湾の帰属先として明記されていた「中国」の文字が米国草案の条文から消えたことは、すべての領土処理に影響した。「不公平処理」との非難を懸念したカナダ等からの提案が受け入れられた結果、全ての領土の帰属先が未定にされたのである。また、韓国が講和会議参加国リストから脱落したのは、中国の参加問題とも深く関係していた。結局、朝鮮半島からも中国からも講和会議へ代表が招聘されることはなかった。

千島及び沖縄処理は、米国が最も注意深く検討した互いに密接に関連した問題であるが、日ソ平和交渉中の「ダレスの脅し」でそのリンケージは明白なものとなった。米国のアジア戦略に沖縄は不可欠であり、そのためには北方領土問題の存在も不可欠であった。北方領土問題が解決すると、次は沖縄返還に圧力がかかるのは目に見えていたからである。そして、日ソ間に平和条約が結ばれることはなく、日本の北方の領土はソ連の、そして南方の領土はアメリカの支配下に留まった。その後、一九七二年に沖縄の施政権は日本に返還された。しかし、米軍は沖縄に留まり、北方領土問題は日ソ間交渉では何ら根本的和解には至らなかった。現在でも日本は、これらの懸案を巡ってそれぞれ米国、ロシアと調整・交渉を続けている。

(3)「多国間枠組み」と当事国合意の欠如

サンフランシスコ平和条約は、日本と四八カ国との間で締結された多国間条約である。しかし日本以外は、ここから派生した係争の主な当事国がこの取り決めに参加していない。竹島については朝鮮(韓国)が、北方領土についてはソ連が、台湾、南沙・西沙、尖閣・沖縄では中国が、この条約に参加していない。しかし、この多国間条約に参加した国は、ある意味で係争領土の処理に加担した「関係国」ともいえる。

日ソ間では、サンフランシスコ講和で残された領土帰属と平和条約締結問題は、一九五〇年代半ばに日本への歯舞・色丹「二島譲渡」で当事国間の和解が実現しそうになるが、ここでも米国の介入が入る。以来、四島が日ソ間にしっかり打ち付けられた楔として固定していく。いずれも、戦後国際秩序構築の過程で、当事国間の合意なしに多国間枠組みで、あるいは第三者によって「未解決の諸問題」になったのである。

過去の「盲点」と解決の糸口

東アジアの安全保障環境に関係する多くの問題は、それが一九九〇年代以降注目を集めている北朝鮮の核開発であれ、中国脅威論であれ、元々は冷戦対立に起因している。たとえ緊張が一時的に緩和しても、基本的対立構造が残存すれば、将来対立が再燃する可能性も残存する。「積極的平和(Positive

Peace)」という表現にあるように、平和の最良の防衛は紛争の種をなくすことである。しかし、これらの問題は果たして解決できるのであろうか。東アジアにおける個々の紛争については、既に数多くの研究が行われているが、戦後初期に遡る問題間を貫く歴史・政治的相互関係には、長年全くと言ってよい程注意が払われず、重大な「盲点」となっていた。それ故、諸問題理解の共通の鍵である、地域冷戦、リンケージ、多国間枠組み、という点に注目し、解決の糸口を求めるのは妥当かもしれない。

地域冷戦に注目すればその対立構造の崩壊、すなわち「ヤルタ体制崩壊」の東アジア版が、次の段階ということになろう。中国の民主化や朝鮮半島統一（北朝鮮政権の崩壊）などは、多くのジャーナリストや学者達により幾度も議論されてきた。しかしながら、過去の異なる発展の仕方を考えると、東アジアの国際関係が必ずしも欧米と同じ軌跡を辿るとは限らない。実際ソ連崩壊の経験を反面教師として中国は、国家の分裂を招き、またその指導部の立場を脅かしかねない民主化には断固抵抗してきた。北朝鮮も政権生き残りをかけて、核やミサイル開発等あらゆる手段を使って、米国や隣国から協力や保証を得ようと努力を続けている。更に、これらの国で民主化が発展したとしても、北方領土問題の例に見るように、民主化だけでは地域紛争の解決には結びつかない。

とはいえ、「冷戦の終焉」を象徴する画期的な変化があった国で、これらの問題に対して顕著な政策変更が起こっていることは注目に値する。ソ連（後にロシア）では「新思考」が持ち込まれ、北方領土問題に対する自国の政策が再検討された。その結果、一時は領土問題の存在自体を否定した頑な姿勢は、一九五六年の（歯舞・色丹譲渡を約束した）日ソ共同宣言の有効性を認めるまで柔軟化した。中華民国の「一つの中国」政策にも重要な変化が見られている。即ち、台湾では民主化が進み、独立志向の強い国民党以外の政権が誕生したり、中台関係の現状維持を求める勢力が優位になったりと、世論も国論も分化してきた。しかし、地域紛争、特に領土問題の他の当事国の立場は、同じ主張を長年繰り返す間に政策規範として固定し、問題の性質は政府の面子や威信を賭けたものに化してしまっている。こうした中、日本で昨夏（二〇〇九年）自民党長期支配に終止符が打たれ、民主党政権が前政権の政策を再検討する作業を始めたことは、新たな変化の兆しとして注目に値する。

歴史的経験が示唆するように、これらは現在の当事者間の枠組みに留まっている限り、解決が極めて難しい問題である。特に領土係争については、多国間枠組みを使った重層的アプローチが重要であるにも拘らず、これまで欠如してきたように思われる。多国間枠組みでは、懸案の組み合わせ次第で二国間枠組みでは不可能な解決方法が交渉で見出せる可能性が幾多もある。その起源と同様、問題間のリンケージあるいは協力分野を模索してみる価値は十分にある。仮想例としては北方領土、竹島、尖閣、又は南シナ海紛争の間で妥協策を組み合わせることが考えられる。あるいは領土係争と他の「未解決の諸問題」とのリンケージ、更には、これらの問題と他の政治・経済・安全保障問題を結び付けることも可能かもしれない。一つの問題の解決は他の問題の解決へと結びつくであろう。現在でも数多くの組み合わせが考えられるが、新たな政策課題と結び付ける可能性もあろう。模索されていない可能性はまだまだある。

その共通の起源に加え、これらは近年盛んに議論されている地域統合の文脈でも考察に値する。即ち、東アジアでは欧州共同体（EU）のような地域統合の抜本的な進展が見られていないが、多国間での問題解決の試みは、それに向けた地域協力の促進に貢献する。また諸問題が解決されれば、その政治的障害自体の除去となる。係争当事国は、冷戦時代に固まってしまった政策の再検討が必要であり、幾分の譲歩もやむを得ないかもしれない。しかし、大局的視野に立って地域諸国の国益を考えれば、各国が得るものはそれぞれの譲歩よりもはるかに大きい。諸問題の解決は、こういった広い文脈でも模索されるべきであろう。

日本の東アジア外交と「日米安保」――過去と未来

日本は、米国と共にこれらの地域問題の解決に主要な役割を果たす可能性を持っている。歴史的にはサンフランシスコ平和条約の起草を主導したのは米国であるが、詰まるところ、この条約は日本との戦争を終わらせる処理であった。一九五一年当時の日本は、敗戦と六年にわたる米国による占領を経て、同条約に調印して西側の一員として国際社会に復帰する以外の選択肢を持っていなかった。それから五年後、一九五六年の日ソ交渉の際、日本は同条約で未解決にされた問題を多国間枠組みで再検討することを米国に働きかけるが、当時の複雑な国際情勢はそれを許さなかった。しかし、その後半世紀の間に日本の国際的地位も日本を取り巻く地域の国際政治環境も著しく変化した。共産主義の「ドミノ理論」はもはや妥当性を失っている。この地域の重要性、特にその経済的重要性は大幅に増加した。地域紛争の解決は紛争当事国にとって重要な外交案件であるだけでなく、地域全体の安全保障にも大きな意義を持つものである。これらの問題の解決を模索する際、その共通の起源を想起し、「関係国」に協力を仰ぐのは理に適っているように思われる。

とはいえ、問題の具体的解決に向けて米国にリップ・サービス以上の貢献を期待するのは難しいかもしれない。近年、特に二十一世紀に入ってからの東アジアの状況は、ある意味でサンフランシスコ平和条約が起草された時期に似ている。一つの世界規模の対立が終わった後、新しい国際政治の現実の中で、この地域の現状は、米国の新世界戦略の中に統合されつつある。即ち、波及する冷戦を背景に明確な対日戦後処理を好まなかったその過去のように、今後の米国戦略もまた、これら「未解決の諸問題」の明確な解決を望まないかもしれない。この地域における現状維持は、米軍の地域プレゼンスを正当化し、そしてそれはまた、地域における米国の影響力維持だけでなく、更に遠方、特に中東における軍事行動の中継地点としても貢献する。朝鮮半島や台湾海峡における緊張が続けば、米国が推進してきたミサイル防衛システムの開発を正当化できる。一方、地域紛争の解決は地域の安全保障バランスを変え、結果的に米国の安全保障戦略、特にサンフランシスコ同盟体制の解体を余儀なくされかねない。日本とアジア隣国との和解は地域の平和と安定にとっては望ましいが、それがロシアや中国との軍事同盟や、米国の地域からの撤退や影響力の排除につながる可能性がある場合、それは必ずしも地域における米国の戦略利害に適うとは限らない。更に、中国とは根本的な政治的差異が解消されておらず、敵対する覇権国家として「封じ込め」る必要があるかもしれない。そういった状況を考慮した場合、地域の諸国間に利用可能な亀裂を残しておくのは米国の利害に適うように見えなくもない。

しかしながら、日本については事情が異なっているように思われる。戦後日本は「日米安保」を外交の基軸とし、米国の傘下で経済発展に専念し、世界屈指の経済大国にまで成長した。その間、隣国との間に抱えてきた領土問題やその他の「過去の精算」問題は、無視されるか、率先して取り組む必要のない問題としてなおざりにされたところがある。また、冷戦という状況下、ある意味では問題の存在自体が好都合だったという面もある。例えば、北方領土問題は、西側陣営に属していた日本にとって、「ソ連と和解しない理由」として使える便利な面があった。しかし、米ソ冷戦が終焉し、他の欧米先進国も次々にソ連（後にロシア）との関係を改善していく中、日本はこの領土問題が障害となり、その流れから取り残されてしまったところがある。これは、日本外交の将来、特に東アジアにおけるその役割や位置づけを考えるとき、重要な意味合いを持っている。即ち、隣国との二国間問題が残ったままだと、将来米国や他の国々がこの地域で関係を改善しても、日本はその流れから取り残される、更には孤立してしまう可能性さえあることを示唆している。

共通の敵や「脅威」の存在は、国民や国同士の結束を助長する。それはナショナリズムであったり、パートナーシップや同盟に発展したりする。本当は脅威でなくても、国民や国同士をまとめるために、政治指導者がどこかの国を人為的に脅威にしてしまうことさえある。一九九六年には日本の右翼団体が尖閣列島の小島に灯台を建設したのを機に、（返還前の）香港、マカオ、そして台湾をも含む多くの中国人が「抗日」で団結し、今世紀に入ってからは靖国問題を巡って中国と韓国の指導者が「共闘」を確認するまでに至った。将来こうした問題は、統一後の（あるいは統一に向けた）国内政治の不安を外にそらす目的で、中国や朝鮮半島で意図的に使われる可能性が十分に考えられる。また、日本との間に北方領土・竹島・尖閣列島という領土問題を抱える隣国全てが「抗日」で結束したらどうなるだろうか。半世紀以上も前に引かれたアチソン・ラインを境に、日本がこの地域で孤立してしまうかもしれない。

米国は、戦後一貫して日本の最も重要な外交パートナーである。憲法で戦争を放棄している日本は、「日米安保」の下でその防衛を米国に大きく依存し、同時に政治経済他様々な局面においても米国との密接な関係を発展させてきた。この日本外交における米国の基本的位置付けは、当面変わることはないであろう。しかし、長期的視野に立って、この地域の将来を考える時、米国と日本が位置するところには、かなり異なるものがある。米国は朝鮮半島や台湾を植民地化した経験もなければ、この地域で領土問題を抱えているわけでもない。朝鮮半島問題や中台問題が解決に向かえば、米軍が地域から撤退する可能性もある。米国はこの地域から撤退出来ても、日本がこの地域から撤退するのは物理的に不可能である。それ故、将来の非常事態に備えるために、憲法を改定して「普通の国」になるのも一つの選択かもしれない。しかし、将来、日本がこの地域で孤立するのを避け、外交の選択肢を広げていくためには、日米協力関係を維持しながらも、隣国との間で懸案を解決し、「楔」や「壁」を取り除いて、建設的関係を築いていく必要があろう。そのためには、対日平和条約から派生した「未解決の諸問題」の解決に向けて、率先してイニシアチブをとる価値は十分あると思われる。但しその際には、自国が当事国である問題を先決課題とすることが重要である。

年月をかけて縺れ固まってしまった国際関係の糸は容易には解(はぐ)れない。しかし解決の糸口がある限り、決して不可能な課題ではないと思われる。

注

(1) 本稿は拙編『「在外」日本人研究者がみた日本外交』(藤原書店、二〇〇九年)に掲載した「分割された東アジアと日本外交――歴史検討から諸問題解決の鍵を探る」に修正を加えたものである。関連する研究所見の詳細は拙著『サンフランシスコ平和条約の盲点――アジア太平洋地域の冷戦と「戦後未解決の諸問題」』(渓水社、二〇〇五年)を参照されたい。

(2) 一九九四年に機構化と名称変更が採択され、現在は欧州安全保障協力機構(OSCE)として活動。

(3) 例えば、海洋資源開発や国連海洋法採択、公文書公開に関する所謂「三十年ルール」が挙げられる。

(4) 「朝鮮」については、条約では日本による放棄と独立承認が謳われているが、どの政府又は国家に対して放棄されたのかは明記されていない。当時、そして現在に至るまで「朝鮮」という名称をもつ国家は存在しておらず、そこにあるのは分断された半島に成立した朝鮮民主主義人民共和国(北朝鮮)と大韓民国(韓国)という二つの国家である。

(5) 沖縄の主権帰属が未定にされたのは、米国による沖縄の永続的支配を主張する軍部の意向を「併合」という形を避けて実現すべく、国務省が政府内で交渉を重ね試案を練り上げた結果でもあった。必ずしも、日中間の「楔」とすることが主目的であったわけではないが、結果としてはそうなったことになる。

日米安保と大陸中国／台湾関係

【東アジアにおける「脱冷戦」とは何か】

丸川哲史

「日米安保体制の終わり」という構想

日米安保体制はどのように終わるのか、あるいはどのように終わらせるのか――その構想を語ることが必要な時代にまたなって来た。それは紛れもなく、米国の世界的な軍事ヘゲモニーの低下傾向と、そして長く粘り強い反基地運動とその運動を進めて来た人々の闘いがもたらした契機であるものの、しかし同時に多くの日本「国民」はその終りの可能性についていまだリアルな認識を持ち合わせていない――これが議論の端緒となる当面のあり様であろう。本稿は、自覚的にそれを終わらせることを望んでいる、というモチベーションの下に書かれている。竹内好はかつて、六〇年安保闘争の過程で書かれたエッセイ集『不服従の遺産』の中の「あとがき」でこのように述べていた。

始めあるものは、すべて終わりがある。宇宙にも終わりがある。まして、一文明、一国家、一集団には終わりがある。天壌無窮には賛成できない。終わりがなければ始めもないからである。一人は、死ぬことを考えないで生きることができるかを、私は疑う。就職に当たっては、退職のことを当然考えていなければならない。そうでなければ、自由意思の主体であることを止めるわけであるから、身売りと変わらない。……（中略）……

私は、日本国家にも、解散規定を設けることを提唱したい。そうしないと愛国心はおこらない。

（竹内好「あとがき　終末観について」『不服従の遺産』筑摩書房、一九六一年）

ここで「終りがある」という文言は、当然のこと論理的に、日米安保体制について当てはまることでもある。ついでに言えば、「そうしないと愛国心はおこらない」という文言は、「そうしないと日本人と米国人の真の友情はおこらない」とも読み替えられよう。二〇〇〇年代まで、「終わり」を想定しないかのように日米安保体制を半ば自動的に延長し続けて来た日本政府とまたその態度を容認して来た多数派の日本人は、やや外在的なところから、つまり沖縄からの「声」というプレッシャーから、やや他律的にもその「終わり」の可能性について触発されつつあると言えるかもしれない。これも確かにチャンスなのである。それは、沖縄にとって日本とは何であるのか、また太平洋をはさんだ隣人、さらにその反対側の隣人たちとの間で日本はどのような「友」であり得るのか、再び考え始める端緒ともなるだろう。ただそのことは、五〇年前、竹内好が参加した一大運動の中に初歩的にでも、可能性として生じていたことであった。端的に、竹内は六〇年安保闘争を、紛れもなく日本国家の終わりと再生の問題としても捉えていたのである。

さて、先走りして「友」という文字を出してしまった。もちろんリアルポリティクスにおける外交には「友」の文字はないであろう。しかし全くないものだ、とも言い切れないのではないか——そんな可能性にも賭けてみたい。おそらく日本はそうして、米国のみならず、懸案のアジア諸国・諸地域・人民との「友情」というものを、近代史上初めて構築し得るチャンスを得ているのかもしれない。その意味でも、必要なことは、その「終わり」、つまり日米安保体制の「終わり」を構想するに当たって、まずその「始まり」をしっかりと確認することであろう。しかして、日米安保体制はそれだけで独自に立ちあがったものではなかった。様々な国際的取り決め、軍事的バランス、国家利害と絡まり合って「始まった」ものである。それは一般的には、やはり「冷戦構造」と書かれるべきものである。

サンフランシスコ講和体制と日華平和条約

日米安全保障条約は、形式論によらず、その実質的な連関を言うならば、サンフランシスコ講和条約を補うもの、あるいはそれと一体のものである。しかして、その実質的な連関を主導したのは紛れもなく日本を占領統治していた米国の意志である。一九五一年九月のことである。周知の通り、日本の戦争処理を目指し、また日本の「独立」を果たすためのサンフランシスコ講和会議には、中国（二つの政権）や朝鮮半島（二つの政権）の参加はなく、またソ連は参加したものの調印しなかった。そのため、サンフランシスコ講和条約は「片面講和」と呼ばれるものであり、さらに冷戦状況において米国が自らの広域へゲモニーを確立するために、日米安全保障条約が締結されるに到った。

その意味で、日米安保とサンフランシスコ講和条約は、日本の「独立」がそのまま西側冷戦体制への組み込みを意味する東アジア冷戦秩序の支柱であるわけだが、ただそれだけで東アジア全体がカバーできるわけではなかった。当時の中華民国（台湾）の国際的地位は、国連（安保理常任理事国）に議席を確保していたとしても、大陸での内戦敗北の煽りを受け、不安定なものとなっていた。サンフランシスコ講和条約には、重要な領土問題も含まれていたにもかかわらず、先述したように中華民国は、サンフランシスコ講和会議に参加できなかった。条約にはたとえば、第二条「領土権の放棄」の（b）「日本国は、台湾及び澎湖諸島に対するすべての権利、権原及び請求権を放棄する」がある。これが中華民国の代表者なしに取り決められたことは、あきらかに外交的屈辱であり、また日中戦争の戦後処理の文言はそこになく、さらに互いに大使館をおけない状態にもなっていた。

そこでその翌年、サンフランシスコ講和条約の発効の日付、一九五二年の四月二八日をもって、日華平和条約が締結されることになった。日華平和条約の第二条には、サンフランシスコ講和条約を受ける形で以下のように記されている。

日本国は、一九五一年九月八日にアメリカ合衆国のサンフランシスコ市で署名された日本国との平和条約（以下「サンフランシスコ条約」という）第二条に基き、台湾及び澎湖諸島並びに新南群島及び西沙群島に対するすべての権利、権原及び請求権を放棄したことが承認される。

しかして伝統的に戦後日本の外務省は、これによって上記の領土が中華民国に帰したという解釈は取らず、放棄したことだけが決められた、と見做しているようだ。だがこれは、紛れもなく日本と（台湾に移転した）中華民国との間で取り決められたことであり、当然のこと中華民国側は自国に帰したという解釈を行って来た。これは、日華平和条約が遺した一つの問題だと言えるが、しかし同時に、台湾に場所を移した中華民国にとっては、この条約は、重要な外交関係を開いた契機としての大きな意味を持つことになる。この条約によって、正式な二カ国間外交関係が発生し、東アジアにおける中華民国（台湾）の安定的位置がこれにより定まった、とも言えるからだ。中華民国は、元より米国と外交関係を持つものであったが、台湾に移った後の関係の構築という点では、この後の五四年一二月の米華相互援助条約の締結を待たねばならなかった。いずれにせよ、日華平和条約は、台湾に居を移した中華民国体制にとっては、いち早い「援助」となった。その意味でも、この条約は、実質的な賠償請求の取り下げというマイナス面があり、また日本が放棄した領土の帰属先を明確にできなかったとはいえ、台湾において中華民国が存続するためには、是非とも必要なものであった。

翻って、戦後日本が東アジア地域において生きて行く上で、正式な国交が果たされていたのは、一九六五年までは、実に台湾の中華民国だけなのであった。東アジアにおける軍事を含む広域秩序という意味においては、六五年までは、実に日米安保と、そして日華平和条約が、その秩序の礎となっていた――このことは忘れてはならないことである。

一九七二年、東アジア冷戦体制の転換

六〇年代に到ると、しかし冷戦秩序は俄かに大きな転換期に差し掛かることになる。それは端的に、六〇年代初期の段階で、大陸中国とソ連との間の緊張が激化することで、冷戦秩序の対立軸が複数化し混沌として来るからである。六四年の段階で、大陸中国が核実験に成功したことも、広義の意味で東アジアの冷戦秩序に大きな影響を与えることになった。中国は六六年より、いわゆる中国プロレタリア文化大革命と呼ばれる一連の革命プロセスに突入することで国内秩序が流動化する様相も見せていたが、しかし水面下において対ソ戦略の要請から米国への接近を図っていた。そして七一年九月、毛沢東側近で実質的な文革のリーダーであった林彪(りんぴょう)が失脚すると、米中接近は急速に展開を見せ始め、七二年二月のニクソン大統領の北京訪問においてその方向性は、終に定まることになった。

一九七二年はまさに東アジア冷戦の最大の転換をマークする年となったわけであるが、ここには、日米安保の文脈ではさらに重要な沖縄返還という歴史が書き加えられる。ただこの沖縄返還に際して、中華民国も決して小さくない影のアクターとなっていた。そこに微妙な形で、今日に到る領土問題が

派生し、そして領土問題から派生した東アジアにおける脱冷戦運動が発生したのである。

沖縄返還に到る歴史のコマを少しだけ戻すと、このようになる。一九六九年、国連アジア開発委員会（ECAFE）が台湾北部、尖閣諸島（釣魚台列嶼）に海底油田が埋蔵されている可能性を示唆したことからそれは始まる。翌七〇年九月日本政府は、尖閣諸島が日本の主権下にあることを宣言し、また米国国務院もそれを追認するように、尖閣諸島が（返還が予定されている）沖縄に所属するものと発言するところとなった。これが日本政府に対する大きな「援助」となった一方、中華民国政府にとっては明らかに衝撃的な事態となった。この日米の連携に対して、当時の中華民国外交部長・魏煜孫（ぎいくえん）は然したるコメントも発表できなかった。さらに、台湾北東部の宜蘭県の漁民が習慣通りに行っていた尖閣諸島付近での操業を日本の海上保安船が阻止する、という事件が引き起こされる。このような一連の対外的衝撃をきっかけとし、一九七一年四月、台湾及び米国在住の留学生によって「保衛釣魚台」運動が勃発し、政府の弱腰外交を強烈に批判する学生たちのデモンストレーションにも発展するところとなった。「五・四運動」という文字が散見される、この「保衛釣魚台」運動はこの後、学園民主化運動へと引き継がれるなど、台湾における民主化運動の嚆矢となった。

さて七二年の沖縄返還は、米軍基地が残り続けるという分かりやすい経緯からも見てとれるように、当時の日米当局者の思惑においては、日米安保体制の再編過程に過ぎないものであった。その最中、台湾で引き起こされた「保衛釣魚台」運動は、まさにこの日米安保体制が構成している冷戦構造に対する異議申し立ての要素を含んでいたことになる。しかし中華民国そのものは、この七一―七二年にかけてさらに大きな危機を経験するところとなった。すなわち、それは七一年一〇月の国連脱退であり、さらに七二年二月におけるニクソン米大統領の北京訪問、そして同年九月の田中角栄首相の訪中において実現した日中国交正常化である。そこで出された日中共同声明の際に、先の日華平和条約の無効が宣言されたわけであるが、中華民国側としては、たとえそうではあれ、台湾、澎湖諸島などに対する領土権は存続しているものとする――つまり、条約の破棄は条約内容全てを反故するものではなく、部分的には永久に確定されたものと見做している。

いずれにせよ、この二年間は、東アジアの冷戦構造がまさに大転換するプロセスであったが、一般的に日本では、さして意識されるところではなかったようである。何故なら、ベトナム戦争はさらに続いており、引き続き沖縄の米軍基地が、そのような世界冷戦（熱戦）の最前線に位置していたことに変わりはなかったからであろう、と推察される。しかしベトナム戦争が七五年に終結、さらに七九年一月、米中国交樹立が為されると冷戦構造の転換はもはや誰の目にも明らかなものとなっていた。しかし米国は、一方で「台湾防衛」を独自に追求するために、同年、国内法としての「台湾関係法」を議会で通過させ、東アジアにおける冷戦体制の温存を図るところとなった。

再冷戦化のカードとしての日米安保

大陸中国政府にとって七九年は、また「改革開放」政策のスタートとも重なり、さらに台湾を武力で解放しようとしていたかつての政策を転換する「台湾同胞に告げるの書」を発表した年でもある。そしてここからの三十年、大陸中国政府は、様々な紆余曲折はありながらも、台湾（中華民国）との関係においては、経済、文化、科学技術の交流などに重点をおいた「統一政策」を推進し、さらに〇八―〇九年の段階で、いわゆる三通政策（通郵・通航・通商）の全面解禁を勝ち獲っている。いずれにせよ、東アジアにおける人材とモノと知識の流れの潮目が、確実に大陸中国に移動し始めているのであり、既に経済圏的発想からみるならば、台湾は大陸中国の経済システムに統合されてしまったと見ても良い。

興味深いのは、このいわゆる両岸接近（日本のマスメディアでは中台接近）について、日本のマスメディア、学界とも、経済的な「効果」の叙述以外では、非常に冷ややかであるという事実である。両岸の急接近は、二〇〇五年五月、当時国民党党首であった連戦（れんせん）が大陸中国を訪れ、熱烈なる歓迎を受けたこと、そしてそのことが台湾において、さほど批判の対象とされなかったことをきっかけに本格化し始めた。このような国共内戦の終結を念頭においた国民党の行動は、東アジア冷戦体制内部において、実質的な脱冷戦、あるいは平和構築という問題設定において重大な転換であるにもかかわらず、この両岸の接近を論じた報道や学界からの反応はほとんど無いのであった。他人事としておきたい日本側の（無）反応の理由には、やはり何事か大きな問題――日本の東アジア冷戦におけるポジションがあぶり出されているかの感もある。

日本側の両岸接近への冷淡な態度は、東アジアの近現代史における長期にわたる日本と中国との敵対性に規定されているもの、と想像される筋もある。何故なら、国共の和解とは、三六年の西安事件を端緒とした抗日民族統一戦線の記憶に連なるものでもあるからだ。このような歴史的背景を負った両岸接近に対して、同年〇五年五月、当時の町村信孝外相は、ニューヨークでの演説で、台湾は日米安保条約の適用範囲に含まれる、台湾は日米安保条約の防衛対象であると、発言していた――このことは、やはり思い起こされるべきである。現在の政権のことは問わないが、日本の中のいわゆる冷戦思考勢力とも呼べる人々は、東アジアを再冷戦化するためのカードとして台湾、あるいは両岸関係に介入する意志を持ち続けている、ということになる。

現在の両岸関係における政治上の最大の鍵はというと、それはやはり先述したように、台湾当局と米国政府との関係を規定する「台湾関係法」（武器援助なども含む）である。両岸の平和構築において、この「台湾関係法」は明確に対立事項として意識されるものであろう。その意味で、先述した町村信孝の発言は、明らかにこの「台湾関係法」と日米安保とを為政者の立場からリンクさせようとするものであり、さらにこの発言について、当時のマスメディアや学界がさしたる反応を示せなかったことは、実に恥ずかしい出来事であったと言わざるを得ない。たとえイデオロギーとして「台湾独立」を至上命題とする人物であったとしても、両岸の平和を願わない人間はいないであろうし、真に「独立」を望むのであれば、「台湾関係法」からの自立も念頭におかれねばならないはずだ。

両岸接近と沖縄米軍基地

日本の冷戦思考勢力において、両岸関係のあり様に対する注視が実に日米安保という装置を通じてしか果たし得ないのであるとすれば、それはまさに東アジアにおける反脱冷戦の最たる桎梏を表象するだろう。そこで初発の問いに戻りたい。日米安保体制はどのように終焉するか、あるいはさせるかである。

現在においても、日米安保体制、あるいはその物理的表象たる沖縄の米軍基地の存在を許容する最大の根拠は、果たして「抑止力」という概念であったが、両岸の和解と平和構築は、明らかにこの「抑止力」を不要のものとしつつある。しかしその一方、先述したところでの尖閣諸島（釣魚台列嶼）を象徴とする領土問題の過熱化が、この「抑止力」議論を誘発する要因にもなっている。しかしそこでも思い起こしたいのは、この尖閣諸島問題にしても、その領有権を主張する最大の根拠は、沖縄返還を目前にした米国国務院が尖閣諸島が沖縄に所属するもの、と発言したことにあった。いわば日本は、自国の領土の主張についても、米国の助けを必要とする「保護国」なのである。そして、そのような論理的転倒性を自覚し得ないことがまさに日本の病理であるに違いない。

日本において、よく「脱冷戦後の世界」という言い方が為される。まったく主体性のない議論の前提である。東アジアにおいて冷戦体制とは、やはりその最も大きなスポットとして両岸関係（及び朝鮮半島における分断状況）にあることは言を俟たない。まさに沖縄を含めた日本の米軍基地は、いわゆる米軍再編の流れで言えば、むしろ中東、中央アジア及び中東地域への中継地点として転換することから、その戦略的重要性を低めつつも、しかし上記の地域にかかわる「抑止力」として存在し続けていることもまた周知の事実である。しかしてその最大の条約的根拠となるのが日米安保なのであった。その意味からも分かるのは、沖縄における反基地運動は、東アジアにおけるリージョナルな脱冷戦運動の一環としてあり、さらにそれは暗黙のうちに日米安保体制の廃棄を展望するものである。であるならば、沖縄における反基地闘争とは論理的には、奇妙にもまさに沖縄の人々が日本（本土）に成り替わって、日本の「独立」のため日本の「再生」のために闘っている歴史的行為であり、またそれはさらに潜在的には両岸関係（及び朝鮮半島）の平和構築というリージョナルな歴史事業とも連関する行動にほかならないのである。

日米安保の「終わり」、それこそ、東アジアの新しい時代の真の幕開けを意味するものである。今日、様々な東アジア共同体論のタイプと構想が描かれようとしている。しかしそれらに沖縄の米軍基地や日米安保体制に触れた文言は極めて少ない、と言わざるを得ない。いわんや、米軍基地の許容を前提とした共同体論さえ提出されている。筆者の立場は、そのような東アジア共同体論は全くの「絵空事」である、と断言するところにある。

基地の駐留は「安全保障」か？

【沖縄が問う日米関係の真の「安定」とは】

丹治三夢

一九六〇年から五〇年間、現行の日米安全保障相互条約六条に支えられ、米軍基地も日本に半世紀以上存在している。もちろん、その四分の三が密集した形で狭小な沖縄本島に存在するため、大部分の国民にとって、その存在と機能は、抽象的な国家同士の決めごとにすぎない。しかし、大部分の国民は戦後何十年もたつのに米軍は占領軍のように日本に居座り続けているのはなぜだろう、とどこかで感じているはずだ。沖縄県民にとって腹立たしいことに、おそらく大多数の国民は、一九六〇―七〇年代の日本の経済成長を経て、冷戦や内戦に巻き込まれずに輸出を拡大し、一九八〇年代には日本の「みんな」が中流と思えるようにまで豊かになったのは、この安保と自民党政権のおかげだし、直接被害を被るわけでもないからと、考えないですんでいた。沖縄の人々の「基地の押しつけはもうやめてくれ」という主張が、日米同盟の「危機」としてとりあげられたのは、沖縄で米軍基地の縮小を求める県民の声が国際的に衆目を集めた一九九五年である。この時点で政治家や官僚や学者、知識人などからは「基地」「沖縄問題」は六〇年日米安保体制の明らかな不安定要因として意識されるようになった[1]。

この年、ある三人の米兵たちによる沖縄では決してめずらしくないレイプ事件が沖縄で起こった。犠牲者が小学生であったためか、それは大多数の国民に、そして日本以外の米軍基地のある土地で暮らすものたちに、ある根本的な疑問を投げかけた。それは「米帝国の基地[2]」の駐留という担保による安全保障は、実は、地域社会や個人の安全、民主主義的な決定、そして人権を侵害するものではないかという疑問である。これは、沖縄のみならず、世界中に分布する米軍基地、施設の自由使用や訓練活動の合法性をおびやかす、米軍への基地提供に基づく同盟そのものにとって非常に危険な疑問である。この疑問こそ、今、特に危険な普天間飛行場の封鎖と代替施設の建設で緊張する日米同盟がつきつけられているものだ。

この普天間飛行場を、どこにも移設せずに閉鎖することは日米関係を長期的に安定させることになる。それは日本が人権、地域社会の安全、自然環境の保護、そして民意を尊重するという大義名分のもとに、過去五〇年間に築いた米国との理不尽な関係を変えていく好機となるからである。この普天間飛行場の移設は、名護市の一九九七年の市民投票で示されたように、直接民主主義的な表現によって地元は拒否している。しかも国際社会はこの日本の主張を支持するであろう。

日米同盟関係はなぜ理不尽なのか

一九六〇年の時点では日米安保条約は冷戦中の超大国と貧しい小国の間の条約であった。太平洋戦争からまだ一五年、「思いやり予算」もまだなく、日本の軍拡大への国際社会の懸念を封じるためにも「核の傘」を得るためにも、米軍基地を提供する必要性はまだ明確であった。そしてこの同盟は、日本の防衛の一方的な義務を負う米国に「片務的」といわれていた。しかし米国経済力の相対的低下、日本の経済力の増大、国際安全保障上のコストを同盟国に課したニクソン・ドクトリンを経て、日本の負担は増大する。自衛隊の増強、日本国憲法第九条の不戦条項の空洞化、在日米軍の維持費や人件費の負担の拡大などで、日本の米国、米軍に対する要求通りの供出は、今度は一方的に際限がなくなる。

経済的負担だけではない。最近明らかになった日米間の「密約」は、沖縄の日本への「復帰」に関して、米国への一括の支払い、米軍の移設費用をすべて日本が負担までして在日米軍を沖縄に集中していった過程を再確認するものであった。基本的に曖昧な点を話し合うことができない関係であるため、米国がそれに乗じ、攻撃に必要な兵力、設備、核の持ち込みや事前協議の必要性について、米軍に都合のよい解釈をしたことを日本の外交関係者は知りながら黙殺してきたのだ。つまり日米の二国間同盟の現状維持のためには、国民や沖縄の安全が犠牲になるのをおそれぬ姿勢を示したのが「密約」

であった。

沖縄で米兵が少女を誘拐し性暴行事件を起こした一九九〇年代は、ちょうど日本がソ連崩壊後の冷戦構造の終焉後、なぜ日本にとってこの同盟が必要なのか、再定義しなければならなくなっていた時期である。それに対応して出されたのが、一九九四年八月、細川護煕首相（当時）の私的防衛問題懇談会による「樋口レポート」である。この報告書は、自衛隊の米軍との連携強化および国連を通じた平和維持活動に海外派遣を認める提案をした。が、より重要なのは、日本の東アジアでの「多角的安全保障協力関係の推進」を提案したことである。この方針が提案通りに実行されていたら、冷戦後の日本は、米国との二国間同盟中心の外交から、多国間主義にシフトできていたであろうとの分析もある。(3)

ところが、「ジャパン・ウオッチャー」と呼称される米国の東アジア政策に強い影響力を持つ学者エズラ・ボーゲル、マイケル・グリーン、そしてジョセフ・ナイなどがこの「樋口レポート」に強く反対した。その理由は、国連における多国間安全保障の推進という政策が日米二国間安全保障協力関係の強化よりも上におかれていたことである。(4) このことは、多国間の安全保障体制が制度的に確立されると、二国間同盟関係を中心とした軍事、情報収集協力関係などが後退するとの認識を示している。つまり、二国間同盟関係による安全保障体制と、多国間国際機関や条約によるそれとは、両立しないものと考えられており、米国としては日本が前者を選んでくれないと困る、と表明したのだ。これを受けて日本は米国の気持ちを汲んで、そうしたことになる。ジョセフ・ナイによる「樋口レポート」

の対案たる「ナイ・レポート」は冷戦による北東アジアの兵力削減どころか、中国や北朝鮮などの予測不可能性や東アジアのアナーキーな国際環境を強調し、十万人の兵力維持を提案する。日本は一九九六年四月の日米安全共同宣言で、このレポートに同調する形で、二国間同盟をこれまで以上に強化することを誓ったのだ。これは何とも理不尽な関係ではないか。人間関係にたとえると、体力的、経済的に圧倒的に有利で社会的地位も高い自己中心的で横暴な夫に自分以外との交友関係を禁止された気の弱い妻が、言われるままに従っているかのようだ。

普天間飛行場とその代替施設をめぐる特殊性

さて、日米同盟の「強化」と同時に、「沖縄の負担を軽減するため」という名目で一九九六年の一二月に素早く設立が発表されたのがSACO（Special Committee on Okinawa：沖縄に関する日米特別合同委員会）である。合計一一の基地・施設が返還されることになった。しかしそのほとんどが沖縄本島内への移設（違う場所に米軍の希望に従って新設されること）を条件とする。その一つが米海兵隊普天間飛行場の閉鎖である。もちろんキャンプシュワブのある辺野古沖に、代替施設を建設すること、移設の費用は日本の納税者が負担することが条件である。

この普天間飛行場は、ひしめき合って存在する住宅、病院、小学校、大学、商店や混雑した道路などにぐるりと囲まれた、世界中でもっとも「危険な基地」である。国防総省による、航空施設整合利用ゾーン（Air Installation Compatible Use Zones, AICUZ）が定める基準によると、「滑走路の両端から四、五〇〇メートルの範囲」は事故危険区域であり、「住宅、学校、病院、文化施設、集会場の設置は適さない」。つまり、利用禁止区域内である。しかし、普天間飛行場周辺には学校や住宅地が密集しており、米国の安全指針に適合しないどころか米兵の話し声が聞こえるくらい隣接しているのだ。[5] つまり普天間飛行場は、米本土であれば、軍の安全基準によって不合格なため、直ちに閉鎖しなければならない基地なのだ。「事故危険区域」を裏付けるかのように、二〇〇四年にはヘリC—53機が隣の大学のキャンパス内に墜落している。

普天間では現在も、危険性と騒音もそのままに、依然として海兵隊が訓練を続けている。なぜか。それは代替施設の建設が遅れているから、という政府関係者の答えは筋違いである。現行の移設案は、二〇〇五年五月日米特別委員会が「ロードマップ」で合意した、大浦湾を埋め立ててキャンプシュワブに直接入る形でV字型に滑走路をつくるというものである。しかしこの場所は、ちょうど米軍が一九九六年から海兵隊のために飛行場を作ることを希望していた場所にあたることが、米公文書から明らかにされている。さらに、国防総省は普天間にはない垂直離発着型ヘリコプターの配備や、潜水艦が接岸できるような港湾施設をも要求している。[6] そして、二〇〇八年九月に国防総省の「グアムにおける米軍計画の現状」で、普天間飛行場のほとんどの関連部隊がグアムに行くと示されたことが宜野湾市長によって指摘されている。[7] 従って、辺野古に建設が予定されている基地とは、普天間飛行場の機能を直接「代替」するものではなく、別のものである可能性が高い。この新しい基地は、米軍再編

（トランスフォメーション）の趣旨に沿って、グアムで大規模に拡張している基地群とともに西太平洋、東アジアにおける米軍の攻撃力をよりハイテクで機動性、連携性、利便性の高いものに変えるためのものであろう。

その上、IUCN（国際自然保護連合）によって絶滅に瀕する種として指定されている沖縄ジュゴンが、一九九七年以来数回にわたって目撃され、調査によって、その餌である海草の藻場となっていることも判明した。この場所を埋め立てては、現状でも数少ないジュゴンはいなくなる。地元や日本の環境保護団体のロビー活動で、米国の海洋哺乳類委員会やIUCNから日米政府にジュゴンを守るよう勧告が出された。さらに二〇〇三年、生物多様性センターなどの日米の環境保護団体の支援を受けた地元の環境運動家たちが、日本の文化、歴史的に重要な生物ジュゴンを保護する責任を果たさない基地建設計画はNHPA（National Historic Preservation Act、国家歴史保護法）に抵触するとして、サンフランシスコの裁判所に国防総省を提訴した。二〇〇八年一月にはこれが勝訴し、国防総省は新基地の計画書やジュゴン保護に関する具体的な措置の説明を出さなければならなくなった。この過程で、日本の環境アセスメントがいかにいいかげんで、普天間飛行場代替施設がいかに地元の安全を無視したものかが明らかになった。

このジュゴン訴訟での勝訴は、辺野古での、地元のお年寄りを中心とする住民と支援者による座り込み、および辺野古湾や大浦湾で建設の着工を監視・阻止してきた海上での非暴力直接行動と同時進行してきた。戦後、「沖縄のたたかい」は、沖縄戦の経験、米軍による土地強制接収の経験にもとづ

いて米軍基地に抵抗してきた。日本への復帰は、米軍基地がほとんどそのまま残されたため、裏切りの経験であった(8)。基地労働者やそれ以外の労働組合による反基地闘争、民衆の土地闘争、基地のある共同体による演習反対闘争、反戦地主の闘争、性暴力に対するたたかいなどのすべての市民の努力によって、沖縄には一九五〇年代以来新しい米軍基地の建設を許していない実績がある(9)。だから辺野古の基地建設は体を張ってでも許したくないのだ。

おそらく米軍は、普天間飛行場は古くて危険で使いにくいから閉鎖したい。でもただでは閉鎖したくない。その代わりに費用は日本負担で、機能を強化し近代化した新しい基地を希望の場所（辺野古沿岸）に作ってほしい。これが米国の要求であるが、このような欲の張った要求さえもこれまでのように日本がかなえてくれるかどうか、米国は日本を試しているのだ。ジュゴンを絶滅させることがわかっていても、国際市民社会や環境保護団体を敵にまわしても、日本は辺野古に米軍基地の建設をしてくれるだろうか。それならそれにこしたことはない。その答えがわかるまでは、海兵隊が普天間基地を閉鎖するわけにはいかないのだ。

普天間「移設なき閉鎖」という選択肢

実際に墜落事故が住民に脅威を与えていること、米国国内ならば安全基準に達しないということを理由に、たとえ新しい基地がどこにもできなくても、日本政府は、人道的な立場から、即時閉鎖を求

めるべきである。沖縄人の安全を無視して存在を続ける、世界でもまれな普天間飛行場の無条件閉鎖を要求されても米国としては文句はいえない。普天間飛行場の代替施設にも特殊な事情がある。それは辺野古で証明されたように、第一に環境に対する悪影響が確実で、第二に住民の民意で拒否された基地計画だということだ。そして移設の実態が別施設の新設であることがもうわかっている以上、米軍の新しい基地は残念ながら建設できないとはっきり言うべきだ。しかしそれには「住民の安全」「民意」「人権の尊重」といった理念を徹底して強調しなければならない。米国は国際社会に対して民主主義や人権の擁護者を標榜する理念には弱いはずである。国際社会にもわかりやすく、理念を強調した上で、移設のない閉鎖を要求したなら、米国は受け入れざるを得ないだろう。それがわかっているから、米国は日本が自分から進んで脅しに乗ってくれることを期待して「現行の政策を延期、あるいは中止することは非常に危険なことだ」「本当に後悔する」などと、間接的、直接的に「恫喝」しているのではあるまいか[10]。

チャーマーズ・ジョンソンは、外国に駐留している米軍基地は住民の安全や人権や環境を損なう帝国主義の権化であり、諸外国の反感を買い、長期的に米国の国益を損なうとする[11]。諸外国の住民の米軍基地への抵抗に米国はどう対応するかということが命題の、ベース・ポリティックス（基地政治）という政治学の学問分野さえ現れている[12]。米国の国際社会における正当性が低下している現在、日米同盟にますます依存しているのは米国の方である。大量破壊兵器の存在の確定なしでイラクを攻撃したことでは、特にドイツ、フランスなどの国が米国を正面から批判し、協力を拒否した。イギリスでは最近、トニー・ブレア首相（当時）のアメリカの要請に従いイラクに兵力を派遣した判断が問われ、当時の閣僚メンバーは米国に対する盲目的な崇拝によって自国を貶めたことを後悔している[13]。つまり米国には、国際社会で忠実にその無謀な戦争を支えてくれる友人が少なくなっている。

その中で日本は、どの同盟国よりも多額の思いやり予算を米軍基地の駐留、訓練のために出し続けている。また米軍との統合が進む日本の自衛隊は予算、設備において、海軍をはじめ、世界のトップクラスにまで増強されている。そして在日米軍と自衛隊との連携を高め、最新の戦略的必要性に応じてアップグレードするための設備の移設の費用や、グアムの軍拡に要する費用さえ、日本の負担をあてにしている。日本は米国と米軍の世界的な戦略にとって欠かせない同盟国になってしまっている。だから、たとえ一つの基地について日本が約束を守らなかったとしても、同盟関係を破棄することはしないにちがいない。日本にいる米海兵隊は他国の攻撃を目的として日本に存在しているので、日本の攻撃を防止する力にはもともとなっていない[14]。むしろ米国を挑発するための攻撃のマトになる危険性のほうが高いので、もし撤退されても日本が困るものではないのではないか。

ここで大切なのは、日本が米国に対して民主主義、地域住民の人権、環境に対する配慮などの「大義名分」との関連を明確にさせるほど、米国は日本の拒否を受け入れやすくなるということである。ただし、米国に対して人権や環境保護といった理念を主張する以上、従軍「慰安婦」にされた犠牲者に対する国家責任、歴史教科書での日本の中国、朝鮮、沖縄などに対する侵略の過去ははっきりと認めなければならないだろう。環境保護に関する国際法レジームを守るという理念から、捕鯨政策を見直す必要もあるだろう。このような理念主体の外交政策は近隣諸国からの支持を受け、米国との二国間同盟に依存せずとも国際地域社会で生きていける自信、そして日本の米国に対する交渉力につながると思われる。

新自由主義的な経済政策が国内の格差を広げ国民の相当多数が生活苦にあえぐ一方の二一世紀、米軍基地に国民の税金が使われることに疑問の声があがり、日本の米国に対する、盲目的な従属性を廃して「対等」な関係にすると公約した民主党が自民党政権を交代させた。このことは、日本が「いい妻」でいるための盲目的な服従をやめて「夫」に対してはっきりものを言ってほしいという国民の希望のあらわれではないか。普天間飛行場とその代替施設のもつ特殊性と理念を利用して、この希望を勇気をもって貫けば、「不安定要因」が小さくなって日米関係は安定するであろう。

注

（1）船橋洋一『同盟漂流』岩波書店、一九九七年、Johnson, Chalmers. 1996. The Okinawan Rape Incident and the End of the Cold War in East Asia. *JPRI Working Paper* 16 (February) http://www.jpri.org/publications/workingpapers/wp16.html

（2）Lutz, Catherine, ed. 2009. *The Bases of Empire: the Global Struggle against U.S. Military Posts.* New York: New York University Press.

（3）Hughes, Christopher W., and Akiko Fukushima. 2003. 'U.S.-Japan Bilateral Relations - Towards Bilateralism Plus?' In *Beyond Bilateralism:U.S.-Japan Relations in the New Asia-Pacific,* edited by E. Krauss and T. J. Pempel:

Stanford University Press, 55-86.
（4） 宮里政玄「沖縄県民の意思は明確である——日米間のペッキング・オーダーを改めよ」『世界』二〇〇九年一一月号、一五七—六三、一五九頁。
（5） 宜野湾市「普天間飛行場の安全不適格宣言（市長コメント）」宜野湾市役所基地政策部基地渉外課二〇〇六年一一月一一日、www.city.ginowan.okinawa.jp/2556/2581/2582/27873.html、「普天間基準に抵触　伊波市長不適格と批判」琉球新報、二〇〇六年一一月二日。
（6） Department of Defense, 'Sea-Based Facility: Functional Analysis and Concept of Operations, MCAS Futenma Relocation,'FACD, Vol. 1, Executive Report, September 3, 1997, 真喜志好一「辺野古の海上基地は古い計画の夢と終わらせよう」高文研編『沖縄は基地を拒絶する』高文研、二〇〇六年、一五一—一五八頁。または Makishi Yoshikazu（Trans. by Miyume Tanji）（2006）"US Dream Comes True? The New Heneko Sea Base and Okinawan Resistance" *The Asia-Pacific Journal: Japan Focus,* 12 February. http://www.japanfocus.org/-Makishi-Yoshikazu/1819
（7） 宜野湾市「普天間基地のグァム移転の可能性について」宜野湾市役所基地政策部基地渉外課、二〇〇九年一一月二六日 http://www.city.ginowan.okinawa.jp/2556/2581/2582/37840/37844.html
（8） 新崎盛輝『沖縄現代史』岩波新書、一九九五年。
（9） Tanji, Miyume. 2006. *Myth, Protest and Struggle in Okinawa*. London: RoutledgeCurzon.
（10） 宮里政玄「沖縄県民の意思は明確である」一五九頁。
（11） Johnson, Chalmers. 2006. *Nemesis: The Last Days of the American Republic*. New York: Metropolitan Books.
（12） Calder, Kent E. 2007. *Embattled Garrisons: Comparative Base Politics and American Globalism*. Princeton and Oxford: Princeton University Press; Cooley, Alexander. 2008. *Base Politics: Democratic Change and the U.S. Military Overseas.* Ithaca, N.Y.: Cornell University Press.
（13） McCormack, Gavan. 2010. The Travails of a Client State: An Okinawan Angle on the 50th Anniversary

of the US-Japan Security Treaty. *The Asia-Pacific Journal: Japan Focus* http://www.japanfocus.org/-Gavan-McCormack/3317

(14) McCormack, The Travails of a Client State.

「沖縄米軍基地の戦略的価値」という神話
【安保論議における政治主導の不在】

屋良朝博

海兵隊司令官としての当然の言い分

米軍駐留を考えるとき、米軍の部隊運用を前提に理解しようとするのが「常識」とされている。しかし、それは思考の倒錯であり、文民統制の観点からも危ない勘違いだ。先月来日したキース・スタルダー米太平洋海兵隊司令官をインタビューした『読売新聞』の記事（二月一八日朝刊）がすこぶる気になる。

司令官は、米海兵隊の普天間飛行場は沖縄で代替地を探すしかない、と主張している。与党の沖縄基地問題検討委員会で社民党が推したグアム移転案について司令官は、「グアムは沖縄の代替地にはならない」とばっさり切り捨てた。

よく聞く米軍の主張であり、それだけなら驚きはない。

さらに司令官は、岡田克也外相が主張していた「嘉手納飛行場への統合案」に対し、「作戦行動が複雑化する」と否定的だ。そのほか、沖縄県内に小規模なヘリパットを設置して飛行訓練を鹿児島の馬毛島や徳之島へ移転する分散配置については、「海兵隊の陸上部隊とヘリコプター部隊は分離できない」と難色を示した。いま与党内で挙がっている新たな普天間移転案では、海兵隊の同意は望めないということだ。

米太平洋軍の海兵隊トップがそう言っているのだから、「沖縄には申し訳ないが、やはりジュゴンが棲む名護市辺野古の海を埋めるしかないのか」と思わされてしまう。しかし、これは普天間問題に利害がある海兵隊側の主張であることを忘れてはならない。例えば、職人に使い慣れた道具を手放せますか、と質問し、「それは困る」という当たり前の答えを聞いたに過ぎないからだ。

海軍が空母を欲しがるように、地上軍の司令官は海外基地を手放そうとしない。あらゆる事態を想定し作戦計画を練っておかなければ、有事のときに大統領に政策決定のオプションを提示できない。そのため、常に使うものではないが、作戦計画に組み込んである基地を手元に置き、いつでも取り出せるようにしておきたい。海兵隊は沖縄を追い出されると、唯一の海外基地を失うことにもなる。そんなリスクは回避したい、というのが司令官の本音だろう。

海兵隊を沖縄に配備する必然性はない

冒頭で、このインタビュー記事がすこぶる気になる、と書いたのは、軍隊の言い分が書かれているからではない。最後の文節がひっくり返るほどおもしろいからだ。その部分を引用しよう。

「専門家の間で、沖縄の海兵隊はヘリ以外の人員輸送手段をほとんど持たず、有事の展開能力がない、との見方があることに対して、(スタルダー司令官は)空軍の輸送機や商業船調達によって『いかなる緊急事態にも対処できる』と強調。日本駐留不要論については、朝鮮半島や台湾海峡に近い立地の重要性を指摘して、『単なる誤解』と退けた。」

残念ながら、空軍は輸送機を沖縄に常駐させていない。極東最大と形容される嘉手納基地には戦闘機と空中空輸機、特殊作戦輸送機などが配備されているが、海兵隊を運ぶための大型輸送機は置いていない。米本国から飛んでくるしかないが、わざわざ沖縄に立ち寄るよりも本国の部隊を直接戦闘地に投入したほうがずっと効率的なはずだ。

現に、湾岸戦争のとき五〇万人の米兵力が動員され、そのほとんどが空輸でクウェート周辺に集結した。このうち海兵隊は九万人をサウジアラビアに配備した。沖縄からは民航機で二〇〇〇人を派遣した。

別の輸送手段として司令官は、「商業船の調達」と言っているが、日本の商船を徴用し米兵を戦闘地へ運べるはずもない。どこから船を調達するのか、司令官は詳細を述べていない。現在、海兵隊はオーストラリアの船舶会社から一隻の高速輸送船（HSV）をチャーターしているが、輸送できる兵力は一〇〇〇人に限られる。

有事には一刻を争うため、立地の良い沖縄に軍隊を前方配備させている、といいながら、沖縄から戦地へ運ぶ輸送手段がないことを司令官は告白してしまった。この告白こそが問題の真相を端的に示している。沖縄に海兵隊を配備する必然性はないのだ。

そもそも沖縄の海兵隊は「張り子の虎」といわれる。沖縄配備の兵力は公称一万八〇〇〇人で、うち八〇〇〇人がグアムへ移転する。残り一万人となるが、そのうち戦闘部隊は多く見積もっても半分程度だろう。その隊員が沖縄から出撃するには米海軍の輸送艦が必要だが、彼らを運ぶ艦船は沖縄にはない。サンゴ礁に囲まれる島に良好な軍港が確保できないからだ。艦船は長崎県佐世保を母港としている。いくら沖縄が地政学的に優れているとはいえ、佐世保の船がなければ海兵隊は動けない。

さらに不可解なのは、佐世保配備の強襲揚陸艦隊が輸送できる兵員は二〇〇〇〜三〇〇〇人でしかないということだ。海兵隊司令官が言うように、残りの隊員は米本国からの空軍輸送機や商船を調達して運ぶことになるが、都合よく手配できなければ、沖縄で立ち往生してしまう。

「海兵隊が撤退すると日本は危なくなる」のウソ

日本から海兵隊が撤退すると日本の安全保障が危なくなる、と政府要人は繰り返す。しかしそれは根拠のない議論だ。もしそう考えるなら、米軍再編で海兵隊が大幅に削減され、北朝鮮を警戒する韓国配備の米陸軍も半減される予定である以上、それでも日本の安全保障は担保されるのかどうかを米側に問いただささなければならないはずだ。だが、そんな動きは見受けられない。

組織は統括機能がなければ動かない。司令部をグアムへ移転する再編に日米両政府が合意したことは、沖縄の軍事的価値が言われているほど重要でないことを自ら認めたことになる。

日米両政府による在日米軍の再編交渉は二〇〇六年六月に最終合意された。その半年後の翌〇七年一月、当時の米太平洋海兵隊司令官だったジョン・グッドマン中将は、グアム移転の理由について、「フィリピンに行けないからだ。仮にフィリピン移転が可能であれば、私はすぐに八〇〇〇人をマニラ湾へ移そう」と語っている。フィリピンは憲法で外国軍隊の駐留を禁じているため、海兵隊は移転できない。

米太平洋軍司令部があるハワイで、商工会が催す毎年恒例の新年会での講演でグッドマン中将は、フィリピンがだめならマレーシアでもタイでもいい、インドネシアだって構わない、と東南アジア諸国を並べた。中国が聞けばびっくりするだろうが、「台湾でもいい」とも語った。グアム移転については、「私（司令官）はグアムからどこへでも飛べる。戦闘部隊は沖縄から向かうから大丈夫だ」とだけ述べた。グアム移転の利点を説明するわけでもなく、司令部と戦闘部隊が離れても従来通りのミッションが可能であることを確認したに過ぎなかったわけである。

海兵隊と同盟の質的転換を志向する米国

海兵隊の太平洋配備は、グアムの司令部が沖縄と岩国（山口県）、ハワイに分散配置した地上部隊と航空部隊を遠隔操作する。任務はこれまで同様に小規模な地域紛争への対応、日本やフィリピン、タイ、韓国、オーストラリアなど同盟国との共同演習、スマトラ沖の大地震や津波といった自然災害の救援活動などだ。

紛争や天災といった緊急時を除く、ルーティーンの活動は同盟国との共同演習を通した軍事交流、ゲリラが潜伏しそうな地域で道路や学校を修繕するなどの民生支援だ。

米太平洋軍がいま力を注いでいるのは、ゲリラの勢力拡大を阻止する「テロとの戦い」だ。キューバ革命をドキュメントしたチェ・ゲバラの映画にもあるように、ゲリラは山村に潜伏し勢力を蓄えて都市部を攻めていく。このため、ゲリラを封じ込めるには、アジアの貧しい山村などでのＰＫＯ的な民生支援が効果的だと米軍は考えている。陸海空・海兵隊の全軍を挙げて、こうした「ソフト戦略」に取り組んでいる。

太平洋に展開する唯一の地上軍である海兵隊は、その分野で主役を演じたいと考えている。太平洋海兵隊司令部のホームページに「太平洋地域における将来の海兵隊プレゼンス」と題したスライドがある。半年のローテーションで米本国から沖縄に派遣される部隊は、まずグアムへ向かい司令部と合流し、西マリアナ諸島のテニアンで訓練をする。その後グアムへ戻り休息した後、オーストラリア、タイ、フィリピン、韓国にある訓練センターを巡回し、軍事交流を展開する。

沖縄に戻るころには、そろそろ六カ月の海外派遣期間が終わり、次のローテーション部隊と入れ替わる。交代した部隊も同じようにアジア各国を展開し、米海兵隊は軍事プレゼンスを維持していく。

ところが日本では、中国が攻めてきたら、北朝鮮が暴走したら、というオオカミ少年のような考えが先行しがちで、沖縄の米兵がちょっとでも減ると日本が危なくなる、という強迫観念に駆られる。その根拠のない冷戦期の脅威論がいまも「常識」として語られる。

繰り返しになるが、沖縄に二〇〇〇～三〇〇〇人しか動かせない海兵隊を常駐させておくことが日本防衛の絶対条件であるわけがない。むしろ米太平洋軍の関心事は、軍事交流や民生支援といった軍事一辺倒ではない分野（非伝統的安保）での新しいプレゼンスをどう構築し、維持していくかということだ。

民生支援分野で自衛隊が積極参加することを太平洋軍は期待している。例えば、地震列島で鍛えられた自衛隊のノウハウを米軍との連携プレーで発揮したり、海上自衛隊の輸送力をアジア展開する海兵隊移送に振り向けたりすることだ。今日的なニーズに合うような同盟の質的転換を志向している。

「日米同盟＝基地提供＝沖縄基地」に拘わる日本

これに対して日本ではいまだに「日米同盟＝基地提供＝沖縄基地」という伝統的な文法でのみ安全保障を語っている。この認識ギャップは、同盟の信頼性を一層低下させてしまう。同盟の基盤である沖縄が揺れ続ける。鳩山政権の最大の懸案である普天間問題は、沖縄のすべての政党が沖縄以外へ移転するよう訴えている。沖縄だけでこの問題を処理することはもはや政治的に不可能であり、新政権が地元の声に誠実に向き合わない限り、日米間のしこりはさらに大きくなるだろう。

そうした事態にもかかわらず、日本では抑止力や地理的優位性といった蜃気楼のような言葉を駆使して海兵隊を沖縄に押しとどめよう、という無責任な論調が消えない。

北沢俊美防衛相は「我が国の防衛やアジア太平洋の平和と安定の意味で、沖縄という地政的位置は極めて重い」「例えば、朝鮮半島で何か事態が起き、在留邦人を救助する時、グアムと沖縄では圧倒的な差が出てくる」と発言している。どのような意味で「地政」を語っているのか不明だ。単に地理的によい場所にある、というだけの古典的な発想なのだろうか。海兵隊を運ぶ船は長崎にあり、そこが海兵隊にとって動きの起点になっている、という事実を指摘するだけで、北沢大臣の主張に論拠がないことを指摘できる。「例えば、北朝鮮で何か起きたとき」のことを北沢大臣はいうが、それならなおのこと朝鮮半島に近く、艦船にアクセスしやすい九州に実戦部隊も配備した方が合理的ではなかろうか。場所がない、という言い訳は通らない。沖縄は国土の〇・六％しかないのだ。

岡田克也外相は「海兵隊の抑止力に期待するなら、日本から出て行ってくれというのは通用しない」という。

米海兵隊が何を抑止しているというのだろうか。抑止すべき対象をはっきり言わないのなら、こうした発言は無意味だ。沖縄には極東最大の嘉手納基地もある。海兵隊が例えば九州へ移転したとき、抑止力にどのような変化をもたらすのか、具体的に語らなければ説得力がない。

むしろ国内政治の問題

外務、防衛両大臣に聞いてみたいことがある。米軍の意向によって基地の配置を決めているのか？それがまかり通るのなら占領下と変わらない。軍隊に基地を与えるのは政治である。その原則がないがしろにされるのなら文民統制が瓦解する。

筆者は海兵隊司令官らへの取材で何度も「仮に沖縄以外の本土で海兵隊が必要とする施設を提供する、と日本政府が申し出た場合、移転する用意はあるか」と質問してきた。答えはもちろん「ＹＥＳ」である。

しかし日本ではどこも海兵隊を受け入れない。その事実をひた隠し、「抑止」や「地理的優位性」といったあいまいな言葉で言いつくろう態度が透けて見える。もちろんそれは米国に見透かされている。同盟の信頼が揺らぐ。

世界中のどこを探しても沖縄ほど米軍基地が過密な島はない。その負担を自身の選挙区で引き受けようという政治家はほとんどいない。国内情勢を米国政府に率直に伝え、解決策を両国で見いだす真摯な態度はこれまでなかった。

沖縄に偏重する日米同盟の負担について、政治は真摯に向き合ってこなかった。沖縄問題はひとえに政治の不作為に起因する。

Ⅳ

東アジアの安定に寄与する日米安保？

日米同盟の本質を問う契機
【「人と物の交換」を再考する時】

中西　寛

「利益論vs従属論」からの脱却

現行の日米安保条約が締結されて五〇周年目の今年が、同盟関係にとって大きな転機の年になりつつあることはもはや明らかである。昨年九月に発足した鳩山政権は、普天間基地移設問題の見直しを提起し、また、これまで研究者らによって指摘されてきたが、自民党政権下で否定されてきた密約問題について、政府として調査する方針を示した。普天間代替基地については五月末を期限として決着させる旨、鳩山首相が表明し、密約問題については三月九日、北岡伸一東大教授を座長とする有識者懇談会が報告書を提出し、密約ないしそれに準ずるような合意の存在をおおむね確認した（報告書は関連文書と共に外務省ホームページで見ることができる）。

これらの事態は、日米同盟のあり方についてすでにかなりの論議を呼び起こしている。しかしこの論議を日本の外交・安全保障政策にとって真に意義あるものにするためには、論議の枠組みそのものを捉えなおす必要があるだろう。改めて言うまでもなく、戦後日本において日米安保を巡る論争は最も主要な政治的対立の一つであった。一九五一年のサンフランシスコ講和条約署名と同時に当時の吉田茂首相がいわゆる旧安保条約に署名して以来、政権は日米安保関係を日本にとって利益あるものと主張してきた。対して野党をはじめとする批判的政治勢力は、日米安保を日本の主権の侵害であり、日本のアメリカへの従属的地位を固定化するものとみなしてきた。基地や密約が主権の制約を意味することは間違いないが、前者はそれを、その制約によって失う以上の利益を獲得するためのコストであるとみなしてきたのに対し、後者はそれを日本政府の対米従属性の証左と主張してきたのである。

政権交代を一つのきっかけに起きた今回の事態は従来の「政権による同盟擁護」対「在野勢力の同盟批判」という図式に対して変化をもたらしつつある。しかしそれでも、日米同盟を巡る論議が同盟利益論対従属論という従来の枠組みの中で行われるなら、本質的な変化をもたらすことはないだろう。この二つの立場は、それこそ過去半世紀以上にわたって日本国内で論議され、結論に至ることのなかった共約不能の対立だからである。全体として言えば両者の立場は日米同盟に対する日本人の矛盾した感情の表現である。日本人は日米同盟が総体として日本に利益をもたらしているという見方を受け入れている。そうでなくては民主体制下で半世紀以上の間一貫して同盟擁護派が政権の座に居続けることはありえないだろう。他方で日本人は同盟のもたらす様々な負担に納得はしていない。それがゆえに対米従属論も消え去ることなく、右翼からも左翼からも表明され続けているのである。

現在、政権が自らこの矛盾を内部に抱え込み、立ち往生しているように見える。民主党は総選挙時のマニフェストで「緊密かつ対等」の日米関係を主張した。これは同盟否定論の立場に立っていないだけでなく、アメリカとのより緊密な関係を肯定的に評価するものである。さらに鳩山政権は今年一月一九日、現行安保条約署名の五〇周年目の記念日に、「日米同盟は、過去半世紀にわたり、日米両国の安全と繁栄の基盤として機能してきた」と高く評価する共同声明を発した。外交レベルでの同盟擁護論と内政レベルでの対米従属批判が政権内に共存しているのであり、その緊張ないし混乱が、普天間基地問題を迷走させていると言ってよいであろう。

しかし世界の情勢を眺めるとき、アメリカを含めて日本を取り巻く状況は大きく変わりつつある。もはや同盟利益論と対米従属論の果てしない論議そのものを見直す段階に来ている。昨年の政権交代が外交・安全保障政策上の意味を持つためには、こうした国際情勢の変化を分析した上で日米同盟のあり方を見直すことが必要である。

安保条約の構造――非対称性の交換

ここで改めて現行安保条約の構造を検討してみよう。言うまでもなく、現行条約の中核は第五条と第六条である。五条において、アメリカは、日本国の施政権下にある領域への武力攻撃を自国への脅威と見なして行動することを約している。第六条において、日本は、日本の安全だけでなく極東の平和と安全に寄与するために、米軍が日本に駐留することを認めている。大づかみに言えば、第五条は、アメリカが一方的に日本を守る誓約（コミットメント）を負ったものであり、第六条は、日本がアメリカに一方的に基地とそれに付随するサービスを提供することを約束したものである。

通常の同盟だと、形式的であっても相互に防衛関係を設定することが基本である。一九四九年に結ばれた北大西洋条約だと、ヨーロッパ又は北アメリカにおけるある締約国に対する攻撃を全締約国に対する攻撃と見なす（第五条）ことが誓約されている。一九五三年に結ばれた米韓同盟でも、いずれか一方の締約国への武力攻撃を共通の危険として対処することとなっている（第三条）。もちろん条約の締結時には実態としてアメリカをヨーロッパ諸国、とりわけベルギーやルクセンブルグのような小国が軍事的に支援する手段をもたなかったし、韓国の場合もそうであった。にもかかわらず、法的、形式的には双方が共通して相手を守るという取極を結ぶことによって主権国家として対等の形式を整えたのである。

これと比べれば現行の日米安保条約が特殊であることは明らかである。現行の安保条約ではアメリカの日本防衛に対する一方的誓約と日本の米軍への一方的サービス提供の間で相互性が保たれているということになっている。いわゆる「人と物の交換」である。アメリカの他の同盟条約のように、相互的な安全保障義務を引き受ける形をとらなかったのは専ら日本側の意向であった。憲法九条の存在や軍に対する嫌悪感、冷戦に巻き込まれることへの懸念や軍備の経済的負担への考慮などが背景にあった。日本は憲法上、集団的自衛権を行使できないという法理が事実上定着したのもこの時期である。

アメリカがこうした特殊性を日本との関係で受け入れた第一の理由は、日本の自民党政権を支えることが当時のアメリカにとって重要な政策であったことがある。しかし同時に、日本を取り巻く当時の軍事情勢からしてこうした取極がアメリカにとって不利益なものではないと判断したからである。

五条ではなく、六条に守られていた日本

冷戦下、特に一九五〇年代半ば以降、日本だけを標的とした武力攻撃が起きる可能性はきわめて低いと考えられた。日本の周辺にある軍事的主体は、アメリカ、ソ連、中国、韓国、北朝鮮、台湾であったが、アメリカ及びその同盟国の韓国と台湾は日本の脅威になる可能性はなかった。ソ連、中国、北朝鮮が日本に攻撃を仕掛けるときには少なくとも東アジア全体を巻き込んだ、あるいは世界的な戦争を覚悟した時であり、その点ではアメリカも同じであった。アメリカがこれら諸国を攻撃するときには地域的ないし世界的大戦争を始めることを意味していた。

要するに日本への単独の脅威というのは具体的にはほとんど考えられなかったのである。日本および沖縄に駐留する米軍は、在韓や在台の米軍と共に、ソ連、中国、北朝鮮の軍事力と対峙し、東アジアの冷戦構造を支えていた。日本の安全は、在日米軍が日本を守るという約束ではなく、むしろこの

構造によって保たれていたのである。

ここに現行安保条約の基本的な矛盾があった。すなわち、アメリカが日本を守り、日本が米軍に基地を提供するという五条と六条の間で「取引」が成立しているというのが、法的、形式的な説明であり、日本人はそう考えてきた。しかし戦略的には日本が基地を提供し、在日米軍が極東の安定をもたらすという六条の存在によって日本の安全は保たれていたのであり、五条は六条の副次的存在だったのである。

先に触れた日本における論争――「利益論vs従属論」――の根源は、五条と六条、すなわち「人と物の交換」が「取引」として成立しているかどうかであった。同盟利益派はこの取引が成立していると国民に説明してきた。対して対米従属派は、日本への脅威がないとかアメリカが日本を本当に守りはしないと主張して、五条の価値を小さく捉え、六条による負担面を強調してきた。

しかし現行安保条約が成立した当時の軍事的現実は、六条が日本の負担を規定すると共に日本の安全も担保していたのである。今般の密約調査で示された、朝鮮半島有事の際の「密約」はこの点を最も明確に示している。さらに言えば日本への核持ち込みの問題も、東アジアにおける核抑止体制のためであり、日本だけを守るためではない。あくまで五条（日本有事）は六条（極東有事）の一部に過ぎなかったのであり、六条は、米韓や米台、あるいは東南アジア、オセアニア諸国とアメリカとの同盟関係と結びついて、日本の安全の基盤を提供していたのである。

冷戦終焉後の同盟――不十分だった再定義

今日から考えると不思議なほど、日本政府はこうした構造を国民に率直に語ってこなかった。日本の安全が周辺国の安全と結びついていることに触れることを回避してきた。

なぜそうなったかは推測するほかない。まず、東アジアにおける冷戦構造とアメリカの抑止力が維持されれば、それ以上のことは日本が関わる必要がなかったという消極的な理由があろう。それに加えて、東アジアの西側諸国であった韓国や台湾、東南アジア諸国の多くも冷戦末期になるまでは独裁体制であり、それらの国のイメージが悪かったこともあるだろう。同時に日本人の戦争の記憶が、東アジア地域への軍事的関係に対して強い否定的感情となっていたことも考えられる。もちろん朝鮮戦争やベトナム戦争のようなアジアにおける冷戦の部分的な熱戦化の現実を見れば、これらの地域の安全保障に何らかの形で関与することへの躊躇が大きかったことも想像に難くない。

しかし冷戦が終焉した後には、こうした説明は変わるべきであった。日米双方にとって安保条約の意義が変わり始めたからである。日本にとっては、六条と切り離された五条の意義づけがより重要になった。ある人々は北朝鮮や中国が日本に軍事的脅威となる可能性が高まったとして日本にとっての日米同盟の利益をそれまで以上に高く見積もるようになった。小泉元首相が、「北朝鮮の軍事的脅威に対して日本を守ってくれるのはアメリカのみ」と述べたことがこの典型である。対して、冷戦が終焉し、グローバルな相互依存が進む中で日本に対する軍事的脅威は低下したと見なす立場も存在した。彼らからすれば六条による日本側の負担は冷戦終焉後には日本の一方的な提供を意味するものとなった。とりわけ日本国内で明らかに過重な基地負担を負っている沖縄の基地の問題を巡ってこの観点は強調されることになった。

他方、アメリカとしては、米軍の機動性の高い大量破壊兵器の拡散やテロ・ネットワークへの対処といった「新しい脅威」への対処に対して、従来の基地供与にとどまらない、積極的な協力を提供することを日本側に期待するようになった。価値を共有し、応分の貢献を行うことが冷戦終焉後の同盟の存立基盤とみなされたからである。

しかしこれらの点はつきつめて検討されることなく、冷戦終焉後二〇年の時がたった。もちろんこれまで何もされてこなかったわけではない。過去二〇年の間に日米安保について両国政府は二度の見直しないし再定義を行ってきた。第一は、九五年から翌年にかけての時期である。冷戦終焉後の日米同盟は「漂流」しているとされていた。沖縄では九五年の海兵隊員による少女暴行事件をきっかけに、基地が沖縄に集中していることへの不満が表明されていた。加えて日米間の貿易摩擦や北朝鮮核疑惑を巡る日米協力の不明確さ、冷戦時代のような明確な共通の敵の不在が漂流論の背景となっていた。この状況に対して日米の安保関係者が中心となって再定義を演出し、ジョセフ・ナイ国防次官補の下での「ナイ・イニシアティブ」、日本政府の新たな防衛計画の大綱（平成七年大綱）の公表、九六年四月のクリントン大統領訪日時の日米安保共同宣言によってこの「再定義」はなし遂げられたとされる。

そこでは日米同盟は両国のアジア太平洋及びグローバルな協力の基礎として位置づけられた。

しかしこの流れは、基地や同盟関係を巡る本質的な議論を深めるというよりは、当時の中国の攻撃的な姿勢に対する反発が促した面が大きかった。九五年夏から翌年にかけて中国は相次ぐ核実験や台湾総統選挙に際してのミサイル演習などによってそのイメージを悪化させた。そのことによって沖縄基地問題や同盟の役割についての幅広い検討は棚上げされた。普天間など沖縄の米軍基地の返還合意や防衛協力に関する新たなガイドラインの策定は行われたものの、その内容は日米双方で詳細に詰められたものではなかった。

同盟再定義の第二の契機は、二〇〇五年から翌年にかけての日米安全保障協議委員会（2＋2）での三次にわたる合意である。この際、両国は、地域およびグローバルな共通戦略目標、米軍及び自衛隊の役割・任務・能力の検討、在日米軍の兵力構成の見直しについて広範な合意を行った。この背景には、一九九八年の北朝鮮によるいわゆる「テポドン・ショック」や核疑惑の再燃、九一一事件以降の「テロとの戦い」が背景にあった。ミサイル防衛やテロ対策に関する情報協力まで、日米同盟関係は緊密さを大いに高めた。

しかしこの際にも、日米同盟の協力内容に関して日本国内で十分に議論されたとは言えない状況だった。アメリカがアフガニスタン及びイラクでの戦争を主導する一方、靖国神社参拝問題などで対中、対韓関係が悪化していた。さらに北朝鮮との拉致問題が紛糾する中で、日米同盟の強化は両国の担当官僚や制服組によって進められた。その中で普天間基地移転問題についても辺野古沖案が浮上することになったわけである。しかし安倍、福田、麻生という三代の自民党政権でも辺野古沖案はほとんど進まなかった。〇五年から〇六年の再定義も国民とのズレを残していたのである。

本格的再定義の機会──同盟の価値と役割分担

このような文脈で考えると、現在は日米同盟について本格的な再定義を検討する好機であると言える。それは第一に、冷戦終焉後の同盟の存在意義を深く考えるという意味において、そして第二に現在の国際国内情勢の変化を踏まえて日本の対外政策を立案するという意味においてである。

私の考えは、現在においても日米同盟は日本にとって存在価値をもつが、そのあり方について根本的な再検討を必要とするというものである。

つきつめれば日米同盟とは、日本とアメリカが敵とならないことにその最も中核的な意義がある。二〇世紀の前半に日米が対立し、やがて大戦争に陥ったことを考えると、これは決して無視できない点である。アメリカが太平洋を越えて世界大国であり続ける限り、日本はアメリカの友好国となるか敵対国となるかのいずれかの選択しかない。日米同盟がないとすれば日本はアメリカの圧力に屈しないためにもかなりの軍事力を備える必要が生じる。しかし日米が軍事的に対抗する状況は日本にとってかなりの軍事支出を強いるだけでなく、アジア諸国がおしなべて歓迎しないところである。

次に、アメリカが日本の敵とならないよう、同盟関係をもつとすれば、何らかの共通目的をもつことが必要となる。その点では、オバマ政権下で進むアメリカの軍事戦略の変化、とりわけ核抑止への依存の低下とミサイル防衛重視、海空兵力の協力などの変化や、朝鮮半島情勢、米中軍事バランスに注目する必要がある。日米韓の安全保障協力のあり方や北朝鮮の指導者交代とそれに伴う変化の可能性、中国の海空兵力増強と日本近海から南シナ海、さらにはインド洋の海洋秩序の問題を考慮して日米の役割分担が検討される必要がある。グローバルにも平和構築、紛争後の復興協力などで日米が役割分担をすることが考えられる。

第三に、このような変化と相関して、日米同盟の「人と物の交換」としての性格は変わるであろう。たとえば北朝鮮のミサイルの脅威が顕在化した場合、あるいは尖閣列島を巡って日中に軍事紛争が生じた場合、米軍がどのような役割を果たすかについては具体的議論が可能なはずである。もちろん最も機微に触れる点は秘匿されざるを得ないであろうが、大枠において相互の役割について基本的な認識を共有することが必要であろう。在日米軍の役割を国民に対してより明らかにし、その上で沖縄の明らかに過重な負担を軽減することを試みるべきであろう。

日本の安全保障は太平洋、東アジア、インド洋から中東、さらに世界の安定へと結びついている。日米同盟は日本の安全の重要な、恐らく第一の条件であり続けている。しかしそれは日米二国の特別な関係ではなく、地域の、また世界の安全保障とより深く結びつけられねばならず、その過程で日本は国際安全保障により大きな責任をもち、逆に在日米軍を引き受ける負担を縮小させる方向が考えられるべきだろう。

日米同盟における「可測性」の本質
【戦争の「遺産」を踏まえて】

櫻田　淳

同盟の「前史」

米国映画『硫黄島からの手紙』（監督／クリント・イーストウッド、出演／渡辺謙、二宮和也、伊原剛志、制作／二〇〇六年）には、印象深い場面がある。

渡辺謙（俳優）演じる栗林忠道（陸軍中将、硫黄島守備隊司令官）が、大尉時代に米国に滞在して、米軍将校主催の歓迎宴に招かれる。栗林は、将校夫人に問い掛けられる。

「日本とアメリカが闘ったら、どうなるのでしょう」。

栗林は、「最高の同盟国になるでしょう」と答える。

夫人が言葉を継ぐ。「そうではなく、互いに敵として闘ったらということです」。

栗林が続ける。「そういうことにはならないと思いますが、そうなれば、国家の命令と自分の信念に従います」。

栗林と夫人の遣り取りを聞いていた将校は、「それでこそ本物の軍人だ」と笑うのである。

劇中、栗林は、滞米時に米軍将校から「友情の証」として贈られたコルト45口径拳銃を硫黄島でも携行し、そして戦死した。

この演出は、映画を観た米国の人々には、「硫黄島が『友人を相手に闘った戦場』であった」ということを伝えるものであろう。

二〇一〇年一月、一九六〇年改定の日米安保条約に裏付けられた日米両国の同盟関係は、樹立半世紀の節目を迎えた。しかし、二〇一〇年四月時点での現下の日米同盟には、「不安」と「軋み」の空気が漂っている。それは、僅かに四年前の小泉純一郎内閣期において日米同盟が「未曾有の蜜月」と評され、あるいは一年数カ月前には日本の人々も「太平洋系大統領」としてのバラク・H・オバマ（米国大統領）の登場を半ば歓呼の声とともに迎えたことを振り返れば、隔世の感を覚えさせるものであろう。もっとも、現下の日米同盟における「不安」や「軋み」の空気が、半世紀を経た同盟の意味を真摯に検証する機会を世に提供しているかもしれないと考えれば、それは、たんなる「祝賀」の空気よりは遼かに意義がある。

日米同盟の意義と負担に対する「希薄な実感」

日米同盟半世紀の歩みは、どのように評価されるべきか。日米同盟は、冷戦期と「冷戦の終結」以後とでは、その意味合いが異なる。

一九九六年四月、橋本龍太郎（当時、内閣総理大臣）とウィリアム・J・クリントン（当時、米国大統領）の連名で発表された「日米安保共同宣言」は、「冷戦の終結」以後の国際環境に応じて日米安保体制の意味を定義し直したものと位置付けられているけれども、そこでは、冷戦期の日米関係は、「歴史上最も成功している二国間関係の一つ」と位置付けられた。留意されるべきは、「日米安保共同宣言」において、「米軍を受け入れている日本の地域社会」と「故郷を遠く離れて平和と自由を守るために身を捧げている米国の人々」に対する特段の謝意が表明されていたことである。この文言は、「再定義」以前の日米同盟における負荷が実質上、沖縄を筆頭として在日米軍基地が所在する「日本の地域社会」に押し被せられてきた事情を暗示している。その事情は、現在に至るも然程、変わっていない。

「再定義」以前の日米同盟は、大方の日本の人々には、その意義と負担を切実に感じさせない枠組であった。そもそも、一九五一年九月のサンフランシスコ講和条約締結に併せ、吉田茂が日米安保条約に独りで署名した挿話が示すように、日米同盟の原点には、一般の国民の意志は介在しなかった。日米安保条約は、一九六〇年の改定の折には、広範な反対運動に直面したものの、その後は十年の期限を経て、特段の検証を経ないままに半ば当然のように延長され続けている。一九八一年五月に鈴木善幸（当時、内閣総理大臣）が「それは軍事同盟ではない」という趣旨の発言をして政治上の紛糾を招いたことに垣間見られるように、日本の政治指導層においても、同盟の評価は定まっていなかった。また、鳩山由紀夫内閣発足以降、検証の対象となった日米安保条約改定時や沖縄返還時の日米両国の「広義の密約」の意味にしても、そうした「密約」が日本の人々から安全保障に絡む緊張を免じていたと解するのは、決して無理なことではない。こうした同盟の様相は、対外政策案件にも国民の支持を要請する民主主義体制の建前からすれば、決して歓迎されるものではないけれども、大方の日本の人々は、それを容認したのである。

加えて、こうした同盟の様相は、戦後の日本の人々が共有した「花より団子」の信条を反映していた。日米同盟が日本の経済発展に寄与したというのは、現在では広く受け容れられる観方である。吉田茂が「戦後を作った政治家」と称される所以は、「対米提携優先」と「経済発展優先」を両輪にした吉田の政策方針が、その後の国家路線の基本として定着したからである。しかし、正確には、日本の経済上の復興と発展への専心こそが、日米同盟と米国の利益にも合致したと評されるべきであろう。冷戦初期、対日占領政策の転換を主導したジョージ・F・ケナン（当時、米国国務省政策立案室長）にとっても、その政策転換を裏付けたのは、日本における「経済上の活力と社会上の安定」の実現が共産主義膨張に対する「堰」になるという認識であった。しかも、日本国内に「大日本帝国の幻想」を払拭できない層が依然として残っている限りは、日本が本格的な再軍備に踏み切らないことは、米国というよりもアジア諸国の警戒を避ける意味では、誠に理に適っていたのである。

もっとも、冷戦期の日米同盟の有り様が、日本の人々における安全保障上の意識の低さを定着させたというのは、厳然たる事実として指摘されなければなるまい。結果として、冷戦期の日本における安全保障論議は、総じて実践性とは無縁の神学論争の様相を呈していた。一方には、政治における「暴力」の意味を解せずに軍事の否定を専ら唱える「平和主義者」の議論があれば、他方には、国際情勢への影響を顧慮せずに軍事に「国家の威信」の実現を期待する「民族主義者」の議論があった。その狭間で、実践性に裏付けられた安全保障論議の土壌は、貧しいままであった。それは、日本と同様に第二次世界大戦の敗戦国でもあり米国の同盟国でもあった西ドイツの事例と比べれば、明かな対照を成していよう。こうした安全保障論議の様相は、日本が特に「冷戦の終結」以後の国際情勢に対応していくには、明かな支障として作用したのである。

一九八九年は、「冷戦の終結」を象徴する「ベルリンの壁」崩壊の記憶とともに語られるけれども、それは、年末に日経平均株価が三万八九一五円の史上最高値を付けた一年でもあった。冷戦期の日米同盟に促された日本の経済発展の歩みは、「冷戦の終結」の瞬間に絶頂に達した。そして、日本は、世界が「冷戦以後」に移るにつれて、「失われた十年」と呼ばれた経済停滞の歳月に突入した。現在の日本は、総じて依然、その「迷い」の中にある。

日米同盟が担保する「可測性」とは何か

日米同盟に「再定義」が必要とされたのは、一九九三年三月の北朝鮮のＮＰＴ（核拡散防止条約）脱退宣言に伴う核危機の浮上、同年五月の北朝鮮によるノドン・ミサイル発射という流れの中で、朝鮮半島という近隣における「有事」と大量破壊兵器の拡散への懸念が、日本の人々に切実なものとして受け容れられるようになったからである。冷戦期の「ソ連の脅威」は、茫漠としたものであったけれども、「冷戦の終結」以後の「北朝鮮の『核』や『ミサイル』の脅威」は、誠に具体的なものであった。しかも、そうした懸念に相対するには、「再定義」以前の日米同盟の枠組は、誠に不確かなものでしかなかった。それ故にこそ、「日米安保共同宣言」には、「（……日米安保条約を基盤とする）両国間の安全保障面の関係が、共通の安全保障上の目標を達成するとともに、二十一世紀に向けてアジア太平洋地域において安定的で繁栄した情勢を維持するための基礎であり続ける」と記され、具体的な対応の検討が始動するようになったのである。

ところで、何故、「日米安保共同宣言」に拠る再定義を経た日米同盟は、「アジア・太平洋地域における安定と繁栄の基礎」と位置付けられたのか、さらにいえば、日米同盟は、どのような要因によって、「安定と繁栄の基礎」とされているのか。

それは、結局のところは、様々な「不可測性」が残る東アジア情勢を前にして、日米両国が提示するものとされている二重の「可測性」である。米国の「可測性」とは、日本や日本周辺の「有事」には在日米軍部隊が機敏にして適切に対応するであろうという趣旨である。片や、日本の「可測性」とは、そうした米国の「可測性」を損ねないために普段からの努力を傾注し、「有事」には米国の立場を支持し必要な対米支援を確実に提供するという趣旨である。

故に、日米同盟の「再定義」を経た日本に要請されたのは、平時に日本国内の基地を米国の使用に供し必要な費用を負担することに止まらず、有事において具体的な役務による支援を米国に提供することであった。この「資金だけではなく具体的な役務を」という政策志向は、「国際貢献」の必要が強調される情勢の下で、自衛隊部隊が次々に海外に派遣された一九九〇年代以降の安全保障政策の全般的な方向と軌を一にしていたのである。小渕恵三内閣期、一九七八年十一月策定の「旧・日米防衛協力のための指針」に代わる新たな「指針」が策定され、周辺事態法や改正日米物品役務相互提供協定といった必要な法制度の整備が図られたことは、日本の「可測性」を担保するものであった。「新・日米防衛協力のための指針」においては、「平時」、「日本有事」、「日本周辺の有事」の三つの場合を想定した日米両国の安全保障協力の中身が示されているけれども、この「日本周辺の有事」への想定は、日米同盟「再定義」の肝なのである。

加えて、この「可測性」を最も鮮烈に印象付けるのは、政治指導層の「意志」である。たとえば、小泉純一郎（元内閣総理大臣）は、「九・一一」事件直後の対米連帯声明、イラク戦争開戦直後の対米支持声明、さらにはイラク戦争終結以後の対イラク自衛隊部隊派遣といった一連の政策判断を通じて、米国の「有事」に際して対米連帯への旗幟を明確に示し続けた。無論、イラク戦争への対応は日本や日本周辺の「有事」への対応とは直接には結び付かないし、イラク戦争それ自体の意味には現在でも様々な評価が成されている。けれども、小泉の姿勢は、「リスクを取る姿勢」を敢えて示すことによって、日本や日本周辺の「有事」においても日本が確実な対米支援を行うであろうという「可測性」を充分に説明するものであった。小泉内閣期、ジョージ・W・ブッシュ（前米国大統領）を相手にした日米関係は、「未曾有の蜜月」の時期を迎えたと評されたけれども、その所以は、ブッシュ麾下の米国政府が小泉執政下の日本の「可測性」に信頼を置いたことにある。それは、確かに、五百籏頭眞（政治学者）が呼ぶところの「対米関係の高水準化」を象徴する風景であったのである。

もっとも、日米同盟の枠組の中で日本が具体的に手掛ける施策の幅が拡がるにつれて、そうした施策の意味が議論されるようになったことは、留意に値しよう。特にイラク戦争に際して小泉が示した対米支持の姿勢は、それが誠に鮮明なものであったが故に、日本国内での論争を巻き起こした。一方には、小泉の姿勢を「明白な戦争への加担」と批判する声があれば、他方には、それを「米国の都合に唯々諾々と従った卑屈な対応」と断ずる声があった。こうした批判は、「対米追随」批判という一つの言葉に集約されたのである。しかし、細谷雄一（国際政治学者）が著書『倫理的な戦争――トニー・ブレアの栄光と挫折』（慶應義塾大学出版会、二〇〇九年）中で詳説したところによれば、小泉と同様に「対米追随」と批判されたトニー・ブレア（当時、英国首相）における対米支持の論理は、「米国を国際協調の環の中に入れ続ける」ことに他ならなかったけれども、小泉もまた、戦争開戦に至る過程では、単独行動主義の色彩の濃かったブッシュ第一期政権下の米国政府の「軽挙」に釘を刺す言葉を発している。そのことは、往時の日英両国の宰相が、開戦前の忠告が米国政府には容れられず最後の最後には米国の立場を支持したとしても、その支持までの過程には様々な政治上の遣り取りが行われていた事情を示唆している。それは、「米国の都合に唯々諾々と従った」という類の表層的な印象で語るには、誠に不適切なものなのである。

そもそも、何れの国々にとっても、他国との同盟関係に絡む議論の文脈では、「自主」や「追随」といった類の言葉は、無意味なものでしかない。同盟を語る際の基準は、結局のところは、「その同盟を通じて、どのような具体的な利得を手にするか」ということと「どのように、その同盟を円滑に維持するか」ということの二つしかない。日米同盟半世紀の歳月は、確かに日本の人々に未曾有の平和と繁栄を提供した。そして、日米同盟「再定義」以後の時間が問いかけたのは、「どのように同盟を円滑に運営するか」ということに絡む自覚的にして実践的な思考と行動であったのではないか。

鳩山内閣における同盟の「迷走」

二〇〇九年八月衆議院議員選挙に際して、鳩山由紀夫（当時、民主党代表）麾下の民主党は、「民主党マニフェスト二〇〇九」において、「緊密にして対等な日米関係」の言葉で対米政策の方向を打ち出した。政権交代の結果、鳩山を首班とする民主党主導内閣が発足して以降、実際に手掛けられたのは、

「対テロ国際協調」の一環として実施されていた海上自衛隊部隊によるインド洋上での補給活動の中止であり、在日米軍普天間基地移設に絡んで既に日米両国政府で合意されていたキャンプ・シュワブ沖移設案の実質、撤回であった。

こうした政策対応は、客観的には日米同盟おける「不安」と「軋み」を招いている。鳩山は、総理就任一ヵ月後の時点で、北京で行われた日中韓首脳会談に際して、「今までややもすると、米国に依存しすぎていた」と語っている。この言葉が示すのは、鳩山が歴代の自民党内閣での対米政策を「依存と追随」の意味合いで評価していたということである。故に、鳩山内閣の対米政策には、「政権交代」の結果として登場したという自負の下、従来の自由民主党主導内閣で展開されてきた「依存と追随」の対米政策を転換し、そのことを以て「緊密にして対等な日米関係」の樹立を目指す意識が働いているのであろう。しかし、そうした意識こそが、現下の日米同盟における「不安」と「軋み」を招いている要因である。そのことは、次に挙げる二つの観点から説明できよう。

第一に、鳩山の認識とは裏腹に、過去の自民党政権下の対米政策は、その濃淡の差はあれ、「緊密にして対等」であることを目指すものであった。ただし、そうした安全保障に絡む諸々の政策は、常に、現行憲法典、財務や国内世論の制約、そして政策の実効性への考慮との兼ね合いの中で、細心の注意の下に進められる他はないものであった。普天間基地移設に絡む案件に関しても、キャンプ・シュワブ沖移設を趣旨とする日米両国合意とは、過去十数年に渉って組まれてきた「寄せ木細工」のような所産であった。そうした「寄せ木細工」を「政権交代」に伴う酩酊の中で御破算にして、それを組み直す試みに四苦八苦しているのが、鳩山内閣の発足半年余り後の姿である。これに加えて、鳩山を含む多くの民主党政治家からは、「米国からの離反」を考慮していると解される発言が続出している。「緊密にして対等な日米関係」や「日米同盟の深化」といった言葉と実際の行動には、相当な乖離がある。鳩山内閣における対米姿勢は、結果としては日米同盟における日本の「可測性」を著しく減殺している。鳩山内閣は、主観的には、「緊密にして対等な日米関係」を模索しながら、客観的には、それを成り立たせる「可測性」の基盤を切り崩しているのである。

第二に、普天間基地移設に絡む案件に関する議論が示すように、鳩山内閣発足以降、日本が対米政策の文脈で発している言葉は、基調としては、自らの負担の軽減を訴えるものに終始している。鳩山内閣は、対米同盟の「深化」を促す具体的な施策として、「地球温暖化防止」や「核拡散防止」を軸にした提携を提起しようとしていた。確かに、バラク・H・オバマは、大統領就任直後から「グリーン・ニューディール」構想や「核兵器のない世界」構想を示してきた。そうした事情を踏まえれば、鳩山内閣における「地球温暖化防止」や「核拡散防止」といった政策案件の強調は、オバマの政策構想に呼応する意味合いを持つものと説明するのは、決して無理ではなかった。しかし、オバマは、ノーベル平和賞授賞式典の折の演説で、「平和を維持する上で、戦争という手段にも果たす役割がある」と明確に語っている。オバマが鳩山とともに「変革」を唱えて政権を掌握したとしても、そのことは、日米両国を取り巻く安全保障環境の「変革」を意味したわけではない。オバマが認めたように、「世界の安全保障における米国の責務が消えることは決してない。ただ、脅威の拡散が進み、任務もより複雑化した世界では、米国は一国だけでは行動できない」のは、客観的な現実に他ならないからである。鳩山内閣は、こうした方向での対米提携の方針を何ら提起していない。鳩山内閣においては、環境保護や難民救済のように、軍事に直接に関わらない政策課題の強調は、テロリズム制圧や海賊対処のように、軍事が関らざるを得ない政策課題への取り組みを手控える口実として機能している。こうした情勢は、日米同盟が「深化」を遂げるどころか、一九九〇年代に比べても退行していることを示しているのである。

振り返れば、麻生太郎前内閣期に政府部内の議論を踏まえ提出された「安全保障と防衛力に関する懇談会」報告書では、集団的自衛権行使の許容、武器輸出三原則の緩和、敵基地攻撃能力の保持、PKO(国連平和維持活動)参加五原則の再考といった政策対応が提案されていた。鳩山内閣の下でも、「新たな時代の安全保障と防衛力に関する懇談会」(座長・佐藤茂雄京阪電鉄最高経営責任者)が設置され、先刻、議論が始動している。しかし、鳩山が標榜する対米同盟の「深化」を促す文脈で手掛けられるべきことは、麻生内閣時の報告書で既に提示されている。麻生前内閣の執政末期から鳩山内閣発足半年余りを経た現在までに、日本は「政権交代」に伴う劇的な国内政治環境の変化を迎えたけれども、日本を取り巻く安全保障環境は顕著に変化したわけでもない。目下、日本が考慮すべきことは、そうした安全保障政策上のメニューに関して、「何を実行するか」ではなく、「どのように実行するか」ということに他ならない。

鳩山内閣の対米政策における最たる困難は、その「どのように実行するか」ということに明確な方針を持っていないことに因るのであろう。

戦争の「遺産」

米国映画『父親たちの星条旗』（監督／クリント・イーストウッド、出演／ライアン・フィリップ、ジェシー・ブラッドフォード、アダム・ビーチ、制作／二〇〇六年）は、本稿冒頭で言及した映画『硫黄島からの手紙』に併せて二部作を成す作品であるけれども、それは、硫黄島での戦闘に参加し硫黄島擂鉢山頂上に星条旗を掲げた海兵隊兵士の軌跡を扱っている。米国海兵隊は、ガダルカナル、タラワ、硫黄島、さらには沖縄といった太平洋上の島々を舞台にした対日島嶼戦闘を経ながら、軍事組織としての体裁を整えていった。そして、海兵隊は、朝鮮戦争時には、ダグラス・マッカーサー（当時、連合国軍最高司令官）麾下で仁川上陸作戦が発動された折の主力として投入された。戦後、特にアジアや太平洋における米国の軍事展開の基幹を成したのは、海兵隊の機能である。

故に、前に触れた「アジア・太平洋地域における安定と繁栄」を担保しているのも、海兵隊の機能である。沖縄に集中する在日米軍部隊の中核が海兵隊である事実は、そのまま沖縄が占める安全保障上の価値の重さを説明している。

現下、普天間基地移設に絡む案件が紛糾を来たしているのは、それが、どのように海兵隊の機能を維持するかということと密接に結び付いているからである。しかも、普天間基地は、現在でも「休戦」

状態でしかない朝鮮半島情勢の急変に備えて、米国の他にも英仏伊加豪といった「国連軍」参加各国の拠点となる国連軍指定基地としての性格をも持っている。普天間基地の移設は、たんなる一つの基地の扱いに留まらない重みを持つことになっている。

このように、第二次世界大戦中は、日本を相手に死闘を繰り広げた海兵隊は、戦後には日本の「平和と繁栄」を担保する組織の一つとなり、日本は、その機能を黙々と支えた。海兵隊という組織を軸として観れば、戦後の日本の「平和と繁栄」は、日米両国の戦闘経験という「遺産」の上に成り立っているのである。

故に、永井陽之助（政治学者）が既に四十余年前、著書『平和の代償』（中央公論社、一九六七年）中、学徒出陣で応召した「戦中派」世代としての感慨を多分に反映させながら残した次の記述は、こうした戦争の「遺産」への認識に重ね合わせれば、誠に印象深い。

「もし、〝大東亜戦争〟に、なんらかの歴史的意義があったとすれば、それは、……太平洋という海洋をはさんで相対峙した二大海軍国が、心から手を握るために、支払わねばならなかった巨大な代償であったという点に求められる。……留意しなければならない国防と外交の第一原理は、米国を敵にまわしてはならない、ということである。この根本を忘れるならば、あの太平洋で散った英霊の死をまったく犬死にすることになろう」。

実際、戦後の日米両国は、そうした永井の認識に沿う体裁で同盟に基づく協力の実績を積み重ねてきた。たとえば阿川尚之（法学者）が著書『海の友情——米国海軍と海上自衛隊』（中公新書、二〇〇一年）中で紹介したように、内田一臣（第八代海上幕僚長）は、米国に対する複雑な感情を抱きながら戦後に渡米した折に、映画『父親たちの星条旗』でも触れられた「硫黄島メモリアル」の前で流した涙とともに、その感情を氷解させ、日米同盟の基底を支えるのに尽力した。映画『硫黄島からの手紙』劇中、栗林忠道が発した「（日米両国は）最高の同盟国になるでしょう」という台詞は、内田を始めとする多くの「日米同盟の現場の人々」の努力の方向を指し示していたのである。

どのように日米関係百六十年の「経験」を活かすか

二〇一〇年は、日米同盟半世紀の節目であるけれども、三年後の二〇一三年は、マシュー・C・ペリーの浦賀来航以来百六十年の節目である。日米両国は、同盟の半世紀の前に、既に百年を超える交流の時間を刻んだ。半世紀に達した日米同盟が「史上最も成功した同盟」と評されるならば、それは、協調と軋轢を織り成した同盟以前の百年の歳月の蓄積の上に成り立っている。

たとえば、映画『硫黄島からの手紙』劇中に登場する栗林忠道が米国に滞在していた昭和初年、日米関係は、一つの転機を迎えていた。既に一九二四年に成立していた排日移民法は、日本国内に米国に対する反発の感情を惹き起こし、日米関係における「緊張」を招いた。

他方、排日移民法成立の三年前、日本では童謡「青い眼の人形」(作詞/野口雨情、作曲/本居長世)が発表され、世に流行していた。

「青い眼をした人形は　アメリカ生まれのセルロイド……やさしい日本の嬢ちゃんよ　なかよくあそんでやっとくれ」

後に昭和に入って、米国から一万二千体を超える「青い目の人形」が贈られた。日本でも米国でも、政治上の「緊張」を緩和する努力は、続けられたのである。こうした人形の大部分は、戦時中には「鬼畜米英」の象徴として破却処分にされた。ただし、それにもかかわらず、三百体余りの人形は、破却を免れ戦後にまで残された。戦時中に呼号された「鬼畜米英」の建前にもかかわらず、戦前までの日米交流の時間の「芳しさ」を本音として忘れなかった人々は、相当な程度まで存在したのである。こうした多くの人々の「本音」こそが、戦後の日米関係の揺籃になったのである。

この百六十年近くの時間に湛えられた「経験の蓄積」は、日米同盟の次の半世紀、あるいは日米関係二百年の節目に向けて、どのように活かされるべきか。「どうせ同盟は壊れない」といった類の愚かな予断や安逸に堕ちることなく、そうした問題意識の下での思考と行動を自覚的に続けていけば、戦後日本の「平和と繁栄」を裏付けた日米同盟の効果は、長く保たれることになろう。

（付記）本稿を執筆したのは、二〇一〇年四月であった。本稿でも論じたように、鳩山由紀夫は、「対等で緊密な日米関係」を標榜したけれども、在沖米軍普天間基地移設案件の経緯に示されるように、実際の対米政策は迷走を極めた。

結局のところは、鳩山は、基地移設に関して「県外移設」という当初の方針を貫徹できず、「キャンプ・シュワブ沖移設」という自由民主党主導内閣時代の案と大差ない案で落着させることを決断した。こうした鳩山の決断を前にして、連立内閣の一翼を担いながら「国外移設・県外移設」を唱えてきた社民党は、連立内閣から離脱した。社民党の連立離脱は、実質上、鳩山の政権運営に引導を渡した。鳩山の政権運営を頓挫させたのは、対米政策の「失敗」だったのである。

鳩山の執政を継いだ菅直人は、総理就任直後の所信表明演説に際して、本稿でも言及した永井陽之助との縁に触れながら、『「現実主義」』を基調とした外交」を標榜することを表明した。ただし、菅における「現実主義」の意味は、定かではない。

永井は、日本における外交・安全保障政策の第一の原理が、「米国を敵に回さない」ことであると指摘し、日本の安全保障上の努力が、この「米国を敵に回さない」という原理に結び付いていると説いた。鳩山から菅に首班が交代した民主党主導内閣の対外政策においては、このことへの理解は適切に反映されるであろうか。そして、どのような具体的な努力が示されるのか。それは、菅における「現実主義」の真贋を占う上で注視に値する材料であろう。

誰が、何を、守るのか
【地域統合の時代における日米安保】

大中一彌

筆者の専門は政治学である。しかし、対象とするおもな地域はフランスやヨーロッパである。したがって、日米安保や基地の問題をめぐる歴史的等々の考察は、重複を避ける趣旨からも各分野の専門家にゆずりたい。この文章では、フランスやヨーロッパという第三者的な視点を挟むことにより、日本とアメリカという愛憎相半ばするカップルの「見つめ合い」とは異なる安全保障のヴィジョンについて素描する。そして、そうした素描にあたっての軸として、「誰が」「何を」守るのかという問いを発しながら、議論を進めてゆく。

「誰が」守るのか?

視点をフランス一国（ヨーロッパではなく）に置いた場合、日本とフランスの安全保障政策は好対照をなしている。よく知られているように、フランスは、国連安全保障理事会の常任理事国であり、戦略核兵器および空母を保有している。安全保障理事会の常任理事国という地位そのものは、第二次世界大戦における連合国側の主要国という経緯に負うところが大きい。とはいえ、経済規模において優位に立つドイツを上回る防衛予算を例年支出しているといった事実は[1]、国際社会における独自の政治的軍事的プレゼンスを追求するフランス政府の伝統的な態度を反映している。この態度は、政治史等の分野の研究において、第二次世界大戦の連合国側による終戦処理の過程から自由フランスが排除されたことを指す、いわゆる「ヤルタの屈辱」や、脱植民地化の過程における影響力の低下に抗してドゴールが推進した、米ソとは異なるいわゆる「第三極」を志向する政策と関連づけて説明されることが多い。近年、旧フランス領のアルジェリアや太平洋の島嶼における、核実験による現地住民や軍人・軍属の被害が明らかになってきているが、そうしたかつての人的被害、そして現在の予算上の制約にもかかわらず、なお独自の核武装を維持しようとする姿勢は、政府レベルにおいて基本的に変っていない[2]。

わが国の文脈では、このようにいうと、あたかも筆者が日本政府の「主体性」のなさをあげつらっているように響くかもしれない。すなわち、日本のいわゆる一国平和主義にたいして、フランスを模範とするいわば一国核武装論を対置するものであるかのように、解釈される余地がある。しかしながら、筆者の立場は、そのような一国核武装論（こうした捉え方は、フランス国内における軍国主義への批判や、NATOやEUといった要因を考慮に入れていない）を称揚するものではない。

筆者自身の立場を押し出す前に、必要な手続きとして、わが国の論壇に左右を問わず見られる「主体性」論について、肯定的に評価できる点をあえて簡単にまとめておきたい。戦後日本における安保「主体性」論とは、吉田茂から田中派支配にいたる、冷戦終結以前の自民党政権を特徴づけてきた、ある自己欺瞞を撃つものであるように思われる。すなわち、いわゆる保守政治家の多くが、沖縄を中心として全国に配備されているアメリカ軍部隊を、「番犬」や「傭兵」といった比喩（メタファー）を用いながら語ってきた。例えば、かの思いやり予算というネーミングを発案したとされる金丸信は、「（米軍を）傭兵として使うんだから、駐留費ぐらい出せばいいいんだ」と述べていたという(3)。しかしながら、このような比喩には自己欺瞞がある。日米安保体制の歴史的現実をふりかえるとき、中途から金主に近い立場を占めるにいたった日本であっても、その「番犬」「傭兵」を追い出すということは、不可能であった。費用負担はほぼ強制的に求められたのであり、また、米国以外の信頼できる同盟国を周辺にもたない日本には、事実上選択の余地はなかった。日本の領土上に駐留するアメリカ軍部隊を「番犬」や「傭兵」と形容することは、このような意味において、政治的軍事的には従属的なみずからの地位にかんする、日本の側の自己欺瞞の域を出るものではない。

わが国の論壇に左右を問わず見られた「主体性」論の功績は、政治権力によるこのような自己欺瞞を撃つ点にあった。そして、いくつかの日米安保改訂五〇周年記念本は、日本人としての「主体性」を回復せよという型の批判を今日でも繰り返している(4)。しかしながら、この種の「主体性」論にも、危うさがある。すなわちそれは、竹やりでB29爆撃機を撃墜せよというのに似た、いたって通俗的な精神論なのである。いわゆるハイ・ポリティクスとしての強い意味における国際関係（インター・ステイト・システムとしての）について、具体的なデータに基づく議論を展開するというよりは、むしろテレビ番組のコメンテーター風に「気概」「自立の覚悟」を歌い上げることのほうに、この種の「主体性」論は力点を置くものであるようにみえる。この意味では、大塚英志が『非武装中立論』（石橋正嗣著）の復刊に寄せて記しているとおり、「この国の安全保障論は『武装すること』が男らしいとか一人前といったおよそ政治論ではない、あくまでも個々人のアイデンティティとして処理されなくてはならない問題が実は感情的な支えとなっている」場合がいまだに多く見られる。[5] また、道場親信は、「米兵相手に身体を売る女性たちをシンボルとする『犯された日本』という「性的なメタファー」が暗示する、男性的な主体性の回復というモチーフが、一九五〇年代の反基地闘争において、一定の役割を果していたことを指摘している。[6]

「何を」守るのか？

ひるがえって、アメリカ側からものごとを見るならば、結局のところ片務的な日米安保体制によって何が守られているのかということは、じつは自明な事柄ではないと思われる。また、アメリカ側といっても一枚岩というには程遠い。しかし、そのような複雑さを勘案に入れてもなお言いうるのは、日本側のリーダーたちが、自国の頭越しに米中が手を組むという事態を恐れてきたのと同じ程度に、米国の歴代政権もまた日本の中立主義的傾向を危惧してきたということである[7]。言い換えるならば、この水準でアメリカにとって防衛することが問題になっているのは、かつてならば対ソ連、現在ならば対中国を基軸とする、アメリカを中心とした同盟国とのいわゆるハブ・アンド・スポークの二国間関係に支えられた、米軍部隊の前方展開のネットワークに他ならない。

フランス一国の視点を想定するとき、米軍基地のグローバルなネットワークを「公共財」と呼ぶことは難しい[8]。じっさい、「公共財」という呼称は、端的に言って、あまりにもアメリカ寄りの呼称であろう。しかしながら、内向きの精神論という色彩が濃い「主体性」論に比べるならば、グローバルな力関係の中に基地問題(日本国内の基地を含めた)を位置づける議論は、安全保障を論ずるさいに不可欠と思われる「自己の客体化」の要素を含んでおり、みずからの力量のより客観的な理解にむかって発想を開いていく効能があると思われる。

この点で重要なのは、先に挙げた思いやり予算のような、米軍基地を受け入れているホスト国による支援の問題である。ケント・E・カルダーが示すように、クウェートやサウジアラビアのような親米のアラブ産油国、あるいはドイツやイタリア、韓国と比べても、日本政府による基地への費用負担は、支出対象となる項目の幅広さ(地主への基地の賃貸料も負担)、駐留経費に占めるホスト国による負担率の高さ(七〇〜八〇%)、負担率の長期的安定性(九〇年代中盤〜二〇〇〇年代初頭でほぼ不変)といった点で、群を抜いている。カルダー自身が危惧しているとおり、九・一一以降の対テロ戦争とは比較的離れた位置にありながら、米軍に手厚い支援をしている日本、ドイツ、韓国が、人口の高齢化などに起因する財政圧力の高まりにより基地受け入れ支援のための予算を削減する場合、米軍の海外基地網が存続しうるかいなかは、微妙なところであろう[9]。

そして、狭義の政府財政から、もう少し広い意味での経済に目を転ずるならば、アメリカにとって守るべき利害としては、自国の軍需産業がある。良く知られているように、一九七〇年代以降のアメリカの第二次産業の相対的な衰退にあって、軍需産業はソフトウェア開発など新たな技術領域も取り込みつつ、国際的な優位を保ってきた。しかしながら、冷戦の終結は、一九九〇年代前半における欧米各国の軍事費削減をもたらした。作家の広瀬隆によれば、一九九一年の湾岸戦争は、軍需の縮小にともなう失業者を救済するために引き起こされたという[10]。個々の事実関係については留保が可能であるにせよ、わが国の公共事業にも似た、事業の合理的な必要性が疑われるような規模に、アメリカ軍、およびこれを支える軍需産業が達していることは、いわゆるミサイル防衛構想が、それがかかえる技術的困難にもかかわらず、同盟国を巻き込みながら続行されていることからも、見て取ることができよう。とりわけ装備調達の面を中心に、自衛隊は、人脈、産業上の利害、軍事予算の組み方のいずれの点でも、アメリカのグローバルな軍事ネットワークの下請け的な存在となっている。

逆説的なことではあるが、このように「経済的パワーに偏倚した」日本と、アメリカ合衆国との結び付き――加藤哲郎のいう、単なる二国間の関係を越えた密度をもった結合形態としての「ジャパメリカ」[11]――こそ、おそらくは、統合ヨーロッパと性格の似通った、比較可能な次元（国家主権の部分的譲渡）をなしている。もちろん、このように言うとき、すぐさま認めなくてはならないのは、独仏同盟を主軸とする欧州石炭鉄鋼共同体から現在のヨーロッパ連合にいたる統合のプロセスにあって、欧州防衛共同体をかたちづくる試みは、むしろ失敗の連続だったということである。[12] 図式的に述べるならば、冷戦期におけるヨーロッパ経済共同体(EEC)の成立と発展は、安全保障面における北大西洋条約機構(NATO)による裏付けが前提となっていた。そして、いうまでもなく、NATO、とりわけその中核をなす軍事部門は、伝統的に、欧州連合軍最高司令官(SACEUR)をアメリカ軍将官が占めることからも明らかなように、最終的には合衆国の指揮下にある。またたとえ、核武装すら辞さないドゴールのフランスが、「第三の極」を目指してNATOと距離を置くことがあったにせよ、ヨーロッパ大陸上の通常兵力が旧ソヴィエト連邦を中心とする旧ワルシャワ条約機構軍に有利であったことは否めず、局地的な通常兵器による紛争を、即座に核戦争にエスカレートさせる用意があるのでなければ、現実問題としてアメリカからの通常兵力の増援を期待しないわけにはいかないのは、核兵器の出現以前におけるのとさして変らなかった。つまり、フランスを含めた西ヨーロッパ諸国であれ、日本であれ、経済的にアメリカと競争することはありえても、軍事力でアメリカと対等な基盤に立てたことは、第二次世界大戦の終結このかた、一度もないのである。

しかしながら、今日の西ヨーロッパと日本を分けるひとつの相違として、西ヨーロッパにおいては、正規軍同士の衝突する主権国家間の戦争が、もはや起らないように見えるという事実がある。もちろん、こうした事実は、自然現象のように発生したわけではなく、「大西洋からウラル山脈」にいたる地域において、冷戦の終結以前から、軍備管理や信頼醸成のためのさまざまな仕組みが創られてきたことと関連している。東アジア地域の冷戦構造の緩和という視点から、日本のマスメディアは、自国だけでなく韓国や中国そして東南アジア各国の世論にたいして、中長期的な議論の場を提供し、制度の具体化を呼び掛けるべきではないだろうか。

ちなみに、NATO創設六〇周年を前にして、独仏首脳は「今日いかなる国も単独では世界の諸問題を解決できない」という共同声明を発表した。[13] そして、同じ声明のなかで、独仏共同部隊に属するドイツ軍兵員のフランス国内における駐留も発表している。既に述べたように、安全保障面でのともすれば従属的となる対米依存の構造は、日本だけでなく西ヨーロッパにおいても存在している。しかし、地域的な安全保障の枠組を作り出す地道な努力が、EU各国の安全保障にとっては一定の成果を挙げてきたことも事実である。こうした意味で、「今日いかなる国も単独では世界の諸問題を解決できない」という一文は、けっして単なる外交辞令にとどまるものではない。この一文はむしろ、日米安保が今でも存続していることから来る私たちの困惑と、相通じる質を帯びた困難に取り組もうとする、西ヨーロッパの側の政治指導層の意志の表れである。

最後に、日米安保をめぐる筆者の立場をまとめておきたい。

日本、台湾、韓国などからなるいっぽうの陣営と、中国、北朝鮮を含めたもういっぽうの陣営とからなる東アジアの冷戦構造は、日米安保体制によって乗り越えうるものではない。なぜならば、日米安全保障条約は、この視点からするとき、状況に対する処方箋というより、むしろ冷戦構造という状況の一部をなしてしまっているからである。

ところで、いわゆる「リアリスト」の国際関係論が私たちに教えるのは、ある覇権の構造が次の覇権の構造に移るとき、大規模な戦争を伴わないことは歴史上まれだ、ということである。私たちは、覇権をめぐる緊張が、この地域で軍事的に暴発することを阻止することができるだろうか。

この問いとのかかわりにおける筆者の立場は、日米安保が「東アジアの安定に寄与する」と主張することにはまったくない。むしろ、筆者の立場は、すでに述べたように、日米安保が解決されるべき問題の一部をなしてしまっているという主張にある。そしてさらに、ヨーロッパの文脈との比較でいうならば、かつての全欧安全保障協力会議（CSCE）に見られたような、冷戦構造をなす二陣営の双方を取り込んだ制度を構築し、地域の分断を乗り越える試みのなかにこそ、日本にとっての客観的な「インタレスト」が存在していると、現時点において筆者は考えている。

注

（1）フランス国防省『国防統計年鑑二〇〇八〜二〇〇九』第五章（URL:http://www.defense.gouv.fr/sga/content/download/157836/1362987/file/Chapitre%205.pdf）

（2）二〇〇七年九月の独仏サミットにおいて、サルコジ大統領からメルケル首相に、フランスの核攻撃力へのドイツの何らかのかたちでの参加の呼びかけがなされたと報道された。この提案にたいし、ドイツ側は拒否を伝えたとされるが、提案の詳細は不明である。

（3）豊田祐基子『「共犯」の同盟史——日米密約と自民党政権』岩波書店、二〇〇九年、二一七頁。

（4）例えば、西部邁・宮崎正弘『日米安保50年』海竜社、二〇一〇年。

（5）石橋正嗣『非武装中立論』大塚英志解説、明石書店、二〇〇六年。
（6）道場親信『抵抗の同時代史――軍事化とネオリベラリズムに抗して』人文書院、二〇〇八年、三九頁。
（7）例えば、マイケル・シャラー『「日米関係」とは何だったのか――占領期から冷戦終結後まで』草思社、二〇〇四年、二〇〇頁以降、を参照。
（8）例えば、つぎのURLを参照されたい。http://www.jfir.or.jp/j/special_study/security_pact.pdf
（9）ケント・E・カルダー『米軍再編の政治学――駐留米軍と海外基地のゆくえ』武井楊一訳、日本経済新聞出版社、二〇〇八年、第八章、を参照されたい。
（10）広瀬隆『アメリカの巨大軍需産業』集英社新書、二〇〇九年、一六八頁。
（11）加藤哲郎『ジャパメリカの時代に――現代日本の社会と国家』花伝社、一九八八年。
（12）金子譲『NATO北大西洋条約機構の研究――米欧安全保障関係の軌跡』彩流社、二〇〇八年。
（13）Angela Merkel et Nicolas Sarkozy, « La sécurité, notre mission commune », *Le Monde*, 03/02/2009.

主権譲渡としての憲法九条と日米安保

平川克美

憲法と安保をめぐるねじれ

少し前の話だが、『朝日新聞』に憲法九条に関しての寄稿を依頼され、「理想論で悪いのか」と題する小文を寄稿したことがあった。その文章の中でわたしは、憲法の効果として戦後六十年間一度も、他国と戦火を交えず、戦闘による犠牲者を出していないことを挙げた。

この小文に対しては、読者から思いのほか多くの賛同と批判が寄せられ、わたしは改めてひとびとの関心の高さを認識した。くだんの憲法の効果ということに対して、最も多かった批判は戦争を回避できたのは憲法があったからではなく、日米安保条約のお陰であるというものであった。本稿では、この批判に対してのわたしの考え方を述べてみたいと思う。

まずは、元になった小文を少し長いが全文引用したいと思う。

　国論を二分するような政治的な課題というものは、どちらの側にもそれなりの言い分があり、どちらの論にも等量の瑕疵があるものである。そうでなければ、国論はかようにきっぱりとは二分されまい。国論を分けた郵政法案の場合も、近頃かまびすしい憲法の場合も、重要なのはそれが政治課題となった前提が何であったかを明確にすることであり、第三の可能性が何故排除されたかについて配慮することである。政治は結果であるとはよく言われる。仮に筋の通らぬ選択をしたとしても、あるいは個人の心情がどうであろうとも、結果において良好であればよしとするのが、政治的な選択というものだろう。ただし、結果は結果であって、希望的な観測ではない。アメリカのイラク介入の結果を見るまでもなく、しばしば自分が思うことと違うことを実現してしまうのが、人間の歴史というものである。

　その上で、憲法改正の議論をもう一度見直してみる。戦争による直接の利得がある好戦論者を除外すれば、この度の改憲問題は反対派も賛成派も平和で文化的な国民の権益を守るという大義によってその論を組み立てている。護憲派は、広島、長崎に被爆の体験を持つ日本だからこそ、世界に向けて武力の廃絶を求める礎としての現行憲法を守ってゆくべきであると主張し、改憲派は昨今の国際情勢の中で国益を守るには戦力は必須であり、集団的自衛権を行使できなければ、国際社会へ応分の責任を果たすこともできない、と主張する。なるほど、どちらにもそれなりの正当性があり、等量の希望的な観測が含まれている。しかし将来起こりうるであろうことを基準にして議論をすれば、必ずこうなるわけである。では、確かなことはないのかといえば、それは戦後六十年間、日本は一度も戦火を交えず、結果として戦闘の犠牲者も出していないという事実がこれにあたる。政治は結果と効果で判断すべきというのであれば、私は、この事実をもっと重く見ても良いのではないかと思う。これを国益と言わずして、何を国益と言えばよいのか。

「過去はそうかも知れないが、将来はどうなんだ」と問われるであろう。現行の憲法は理想論であり、もはや現実と乖離しているといった議論がある。私は、この前提には全く異論が無い。その通りだ。確かに日本国憲法には国柄としての理想的な姿が明記されており、それを世界に向けて宣言したという形になっている。理想を掲げたのである。そこで、問いたいのだが、憲法が現実と乖離しているから現実に合わせて憲法を改正すべきであるという理路の根拠は何か。もし、現実の世界情勢に憲法を合わせるのなら、憲法はもはや法としての威信を失うだろう。憲法はそもそも、政治家の行動に根拠を与えるという目的で制定されているわけではない。政治家が変転する現実の中で、臆断に流されて危ない橋を渡るのを防ぐための足かせとして制定されているのである。当の政治家が、これを現実に合わぬと言って批判するのはそもそも、盗人が刑法が自分の活動に差し障ると言うに等しい。現実に法をあわせるのではなく、「法」に現実を合わせるというのが、法制定の根拠であり、その限りでは、「法」をないがしろにする社会の中では、「法」はいつでも「理想論」なのである。

ここまでが投稿記事（二〇〇七年一月十二日付）の引用である。

さて、日本の戦後の平安を守ったのは、上記に書かれているように憲法なのではなく日米安保条約があったからだということに対して、わたしはどう答えるべきだろうか。いや、すでに答えは用意してある。その通りだと言えばよいのだと思っている。矛盾しているように聞こえるかもしれないが、この二つの事案が矛盾しているように見えるということにこそ憲法と日米安保条約の持っている問題が集約されている。

憲法と日米安保は矛盾していない。上記の引用文の憲法九条のところをそのまま日米安保条約と置き換えてもほとんど筋は通るはずである。日米安保条約に対する賛成派も、反対派も日本の国民の安全と平和、つまりは国益を守るという大義によって、論を組み立てているところはまったく同じである。そして、将来起こりうること、例えば北朝鮮の暴発とか、中国の軍事大国化、あるいは日米関係の悪化といったことを考量して、日米安保条約の是非を論ずるならば、おそらくは賛成派、反対派のどちらにも幾分かの正当性があり、同時に双方に等量の希望的観測が混入してくるというのも同じである。将来起こりうるかもしれない戦争を根拠に、現在を語るのは軍人的思考である。そこには、戦争を待望する希望的観測が紛れ込まないとは限らない。ひとつだけ確かなことは、戦後六十数年におよんで日本が侵略の脅威にさらされてこなかったということであり、結果として戦闘による死者を出していないということを重く見るべきだということも憲法、安保どちらにも当てはまる文人的思考から導かれる。

ただ、終盤の憲法が理想論だとするところだけは、変更する必要がある。憲法には確かに理想論が含まれているが、日米安保条約は理想論から導き出されたものではないからだ。それでも、結果としては憲法で掲げた非戦の歴史を担保するという性格を担ったとはいえるのかもしれない。

日米安保条約が当初もっていた意味は時代とともに変化してきている。六〇年の新安保条約締結時のアジア情勢は、ベトナム、台湾の緊張など共産主義の膨張が現実の脅威として存在しており、安保条約に基づく在日米軍はこれににらみを利かせる防波堤の役割を担っていた。七〇年の見直し時は米ソ冷戦の時代であり、日本における米軍基地にはソ連、中国を仮想敵とする地政学上の戦略拠点としての意味合いがあった。しかし、ソ連が崩壊し、日米ともに中国と国交を樹立して久しい現在では、かつてのような仮想敵国との間のイデオロギー的な緊張関係は希薄化している。マッチポンプ的な北朝鮮脅威論と茫洋たる中国牽制論はつねに存在していたとしてもである。勿論それらがまったくの空言だというつもりはないが、過去との比較であれば遥かに戦争の危険性は希薄化しているというべきだろう。

現在の日米安保条約とそれに基づく米軍基地の存在は、軍事・政治的な役割はあるとしてもその戦略的な意味合いは大きく変化してきており、代わって両国においての心理的、象徴的な意味がクローズアップされてきているといえるだろう。世界の多極化の進展の中で、財政が逼迫しているアメリカがこれまでのように膨大な軍事費を拠出しつづけることについて、アメリカは国内世論の反対派を無視できなくなってくる。日本においては沖縄の基地が地方自治によって否認されようとしている。安保は、日米関係の問題であると同時に、それぞれの国内問題でもある。軍事的な問題であると同時に、心理的な問題でもある。

戦後日本において、憲法は主に左翼政党である社会党が支持し、日米安保条約は自由民主党がこれを支えてきた。総じて護憲派は左陣にあり、日米安保条約堅持派は右陣に位置する。しかし、理念的には確かに憲法と日米安保は相反する理念の表象だと言えるかもしれないが、政治的には憲法九条がなければ日米安保条約は存在していなかったし、日米安保条約がなければ憲法は早々に改定されていたかもしれない。憲法と日米安保条約は面立ちこそ異なっているが、その出自は同じひとつの母体であり、戦勝国アメリカによる極東の戦後統治の一環として施行されたワンセットの政策なのである。

もし、憲法と日米安保条約が日本軍国主義を無力化するというひとつの目的を達成するためのワンセットのものであるとするなら、左翼も右翼もこの二つの事案の一方を擁護し一方を否定するという対照的なねじれを当初より抱え込んでいたのである。アメリカサイドから見れば、憲法は日本軍国主義を無害化するために必要なものであり、同時に日米安保条約もまた日本が軍事的に肥大化することを抑制するためには必要なものであったといえる。日本側から見れば理念として相反するかに見える憲法と軍事同盟も、アメリカ側から見れば同じひとつの政策の両面であるに過ぎない。だから憲法九条が戦後日本の平和を守ってきたということが正しい認識だとすれば、日米安保条約が日本の平和を守ってきたという認識も正しく、前者がまったくの空言であるとすれば、後者もまた空言であるといわなくてはならないのである。

矛盾の在り処

ほんとうは、九条も日米安保も戦後日本が平和だったことの排他的な理由ではないし、どちらかが欠けていたからといって結果が違ったかどうかを断定することなどできないと言うべきだろう。もし、現実的な戦後日本の平和の理由を探し出そうとするなら、憲法や安保条約以上に、日本がこの間進めてきた近代化、民主化、都市化によって経済大国となったということのほうが、その直接的な理由として挙げられるべきだろうと思う。どんな憲法や、条約も戦争を抑止することはあっても、平和を積極的に推進しはしない。対して経済的な利得は戦争の抑止というよりは、平和推進のエンジンになるのである。軍事同盟は常に仮想敵を必要としているが、経済交流は軍事的な仮想敵の中にさえ友好的な部分を見つけ出そうとするからである。

日本が経済大国になったということは近隣諸国家との間に、後戻りできない経済交流を築き上げてきたということでもある。多国間の民間組織同士が作り上げた生産と消費の網の目のようなネットワークは、そのまま多国間の紛争のリスクを分散する結果になったのである。

戦争は国家間の紛争解決の手段であり、国家間の紛争とは利害関係そのものの不調によって生じる。子どもの喧嘩と、戦争が異なるのは誰も自らの力を誇示したいという理由や、勝てそうだという理由だけで他国へ攻め入ることなどしたいと思わないということである。帝国主義の時代には、確かに上記のような一面があったことは否定できないとしても、各国の民主主義の発展や、経済交流の進展は、帝国主義的領土の拡大を可能にするような国家同士の経済的・文化的非対称を徐々にではあっても解消する方向に向かわせる。東欧革命とそれに続いたソビエト連邦の崩壊によって世界を二分するイデオロギー対立は消失しており、イデオロギー対立が招来する正規軍同士が角逐する軍事的な対立も事実上消失している。

仮想敵国間の経済交流が一定のラインを超えたとき、仮想敵というコンセプト自体が陳腐化するのである。帝国主義的領土拡大による対立、イデオロギー的対立の時代は、すでに終わっており、代わって経済的、文化的、民族的な軋轢をめぐる地域的な紛争が起こってきている。この小さな紛争の多発は、裏返して見れば敵対国家陣営同士の正規軍が正面から衝突することがもはやできないことを示している。その理由は、述べたとおり経済的なネットワークが、もはや国境を越えて張り巡らされており、国家同士の全面対立はその勝敗に関わらず国益を損なう結果になることを、各国の首脳が知っているからである。政治的、経済的な衝突は国家同士の正規軍の対立を避けて、小さな紛争の形で演劇的・アリバイ的に続けられることになる。おそらく、これから先、沖縄の基地も含めて日米安全保障条約が持っている軍事的意味合いはさらに大きく変化してゆくことになるだろう。いや、前世紀的な軍事的・政治的な意味合いは無化されるといってもよいと思う。

残るのは、日米にわだかまる心理的・象徴的な意味合いである。

平和憲法と、日米安保条約という軍事同盟は、アメリカの極東戦略上なんら矛盾を生じないものであったし、同じひとつの目的によって生まれた。しかし、日本においては一方が平和の礎であり、もう一方はアメリカの軍事的戦略に加担するものであるという矛盾として存在し続けた。どうして、アメリカ側から見て無矛盾的な憲法と安保条約が、日本側から見ると矛盾した存在であったのか。これについて考えることが、日本において今日、憲法と日米安保条約が持つ問題解決の鍵になる。

この二つの事案が矛盾した存在に見えるという理由はひとつしかない。それは憲法と安保条約の矛盾ではなく、日本の主権そのものが孕んでいる矛盾であるということである。あるいは日米安保条約を肯定し、自主憲法制定を主張するものの中にその矛盾は典型的に現れている。日米安保条約を否定し、憲法を擁護するものの中にもその矛盾は現れている。この矛盾のよってきたるところは日本が掲げる理想と日本が陥った現実との間の矛盾ではない。理想と現実が矛盾をきたしているのではなく、戦後日本の主権そのものが宿命的に抱え込んできた矛盾なのだという他はない。例えて言えば、ひとつの商品が二つの価格を持つ一物二価の矛盾である。戦後の日本はそのような一物二価の国家として成長を遂げてきたのである。

つまり、日本は建前上は独立した民主主義国家であるが、同時にアメリカの政治戦略の中に深く組み込まれた属国的な国家でもあったということである。日本は、国際社会の中で、あるいは国内世論を説得する場合においても、この二つの矛盾した位相をその都度好都合に解釈して利用してきたのである。そして、まさにその矛盾した位相を引きずり続けることと経済的繁栄はトレードオフの関係にあった。結果として経済大国となった今日、そのことに多くの日本人が苛立ちを覚えている。大国である以上、一物一価のすっきりとした国家になりたいと考えることは理解できる。だが、矛盾の解消としての憲法改正も、安保条約破棄も、現実的にはアメリカからの主権的な独立ということを意味している。

どちらも、アメリカが最も忌避したい選択であり、アメリカの極東戦略上許しがたいことであると多くのひとが考えている。そして、もしこれらを変更する場合には、それは同時的に行われなければ、本質的な矛盾の解決には至らない。

アジア共同体と主権の譲渡

現実的な選択の可能性を考えてみよう。アメリカとの友好関係をそこねることなく、同時に中国をはじめとするアジア近隣諸国との経済関係を推進しながら、なお日本が独立した民主主義国家としてのポジションを獲得することができるのか。金融ショック以降、覇権に陰りを見せているアメリカと、名実ともに存在感を増している中国との峡間で、中立的な政治選択をし続けるというのは易しいことではない。日本は、今やアメリカ無しではやってこれなかったように、中国も無しではやっていけないのだ。

一方で、日本は二〇〇六年をピークにしてドラスティックな人口減少局面に入っている。このような急激かつ長期的な人口減少を日本社会は歴史上経験したことがない。これから日本に起ることには前例というものがないということを考えなくてはならない。日本が前例踏襲というわけにはいかないように、世界の覇権地図も塗り替えられようとしている。G20の存在感は強まり、戦後六十数年続いてきたアメリカの世紀、一国覇権の世紀が終わろうとしている。これ以後の世界は、これまでの覇権国家同士のパワーゲームから、多極化した経済ブロックによる共生関係へと移行する。わたしたちは、移行期的な混乱のなかで、解き難い問題の前に立っているというわけだ。

しかし、わたしは、解き難い問題を孕んでいたかに見える日米関係の中にこそ、日本が採りうる選択の可能性というものを探ることができるのではないかと考えている。まずは、憲法も安保も当初持っていた意味が変質した今こそ、日本人がもう一度その現在的意味と意義を捉え直す機会であるということである。これまで日本人がやり過してきたのは、時代の変化とともに意味合いを変えてきた戦後的な条約や、法律や、制度といったものの捉え直しであったが、それには理由があった。そのことによる利益以上に、やり過すことの利益が大きかったからである。今はもう、そのように言うことはできない。

日米安全保障条約についての軍事的な意味は、アメリカのそれと日本のそれとでは大きく食い違ってきている。日本は、極東に一旦有事があれば、憲法によって自ら手足を縛っているのでアメリカ軍による日本防衛を期待している。一方アメリカにとっては、日本防衛は視野の外延にあるに過ぎず、遂行上はもっぱら「テロとの戦争」に対する中継、発進、兵站のための施設として利用価値があり、戦略上は対中国に対して睨みを利かせるといった地政学的価値があると考えている。それ以外にも、アメリカの国内問題として、国防省、軍事関連産業の権益を守る上で沖縄からの撤退は大きなダメージを蒙ると考えているものと、沖縄問題は政治的、経済的日米関係にとっては第一義的な問題ではないと考えているものとの対立があるだろう。繰り返すが、両国にとって安保問題、沖縄問題は国際問題であると同時に国内問題でもある。

アメリカも中国も、どちらもなしではやっていけない貿易立国の日本が、国家主権の確立としての憲法の改正、安保条約破棄、再軍備へ向かうことは、変転する国際情勢の中ではもはや時代遅れであると言わざるをえないとわたしは思う。ヨーロッパ共同体がそのひとつのヒントだろう。地域的な政治・経済共同体が可能になるためには、関係各国が国家の枠組みを超えた機関に主権を譲渡してゆく必要がある。アジア共同体にアメリカが入るかどうかはひとまず措くとして、アメリカも中国も自国の主権を譲渡するという考え方を推進することは難しそうである。

アジア共同体ができるまでは相当の曲折を覚悟する必要があるだろうが、その最低の条件はこの共同体に参画する国家がそれぞれ主権の一部を譲渡することができるかどうかにかかっている。もし、軍事的主権、政治的主権の一部を共同体に譲渡することを率先してできる国があるとすれば、それはこれまでその両方をアメリカに事実上譲渡してきた日本の経験知が生かされるはずである。

アメリカ抜きのアジア共同体を作るのなら、日本はアメリカとの軍事同盟を破棄し、自主憲法を制定し、自国軍を持つという選択をするということになるのかもしれない。それはアメリカもアジア諸国も望んではいない。アメリカを含めたアジア共同体ということであるならば、これまでアメリカに実質上譲渡していた、軍事的な権力と政治的な主権の一部をアメリカの同意のもとに譲渡先をアジア共同体へと移行することが可能になり、これならアメリカも受け入れることができる可能性がある。しかし、中国はすでにアジアに経済圏を構築しつつあり、アメリカを含めたアジア経済圏を受け入れる必要が無い。アジア共同体構想のネックは、米中関係そのもののネックである。

ここに、両国無しではやっていけない日本が役割を果たす余地がある。安保条約の廃棄ということなら、中国もこれを喜んで受け入れるだろう。しかし、アメリカが受け入れられる形にするために、単純に条約を破棄するのではなく、主権の譲渡先をアメリカ単独からアメリカを含む共同体への移転という代替案を掲げる。単独覇権か、アメリカ抜きのアジア共同体か、アメリカを含めたアジア共同体のどれを選ぶかは、アメリカ自身の選択になる。アメリカがこのような考え方を受け入れられるか否かは、アジア共同体への参画が、中国を仮想敵とした日米軍事同盟以上に重要であると考えるかどうかにかかっている。アメリカ経済の今後の帰趨いかんでは、EUにかつてのソ連圏の国が参加したように、アメリカ合衆国のうちのベイエリアの州政府単位での参加という可能性もまったく荒唐無稽とはいえない。いずれにせよ、そう簡単にはいかないことは承知しておくべきだ。

戦後半世紀以上放置していた日米関係の問題の解決にも、米中対立の問題の解決にも、同等の時間がかかる。紆余曲折があることを織り込んだ上で、遂行的な方向性を示すことが重要だろう。

通貨統合、政治統合へと歩みをすすめてきたヨーロッパ共同体の半世紀の歴史は、戦後ヨーロッパ六カ国による石炭鉄鋼共同体という第一歩がなければ生まれなかった。石炭鉄鋼共同体は、フランスの当時の外相の独仏恒久和平への提言がなければ生まれなかった。

「いや、どんな国家も、平和への理念だけでは動かない。それが国益に利さない行動はしない」と言われるかもしれない。

しかし、日本は軍事的な主権の維持にかかるコストを、産業の振興や福祉に向けることが、大きな国益となることを証明できる稀有な国家である。なによりも、この主権譲渡という考え方を積極的に働きかけてゆくことで、日本が戦後やり過してきた一物二価としての国家を、新しい主権のあり方を主張する統一した理念を持つ国家主体として表現することができる。

V 外からみた日米安保

〈インタビュー〉朝鮮半島からみた日米安保

李鍾元（リージョンウォン）
聞き手＝編集部

本日は、東アジア、とりわけ朝鮮半島の視点からみて、日米安保とはいかなるものであるかについて、ご教示下さい。

朝鮮戦争下の「独立」と安保

まず日米安保という日米の二国間関係を、「地域」と「歴史」の文脈において捉え直すことの重要性を強調したいと思います。とくに必要なのは「歴史」の文脈ですが、さまざまな時間的スパンが考えられる。五年か、一〇年か、あるいは五〇年か。「冷戦以後」か、「戦後」か、あるいは「一〇〇～一五〇年以来のアジアの近代史」の文脈か。とくに過渡期には、さまざまな波長の歴史的変化が重なってくるので、多様な「ものさし」が必要になる。

この条約（旧安保）自体は、一九五一年のサンフランシスコ講和条約と同じ日に締結されました。占領下にあった日本は、安保とサンフランシスコ講和条約（片面講和）、つまり冷戦に加担し、アジアにおける冷戦的分断状況を引き受けることと引き替えに「独立」を許された。

ではなぜこの時期だったのか。それは朝鮮戦争（一九五〇年六月二五日―一九五三年七月二七日停戦）の直接の影響です。アメリカにとっては、サンフランシスコ講和条約も、日米安保も、何よりも朝鮮戦争を遂行するためのものだった。日米安保とサンフランシスコ講和条約、そしてこの二つによって実現した日本の「独立」は、朝鮮戦争と密接につながっている。ここで日本の戦後体制、平和憲法体制も、大きく変質します。

では、別の選択はあり得たのか。少なくとも、歴史をよりよく理解するために、このように問う意味はある。

当時「冷戦」ではなく、まさに「戦争」が行なわれていた以上、「全面講和は机上の空論」と言われても仕方がない。ただ、なぜ一九五一年の時点で急いで講和を結ばなければならなかったのか。このタイミングであれば、日本の「独立」と「戦後体制」が戦争の要素に規定されるのも当然です。アメリカ側からしても、日本を戦争体制に組み込みやすかった。選択肢は限られていたとはいえ、このタイミングを選んだこと自体は、一つの選択であったと言えます。日本側が主体的にこのタイミングを選んだのか、それともアメリカ側の意向か。敢えて言えば、どちらでしょうか。

それはどちらとも言えて、まず日本から見れば、占領の終結と早期の独立が至上課題だった。その意味では、チャンスだった。アメリカにとっては、戦争の遂行が至上課題だった。だからこそ「戦争遂行に支障をきたす」として、もともと軍部は早期の独立に反対だった。結局、アメリカは、円滑な戦争遂行のためにも、むしろ日本の独立と講和の問題を早急に処理する方がよいと判断しますが、日本側も一定の譲歩をせざるを得ず、日本の右派が重視する「国家の自立」という面からも問題のあるような一方的な協定が結ばれる。しかし、これは、当時の状況で講和を進めたことの当然の帰結です。この問題の原点はここにある。

何を基準に評価すべきか

しかし、さまざまな制約の下に結ばれた日米安保も、今日では多くの場合、戦後日本の平和と繁栄に貢献したと評価されている。「安保のおかげで、日本は軽武装で済み、その分、経済発展に力を注ぐことができ、繁栄を謳歌できた」と。けれども、もう一つ問われるべきは、日米安保を土台にして、それぞれの時期ごとに日本が何をやろうとしてきたか、アジアの冷戦を緩和したり、乗り越えるための主体的な努力をどこまでしてきたかです。というのも、吉田茂においてすら、「中国との対立状況も解消する必要がある」と認識されていたのであって、本来、これが戦後日本の課題としてあったからです。

これを考えるためには、少し迂回するようですが、戦後のヨーロッパの歩みとそこでの安全保障概念の変容が非常に参考になる。

NATOを活用した西欧

戦後、疲弊していたイギリスを始めとする西欧諸国は、台頭するソ連と共産主義圏に自力で対抗できないという安全保障上の難題を抱えていた。そこで例えば、イギリスは非常に巧みに振る舞う。一九四六年三月、アメリカ大統領トルーマンに招かれて訪米したチャーチルは、有名な「鉄のカーテン」の演説をする。戦後復員ムードだったアメリカで、「そうではなく、ヨーロッパは共産主義の脅威に晒されて大変だ」とアメリカの危機感を煽り立てた。つまり自分たちの力が足りない分、アメリカを引き込んでその力を利用したわけです。戦後の米欧関係をゲイル・ルンデスタッドというノルウェーの歴史学者は、「招かれた帝国（Empire by invitation）」と呼んでいますが（著書に『ヨーロッパの統合とアメリカの戦略――統合による「帝国」への道』河田潤一訳、NTT出版、二〇〇五年など）、NATOが象徴するように、戦後ヨーロッパの安全保障にアメリカが関与したのも、こうして西欧に招き入れられた側面もあります。そしてNATOのおかげで西欧諸国も、軽武装で平和と繁栄を享受できた。この意味で、西欧にとってのNATOと日本にとっての日米安保はパラレルに考えられる。

その上で、ヨーロッパが何をしたかが重要です。例えばイギリスは、アメリカを引き入れるために、当初、アメリカ以上に冷戦とソ連の脅威を強調していたのに、一九四九年に中華人民共和国が成立すると真っ先に承認する。つまり行き過ぎた冷戦をここでは和らげる方向に動く。朝鮮戦争でも、原爆を使おうとするアメリカを思いとどまらせ、中国との戦争が拡大しないように動く。そして一九五五年には、冷戦緩和のため英仏が外交を展開し、ジュネーブで米英仏ソの首脳会談を開く。

またドイツも、経済復興を果たした一九六〇年代から、主に社民党ブラントの主導で、「歴史問題」を名目に東欧諸国との関係正常化を目的とした「東方外交」を展開する。これは、ドイツが過去を反省したという意味だけでなく、「歴史問題」を逆手にとって東方に食い込んでいくこと、「先行投資」的な意味も持っていた。これが実際、その後の統一の基盤ともなる。

つまり、日米安保に相当するNATOを西欧は非常に有効に活用した。NATOという安全保障の枠組がもたらす平和と経済発展に安住するだけでなく、脅威自体を縮小する努力を重ねた。一方で西欧諸国内での紛争回避のための統合を進め、他方で東欧諸国との関係改善を進めた。その結果、一九七二年には、ヨーロッパの安全保障問題を協議する「ヘルシンキ・プロセス」が始まり、一九七五年には、ヨーロッパの安全保障の枠組となる「全欧安全保障協力会議（CSCE）」が成立する（一九九五年に「欧州安全保障協力機構（OSCE）」に改称）。西欧は、冷戦下においても、NATOを土台にして地域統合と東西の和解を両輪に、今日のヨーロッパの安全保障の枠組の基礎を築いていったわけです。

もちろん、アジアとヨーロッパは大きく異なるところもある。しかし、そもそも近代国家システムもヨーロッパから波及してきたもので、若干の時差を伴いながらも、世界史的な動きにはやはり共通するところがある。またアメリカとの圧倒的な軍事力の格差という非対称性においても、ヨーロッパにとってのNATOと日本にとっての日米安保は同等にみなしうる。ですから日本にとっての日米安保を考える上でも、ヨーロッパとの比較は有意義なはずです。

「安全保障」概念の変容

それから二〇世紀における「安全保障」という概念の変容も踏まえる必要がある。

いまや「脅威に備える」だけでなく、「脅威自体を縮小する」ことも、安全保障の重要な柱の一つとなっている。「脅威に備える」だけでは、冷戦下の米ソのように果てしない軍拡競争となる。相手の脅威に対抗するために自分の軍事力を強めると、相手も当然対抗措置をとる。これによって自分への脅威がさらに高まる。つまり、脅威に備えるための措置が自分への脅威を増大させる。これが、ジョン・ハーツ（ドイツ系ユダヤ人、一九〇八―二〇〇五）の言う「安全保障のジレンマ」です。別に平和論ではなく、リアリズムで考えても、「脅威に備える」だけではジレンマが生じてしまう。

実際、ヨーロッパで今日のような集団的安全保障のシステムが構築されるにあたって、「脅威削減」こそキー・コンセプトとなった。ところが、最近の日本の議論を見ると、安全保障と言えば、「守る」とか「攻める」といった古典的な「国防論」ばかりです。しかし、二〇世紀における軍事テクノロジーの飛躍的発達、冷戦下の果てしない軍拡競争を通じて明らかになったのは、「脅威に備える」こと自体の不合理性です。冷戦期の抑止論にしても、戦争をしないための核武装の正当化であって、大量破壊兵器の時代に、大規模戦争は実質的に不可能になる。だからこそ、理想論や平和論に訴えずとも、不合理な軍拡競争に至らないような「相互安心」（mutual reassurance）がリアリズム的合理性をもち、「信頼醸成」や「透明性」が安全保障上の課題として重視される。

日米安保の意義を考える際も、こうした視点が重要です。いわば安保を「活用」しながら、日本は冷戦を固定化する方向に動いたのか、それとも緩和する方向に動いたのか。単に「安保は大事だ」と繰り返すのではなく、安保を土台に何をしてきたか。この次元を問わないと日米安保の「意義論」も、トートロジーになる。選択肢が他に全くなかったわけではない。いくつかの試みもあった。挫折もあった。そこを振り返ることで初めて、今後の課題も見えてくる。単に「日米安保は日本の平和と繁栄に有効だった」と繰り返すのは、東アジアにおける冷戦的分断状況を前提とする議論です。

朝鮮戦争と日米安保

では、それぞれの節目ごとに日本はどう振る舞ってきたか。

まず先ほども述べたように、日米安保の締結は朝鮮戦争と不可分の関係にある。占領下の日本は、独立国ではないので、ある意味で責任はない。完全に主体的な選択であったとは言い切れないが、しかし、一九五一年のサンフランシスコ講和条約以後、主権国家としての日本は、日米安保の締結を通じて、形式的には朝鮮戦争に直接コミットすることになる。「朝鮮戦争の一七番目の参戦国は日本だ」というブルース・カミングスの言葉があります(『朝鮮戦争』)。初めてこれを読んだとき、目から鱗が落ちる思いでした。当時の駐日アメリカ大使のロバート・マーフィー(一八九四―一九七八)も、「日本なしには朝鮮戦争は遂行できなかった」と言っている。日本が基地機能を担ったのはもちろん、司令部も東京にあった。少なくとも日本も朝鮮戦争の「当事者」とは言えるわけです。この点を踏まえる必要がある。

しかもドイツの分断を思えば、分断されるべきは朝鮮半島ではなく、本来、日本だったのかもしれないのに、日本国民にはそうした「当事者」意識は希薄です。加えてアメリカ側は、鄭敬謨先生が指摘するように、「日本人が中国人や朝鮮人に抱いている民族的優越感を充分利用する必要がある」（ダレス）という認識でした（本書所収「アジアの視点から観た日米安保」）。だとすれば、日米安保を「活用」しようにも、この安保は、その本質からして不可避的に、東アジアの冷戦構造を前提としているのではないでしょうか。

もちろんアメリカは、アメリカなりの視点で日米安保を位置づけていた。ケナンは、常にコストを考えるリアリストですから、中国や朝鮮半島にアメリカが直接関与するのではなく、日本を拠点とする発想の持ち主で、その文脈で日本復興の必要性を説いていた。ですから日米安保も、冷戦を前提としたアメリカの世界戦略の一部であったことは間違いない。

しかし同時に強調したいのは、アメリカの軍事力に依存しつつも、西欧が行なったことはそれに留まらなかったということです。

アメリカは、東西ヨーロッパの接近やヘルシンキプロセスを牽制したり、こうした動きに繰り返し懸念を表明する。しかしイギリス、フランス、ドイツなどは、いかに軍事的に弱くとも、アメリカの軍事力を利用しつつ、自分の利益のために動き、自らの利益に合致するような地域秩序をつくっていった。例えば西ドイツにとって、「冷戦」とは「ドイツの分断」である以上、冷戦の継続は国益にならない。そこで西欧の統合に積極的に加担しつつ、東方にもウイングを広げ、統一の基盤を築いた。

ここで問いたいのは、日本も、そのように日米安保を活用しながら、したたかに日本独自の国益を確保し、この地域を自分の利害に沿った形でつくるための努力をしてきたかどうかです。実際はむしろ逆方向で、その結果として、冷戦構造が今日に至るまで維持されてきたのではないか。あるいは逆に、日本にとって冷戦の継続が国益に叶うのか、叶うとすれば、いかなる意味においてかを冷静に考える必要がある。

新安保と冷戦へのコミット

一九五一年に締結された旧安保は、一九六〇年に改定されます。これが日米安保の第二段階です。ここで日本は一定の対等性を回復する。いわゆる「内乱条項」が撤廃され、事前協議制度の設置、アメリカの日本防衛義務、一〇年という条約の期限（以後は締結国からの一年前の予告により一方的に破棄できる）が定められる。しかし同時に、いわゆる「極東条項」が再確認される。つまりアメリカとしては、一定の対等性を認めるかわりに、冷戦が激化するなかで、この条約の対象地域の拡大に日本政府が同意したのである。

しかし実は、この時期、日本の中にもさまざまな模索があった。反基地運動と共に、一九五〇年代に中ソが台頭するなかで社会主義圏との関係改善も主張された。そういう模索が保守政権内部からも出ていた。

ところが六〇年の安保改定は、こうした動きを一定の方向に封印してしまうわけです。日本は一定の対等性を得ながら、アメリカ主導の冷戦体制の強化に加担し、安保は、単に朝鮮戦争を遂行するための緊急避難的な協定から、冷戦体制の一翼を担う条約に変質する。つまり東アジアの冷戦に日本がより主体的にコミットする構造になり、これが、その後のベトナム戦争への協力にもつながっていく。この構図が約三〇年続きます。

なぜ沖縄に基地が集中したか

ここで一つ指摘したいのは、沖縄に基地が集中した経緯です。

一九五〇年代後半に在日米軍のあり方に変化が生じます。朝鮮戦争時に日本本土に溢れていたアメリカの地上兵力が、安保改定前の一九五七年には、すでに日本本土から引き揚げている。

朝鮮戦争の停戦後、極東米軍の再配置が問題になったわけですが、当初、軍部の主流からは、韓国への駐留は軍事戦略的に問題が多いため、日本を本拠地として使いたいという要望が出る。しかし、当時、日本本土では反基地運動が高揚し、米軍に対する反感も強まっていた。さらに厄介なのは、当時の米軍が核兵器を標準装備し始めたことです。そうした兵力を日本本土に大量に駐留させるのは、政治的に非常に難しくなる。その結果として、最も目につくプレゼンスである地上兵力が、日本本土から引き揚げ、代わりにハワイ、韓国、沖縄に移される。一九五七年の七月には、極東軍司令部も太平洋軍司令部となってハワイに移り、朝鮮戦争を指揮した国連軍司令部も、東京にあったのがソウルに移る。つまり、反米・反核・反基地運動の高まりの結果、政治的判断として、日本本土からは地上兵力がいなくなり、それに伴って韓国や沖縄の軍事的機能がさらに強化されたわけです。いずれにせよ、日本の非核・平和憲法体制と韓国や沖縄の軍事化は一体だった。日本本土では、なかなか実感しにくいことですが、今日の沖縄の基地問題や朝鮮半島と日米安保との関係を考える上でも、押えておくべき点です。

冷戦へのコミットと米中接近

一九六〇年代の日本外交をみると、一九六一年に韓国に軍事政権が成立し、この朴正熙（パクチョンヒ）政権との間で日本は一九六五年に国交正常化を行なう。またベトナム戦争が激化するなかで日本は、後方支援的な協力を行ない、朝鮮戦争時のように戦争特需を享受する。つまり一九六〇年代の日本は、全体として日米同盟と冷戦対立をより強化する方向にコミットする。とくにその傾向は、佐藤政権の時に顕著だった。

ところが一九七〇年代に大きな転換がおこる。米中接近と米中国交回復です。流れを変えたのは、むしろアメリカだった。日本にとっては、アメリカの冷戦戦略に忠実に従っていたなかでの出来事で、ハシゴを外されたようなものです。

今日から見ても、これは一つの教訓と言える。本来、日本自身の利害を考えれば、中国を始めとするアジア諸国との関係改善、東アジアにおける冷戦の緩和と克服は、アメリカよりもむしろ日本が率先して行なってよいことだったわけですから。

樋口リポート

一九八〇年代末から九〇年代初めの冷戦終結で、日米安保は、さらに大きな転機を迎えます。これが日米安保の第三段階です。

ここでもいくつかの選択肢が存在していた。その象徴が「樋口リポート」です。一九九三年八月に誕生した細川政権の下、防衛問題懇談会（座長・樋口廣太郎）が立ち上げられ、「日本の安全保障と防衛力のあり方」（通称「樋口リポート」）が作成される。実際の発表は、一九九四年八月で、細川退陣後のことでしたが（村山政権）、ここで冷戦以後の日本の安全保障が検討され、日米同盟よりも、アジア地域の多角的安全保障を重視するヴィジョンが打ち出された。アジアでもこの間、マハティールが、アジア主義的な東アジア経済グループ（EAEG）の設立を提唱したり、韓国も、「北方政策」を展開し、中国やロシアとの関係改善を進め、アセアン（ASEAN）も、中国との関係を深めていく。つまりアジアにおいて脱冷戦的外交が展開されたわけです。

ところが、「樋口リポート」に衝撃を受けたアメリカは、日本を引き戻すために、急遽「ナイ・イニシアティブ」（一九九五年）をまとめ、これが一九九六年の「日米安保共同宣言」による「安保の再定義」につながっていく。冷戦終結で日米安保は意義を失うどころか、むしろリージョナルかつグローバルな協力のための「日米同盟」としてより強化されるべきだ、とされたわけです。

ここで指摘したいのは、日本の政治的不安定性です。細川政権は、確かに代替案的ヴィジョンを持っていたが、すぐに崩壊してしまう。日本の政治がもう少し安定していれば、脱冷戦のヴィジョンを少しでもプログラム化できたかもしれない。日米安保を維持しながらも、バランスをとりながら、アジアにおける外交の地平を広げることもできたかもしれない。しかし、日本の政治が不安定であったがゆえに、すぐにアメリカの圧力に屈してしまう。

この点がなぜ重要かと言えば、今の状況と似ていなくもないからです。アジアにおける冷戦構造を緩和しつつ、日本自身の利害に基づいた外交を展開するには、何よりも戦略的なヴィジョンが必要です。しかし、ヴィジョンを実現するには、政治もある程度、安定しないとどうにもならない。ただいずれにせよ、過去に「樋口リポート」のような独自のヴィジョンも構想されたことは、銘記されるべきです。

安保再定義と対テロ戦争

結局、日米同盟路線に引き戻された日本ですが、クリントン政権下でこの関係も、「再定義」を経て変容する。まず「安全保障」概念が広義に理解され、北朝鮮の核問題への対応といった旧来の問題に加え、軍事的な対応だけでなく、国境を超えるさまざまな問題、非伝統的な脅威、災害などへの対応といった機能が強調される。

ところが「九・一一」の勃発とその後の対テロ戦争の展開によって、日米同盟も、その軍事的側面が再び強調されます。実際、ブッシュ政権の八年間、日本の安全保障や国際貢献の問題も、もっぱら軍事的文脈で議論されるようになる。それと共に「アジアとの関係改善」よりも「グローバルな貢献」が重視され、アジア諸国との関係改善が停滞する。つまり対テロ戦争、日米同盟の強化、さらに北朝鮮の核・ミサイル実験や「中国脅威論」が加わって、日本の安全保障をめぐる議論は、軍事優先の方向に規定されるようになる。

アメリカの政策転換

そして現在に至るわけですが、アメリカでオバマ政権が誕生し、客観的な状況は、必ずしもペシミスティックではない。アメリカ自身が方向転換をしているからです。テロとの戦いで軍事力のみを重視しては逆効果だ、というのがブッシュ政権八年間の教訓です。ロシアや中国とも協力しながら、対立的な安全保障ではなく協調的な安全保障を志向している。

今後とくにアメリカは中国との関係改善をめざすことになるでしょう。中国はまだまだ不安定で、脅威にもなり得る。しかし、そこで中国を封じ込めるのではなく、むしろ関与し、さらにインテグレーション（統合）していくことで、将来的に中国の脅威自体を減らしていく。これが以前クリントン政権で試みられ、いまオバマ政権が取り組もうとしている民主党的な関与戦略のアプローチです。

今年二月初めに発表されたＱＤＲ（「四年ごとの国防計画見直し」）でも、そうした姿勢が確認できる。

これについて日本では「中国の脅威を強調している」といった論調の報道でしたが、よく読めば、「中国の透明性を高める」「中国を正しい方向に導く」という点にこそ重点がある。つまり新冷戦的な発想からの転換です。中国も組み入れた形でのアジアの安全保障システムを構築する方向をアメリカは模索しているのであって、本来、日本がやるべきことをアメリカが先にやっている。これでは、ニクソン・ショックの繰り返しです。

ただ日本でも政権交代が起こり、民主党政権は、どちらかと言えば、日米安保とバランスをとりながら、アジアとの関係強化をめざしている。方向性としてはアメリカと重なるところがある。これは「樋口リポート」に示された課題です。この「延期された課題」にいかに取り組むか。

しかし問題は、現状ではスローガンだけで中身がなく、具体的な戦略になっていない点にある。さらに普天間基地移転をめぐる混乱を見ても、果たして政治が安定して、きちんとリーダーシップを発揮していけるかどうかが懸念材料です。

試金石としての北朝鮮問題

こうして日米安保が第四段階を迎えつつあるなかで、日本が試される第一の関門は、北朝鮮問題です。半世紀以上を経て、いわば原点に戻ったことになる。一九五一年に朝鮮戦争の遂行のために締結された日米安保も、その後、さまざまに変容したが、やはり原点は、朝鮮半島情勢との関わりにある。さらに言えば、日本の戦後体制そのものが、朝鮮半島情勢と密接に関わっている。

しかしだからこそ逆に、この問題がネックともなり得る。というのも、細川政権が試みた新たな模索が行き詰まったのも、北朝鮮の核問題が大きな要因になっているからです。こうした問題を前にしては、どうしても「アジアの多角的安全保障など机上の空論だ」という主張が強くなる。悪いめぐり合わせでもありますが、北朝鮮問題への対応が、象徴的にも、実態的にも鍵を握っている。

ここで強調したいのは、北朝鮮の核問題も、アメリカとの関係改善を模索するための「外交カード」という色合いが強い、ということです。というのも、核実験をしていないイスラエルを除いて、これまでの核保有国である米露英仏中の五カ国、インド、パキスタンの計七カ国の例を見ると、核保有に関して前もって「宣言」をしたり、他国と「交渉」した国など一つもないからです。本気で核兵器を保有しようと思えば、みんな黙って開発を続け、突然、複数回の実験を行い――とくにプルトニウム型は、複数回の実験を経ないと実戦配備は難しいからです――、そこで宣言せずとも核保有国となる。例えば、パキスタンは、一九九八年に突如、六回の実験を行なった。いずれにせよ、通常、核保有に至る道はこうしたコースを辿る。それに対し北朝鮮は、核保有を「宣言」したり、アメリカに見せつけるかのように「誇示」しながら、交渉の中断と再開を繰り返し、経済支援や制裁緩和を取り付けようとしてきた。必ずしも、常にうまくいっているわけではないが、「交渉のカード」として使っているのは、ほぼ明らかです。

一九九〇年代以降の北朝鮮の核問題とは、トータルに捉えれば、脱冷戦の秩序を模索する移行期の課題と言える。冷戦期には一定程度の存在基盤を持っていた北朝鮮が、冷戦後の世界で自らのサバイバルをかけて、さまざまな危ういゲームを展開し、そのことが脅威となっている。だからこそ問題の解決は、新たな秩序をいかにつくるかにかかっている。そうした新たな安定的な秩序があれば、冷戦の遺物のような北朝鮮の体制も当然、変わってくる。つまり北朝鮮問題は、冷戦構造からの移行という五〇年、六〇年といったタイムスパンで捉えるべき問題であり、拉致問題の解決にも、より大きなパースペクティブが必要です。そうした広い視野に立つことこそ、秩序づくりの第一歩で、まずここをクリアしなければならない。

ただ残念ながら、北朝鮮の核問題、とりわけ拉致問題の影響で、六者協議でも日本は動きがとれなくなっている。新たな一歩を踏み出すことに、国内政治的コンセンサスがない。この点は、「歴史問題」を梃子に独自の外交を展開したドイツの例も大いに参考になるはずです。

しかし、朝鮮戦争勃発と安保締結(旧安保)六〇周年、安保改定(新安保)五〇周年の今年、朝鮮半島は大きな転機を迎えるかもしれません。すでにその兆候は見られる。少なくとも転機の始まりの年となる可能性が高い。だからこそ、このタイミングで、日本も、自らの安全保障のあり方を北朝鮮問題の解決と共に考えることが重要な意味をもつ。

さらに今年は、韓国併合百年。植民地統治以後、日本は北朝鮮といまだに国交を回復できていない。脱冷戦という課題と共に、こうした歴史問題も残っている。その意味で、北朝鮮問題の解決は、「百年来の課題」と言える。拉致問題も、こうした対立の文脈のなかで生じたものである以上、全体のプロセスのなかで解消するほかない。六者協議や、朝鮮戦争の終結と平和体制の議論も、早晩、動き出すはずです。日本は、むしろ自らの安全保障や外交を再構築するきっかけとして、このチャンスを活かすべきではないか。まず眼前にある課題を解決していくことが、東アジアにおける信頼醸成と安全保障システム構築の端緒となりうる。その意味でも、北朝鮮問題は試金石と言える。

アジアにおける日米安保の「有用性」

そこで改めて伺いたいのは、日米安保の意味合いです。これは東アジアの冷戦対立を温存、激化させる要素でありながら、少なくともニクソン訪中以降は、中国も「米軍の沖縄駐留によって安心できる」と、また北朝鮮の金日成も、米軍の韓国と沖縄駐留を日本に対する抑止として容認したと言われています。いずれにせよ、日米安保の廃棄は、むしろ周辺国に不安を与える可能性もある。だとすれば、日米安保と将来の多角的安全保障の枠組との関係も、排他的ではなく相互補完的で、移行期において重なりうるのかどうか。その点はいかがですか。

「ダブル・コンテインメント（封じ込め）」が戦後アメリカの戦略でした。つまり日米安保は、「共産主義の封じ込め」だけではなく「日本の封じ込め」でもあり、NATOは、「ドイツの封じ込め」でもあった。そして例えば、中国の周恩来も、キッシンジャーに「アメリカが日本を抑えてください」と露骨に言っている。これはおそらく現実の一面を表している。要するにアメリカは、日本に対しては、「中国やソ連（ロシア）の封じ込め」として、中国やソ連（ロシア）に対しては、「日本の封じ込め」として日米安保を売り込んだわけです。

そして金日成が、南北の平和共存体制下での米軍の韓国駐留を容認した理由も、歴史を遡るとよく分かります。

一九五〇年一月、つまり六月に朝鮮戦争が勃発する直前に、アメリカと韓国は「米韓軍事協定」を締結する。これには、国家統一を目的とした李承晩の「北進」を抑止する意味合いもあった。一九五三年の朝鮮戦争の停戦後、「米韓相互防衛条約」が締結されますが、「作戦統制権」については、米軍と韓国軍の共同行使とされる。要するに、そもそも米韓の安全保障関係は、「北朝鮮に対する封じ込め」と共に「韓国に対する封じ込め」という面も持っていた。つまり、これもアメリカの「ダブル・コンテインメント（封じ込め）」戦略です。

逆に言えば、韓国なり日本が、この状況をいかに自覚し、これとは異なるシステムをいかに構築していくかが、今後の課題となる。そして過渡期において、逆説的なことですが、日米安保や米韓安保にも「有用性」があると言える。例えば、ヨーロッパにおいてドイツが再軍備しても、これが脅威とならないのは、NATOという枠組に組み込まれているからです。さらに言えば、このようにより大きな枠組に組み込まれていたからこそ、ドイツ統一も周辺国の理解を得られた。統制する枠組が何もなければ、そうはいかなかったはずです。アジアにおける日米安保も、同じような役割を担っている。他に制御する枠組がない以上、中国ですら日米安保に頼っているところがある。ですから韓国も日本も、アメリカとの安全保障関係のこうした「有用性」も自覚した上で、これを「活用」しながら、アジアにおける新たな安全保障システムの構築をめざしていくべきです。

アジアの集団安全保障システム

とはいえ、東アジアの現状は極めて不安定です。

現在、軍事的存在としての日本を規定する枠組と言えるものは、三つある。平和憲法、国連、日米安保です。ただし、憲法は国民投票で変えられるので永久不変ではない。周辺国からすれば、憲法改正、さらには核武装論の声も聞こえる以上、平和憲法でも完全に安心できるわけではない。また、国連は枠組としてはあまりに緩やかすぎる。そして日米安保は、アメリカの意向に大きく左右される。アメリカが日本の軍事的役割を小さく抑えるかぎりは、例えば中国や韓国――日韓関係が改善しても、軍事面での日本の動きにはやはり敏感です――も、日米安保をポジティブに捉えるが、ブッシュ政権時のように、「ブーツ・オン・ザ・グラウンド（＝「地上部隊の派遣を」）」という具合に、アメリカの政策に伴って日本の安全保障上の役割が質・量・範囲において拡大する一方では、これは脅威とみなされる。

しかも日本は、「最も近い」と言われる韓国とも、同盟国でもなければ、安全保障上の取り決めもなく、ハイレベルの安全保障協議もない。アセアン（ＡＳＥＡＮ）とも、単なる親善関係に留まっている。つまり日本が向かう方向性や日本の安全保障上の役割を規定する枠組がない。現状では、日本とアメリカの「善意」を当てにするほかなく、システムとしては非常に不安定です。当然、そこには、相互不信や相互対立がエスカレートする契機が常に潜在している。

アジアの集団安全保障システムが必要になるのは、この意味においてです。

裏返して言えば、現状では、日本も中国に対して安心感が持てない。おそらく韓国に対しても同様でしょう。というのも、韓国の保守右派も「日本はイージス艦が何隻だ」などという話をしきりにする。「いずれは空母」などと考えているかもしれない。韓国も、経済力さえあれば、軍備をさらに拡張する可能性もあり、潜在的に日本にとっても不安であるはずです。ましてや中国については言うまでもありません。いわば「相互不安システム」です。

だからこそ、「安全保障のジレンマ」に陥ることなく、透明性を高めて信頼醸成をし、互いに安心感を共有していくことが重要です。日本、中国、韓国、北朝鮮、東南アジアも含めて、またアメリカも関与するなかで、そうした安全装置を徐々に積み上げていき、「相互抑止」ではなく、「相互安心」を共有していくことが、アジアにおける安全保障の枠組づくりにつながっていく。

冷戦と歴史問題の忘却

その意味で残念なのは、日本の平和論に、「とにかく軍事反対」といった抽象論に走る傾向があり、アジアという具体的な地域の文脈で信頼醸成の枠組をいかにつくっていくかという発想が希薄な点です。その一方で「外交カード」としての色合いの強い北朝鮮の核問題にもヒステリックに過剰反応しているように見えます。

日本の平和論の問題の一つは、「アジアに弱い」ことです。そもそも日本における安全保障の議論自体が「アジアに弱い」。「弱い」としか表現しようがない。そもそも「アジアに弱い」のが、日本外交の特徴です。遠距離にある国との関係は比較的良好に見えるが、むしろ近隣外交が行き詰まっている。日本の学生も、遠いところには関心があっても、近いところをむしろ敬遠している。日本にとっての北朝鮮問題は、その「縮図」です。これにはさまざまな要因、つまりさまざまな時間的スパンの問題が重なっている。

一言で言えば、冷戦体制と日米安保体制の下で、植民地清算の問題、戦後処理の問題、片面講和の問題、いずれにおいても日本は、直接対峙せずに済んできたわけです。ソ連に対しても、朝鮮半島の南北に対しても、中国に対しても、いずれにおいても、アメリカがバッファのように介在し、それぞれの「関係再構築」という難題に単独で直面せずに済んだ。

例えば戦後のフランスを見れば分かるように、植民地の喪失にしても、本来、大変な葛藤を伴うもので、簡単なことではない。ところが日本の場合は、アメリカが介在することで、あっという間に、何の葛藤もなく植民地から切り離される。植民地の離脱過程のあり方を議論した記憶もなければ、そもそもそれを議論する必要すらなかった。それまで「皇国臣民」だったのが、ある日、突然の法令変更で、日本国民ではなくなるという在日韓国・朝鮮人の問題にしても、本来、簡単に済む問題ではないはずなのに、一見、簡単に片付いたように見えてしまった。これは、サンフランシスコ講和のもう一つの問題です。

サンフランシスコの対日講和において、北朝鮮はもちろん、日本側の要望で韓国もその対象から外されます。「植民地下の朝鮮半島は国内だった」というロジックです。他方で、在日韓国・朝鮮人の国籍と参政権を奪い、外国人登録を義務づけます。これは、完全なダブルスタンダードです（中馬清福「抜

け落ちたアジア――サンフランシスコ講和条約の特異性」『環』一二号所収)。戦後日本の革新側においても、この問題がその後十分に取り上げられたとは言い難いように感じます。

おそらく日本の革新にしても、冷戦構造に囚われていたという面がある。当時の時代的制約でもある。一九六五年の日韓基本条約につながる日韓会談に対する反対運動においても、「冷戦に巻き込まれるな」という主張はあっても、歴史問題にはあまり関心がなかった、と和田春樹先生も指摘している。植民地だった韓国との関係改善は、本来、歴史問題を抜きには考えられないはずなのに、会談に反対する側にも、そうした意識が希薄だった、と。

そして日本側には、歴史問題が出されると、途端に拒絶反応を示す傾向がいまだにある。これまで直面せずに済んできた日本からすれば、唐突感や戸惑いがあるのかもしれない。本来は、時代的制約ですぐに解決できなくとも、「遅延された課題」として引き継がれるべきだったと思いますが、やはり心理的、社会的な抵抗があるのかもしれない。いずれにせよ、こうした日本側の姿勢が近隣諸国との関係を不安定にしている面がある。

さらに歴史問題の忘却を正当化する別の要因もあった。アジアの近隣諸国は、冷戦の「現場」として、いわば「戦場」であったため、軍事独裁体制など、それぞれの政治体制にも問題が多かった。日本としても、そうした国々との関係を積極的に考えることに抵抗感があった。「アジア諸国との関係を持とうにも、みんな独裁国家だったから仕方がなかった」という議論がある。民主主義国の日本からすれば、民主的ではない国家と関係は持てない、と。池田勇人でさえ、韓国の軍事政権と関係を持つことに躊躇している。これは理解できる面もある。

ただし、いかなる背景でそうした軍事独裁政権が生まれたのか、関係を持つことでその体制がどう変わりうるのか、そこを総合的に見定めて、関係のあり方を考えるのであればよい。ところが「軍事政権との関係は躊躇する」と言いながら、日本の対応も一貫していたわけではない。むしろ軍事政権の方が韓国内の反対を抑えてくれるので効率がよいから、いまのうちに戦後処理は済ませてしまおう、といった本音もあった。実際、日本外交は、実利があると見れば、アパルトヘイトを採用していた南アフリカやミャンマーなど、非民主的体制や軍事政権も支援している。

アメリカ外交が、とかく原理的、道徳的になりがちなのに対して、日本外交のこうしたプラグマティズムは、良い面もある。現実の政治外交において、道徳的なものさしだけで秩序をつくるのは難しいからです。ただこれも、「問題のある体制を永続化する方向か、あるいは変えていく方向か」といった意味でのプラグマティズムでなければならない。それ自体をスタティックに見て白黒を判断するのではなく、限界のある体制やシステムであっても、それがどの方向性に向かうかを見ていく発想です。出発点においては他に選択肢は実質上なかったと言える日米安保や米韓安保にしても同様の見方が必要で、これを継続していくなかで、常に何らかの選択の余地はあるはずです。

脱冷戦に向けての韓国と日本の選択

しばしば盧武鉉政権に対して、これは非リアリズムの反米政権で、米韓同盟から離脱をめざすも、現実の壁にぶつかって挫折した、といった見方がされますが、話はそれほど単純ではない。

指揮権(作戦統制権)の移譲も、革新政権の盧武鉉政権からではなく、盧泰愚政権から取り組まれてきた課題です。盧泰愚の保守政権下で、二つのことが進められた。一つは、指揮権の移譲に象徴される米韓関係の対等化です。この時、北朝鮮の核問題が勃発して、戦時指揮権の移譲は延期されますが、平時指揮権は返還されます(一九九三年)。もう一つが北方政策です。例えるなら日米同盟を維持しながら日本がアジアにウイングを広げるように、韓国は、米韓同盟を維持しながら、北方にウイングを広げ、中国やロシアとの関係改善に努めます。ドイツの東方政策がそうであったように、統一を考えれば、いずれはそうせざるを得ない。この動きには、アメリカ離れ、アメリカとの衝突といった面もありますが、右か左か、親米か反米かという問題ではなく、これをまず保守政権が積極的に推進したことに意味がある。

そこで指揮権の移譲が重要となるのは、朝鮮半島の平和体制や新たな枠組を構築していく上で、指揮権がアメリカにあっては、韓国がいつまでも「当事者」にはなれないからです。だから急いだわけで、戦時の指揮権の移譲も二〇一二年に完結する。これが韓国の利害であって、突き詰めて言えば、南北統一を韓国主導でやりたいわけです。すぐに「吸収」というわけではなく、「共存」があり、次の段階として「統一」となるが、その過程で当事者として主体的な役割を果たしたい。さらに北方に広がる新たな経済的な利害や北東アジアの秩序づくりにおける外交的なプレゼンスといったことも視野に入れて、盧泰愚政権以来、韓国は自らの利害を必死に模索をしてきているわけです。

日米安保と米韓安保の「活用」

現在の東アジア世界は、アメリカを中心とした「ハブ・アンド・スポークス」の関係（二国間同盟の束）から形成されている。しかも隣国同士の関係が極めて脆弱です。横のつながりがなく、だからこそ各国ともアメリカに依存する悪循環に陥っている。日本、韓国、アセアン（ASEAN）、オーストラリア、いずれもそうです。この状況から、いかに地域の横のつながりをつくるか。一足飛びで「東アジア共同体」ができるわけではない。だからこそ、ヨーロッパでのように、さまざまな仕組みの積み上げこそ重要となる。

日本も、日米同盟をこの方向に位置づけて、脱冷戦を志向する新たな外交を展開すべきです。今後の日米同盟が、アジアにおける分断状況を温存・強化するものとなるのか、あるいは脱冷戦型の秩序づくりの礎となるのかは、日本の意思と選択にかかっている。後者のような日米同盟であれば、安全保障や秩序づくりにおける日本の役割や発言権の拡大に対する不信感も逆に低減するはずです。しかも、日米安保を土台にして、その「ダブル・コンテインメント」的性格をむしろ逆用して、隣国との相互の安心感の醸成に活かせばよい。それが日本の利益追求につながる。

盧武鉉政権期の二〇〇六年一月一九日、米韓同盟の将来ヴィジョンの協議のため、ワシントンで開かれた第一回米韓戦略対話の共同声明は、「核心的措置」の一つとして、「北東アジアの平和と安定に寄与し、究極的に地域の多国間安全保障協力体制につながる可能性のある強力な米韓同盟関係の維持」を掲げた。まだ具体化はされていませんが、「地域の秩序づくりの一つの柱としての米韓同盟」という位置づけです。日米同盟も、まさにこの方向に進むのが望ましいと思います。

実際、六者協議が進展し、アメリカや日本と北朝鮮との国交も正常化すれば、日米安保の意味もおのずと変わってきますね。

とくに今年は、朝鮮半島の平和体制をめぐる議論が本格化する可能性がある。まずは、これを信頼醸成の第一歩だと捉えられるかどうかが重要ですね。

長時間ありがとうございました。

（二〇一〇年三月三日／於・立教大学法学部学部長室）

（付記）インタビュー後の三月二六日に韓国哨戒艦「天安」の沈没事件が起き、朝鮮半島ではにわかに緊張が高まった。一時、軍事的衝突の可能性も危惧されたが、米中を中心に、事態の悪化を回避しようとする動きも見られ、七月九日の国連安全保障理事会議長声明の内容も妥協的なものとなった。とりわけ注目されたのは、同議長声明が「直接対話や交渉を早急に再開し、平和的な手段によって、朝鮮半島の懸案を解決すること」を促した点だ。北朝鮮では後継体制への移行が本格化し、朝鮮半島情勢は不透明さを増しているが、一方では、朝鮮半島の安定化を模索する動きも浮上している。様々な要因が錯綜し、朝鮮半島情勢が重大な分岐点を迎える中、日米安保のあり方も、その動向と相互に影響しあうことになる。日本外交にとっても、日米安保を「活用」しつつ、いかに地域の安定的な枠組みづくりに結び付けていくのかが問われている。

日米安保条約、ソ連とロシア

【異なる国、異なる考え方】

ワシーリー・モロジャコフ

一般に「日米安保」という通称で呼ばれる「日本国とアメリカ合衆国との間の相互協力及び安全保障条約」は、この半世紀、全世界の国際政治体制の中で最も力強いファクターの一つである。そしてこの条約は、日ソ・日ロ関係に対してと共に、米ソ・米ロ関係に対しても特別な影響をもってきたと結論できる。

この条約の主要な内容は、両国の安全保障のため、日本にアメリカ軍を駐留させる（在日米軍）ことなどを定めることである。日米双方は、国連憲章の武力不行使の原則を確認し、この条約が純粋に防衛的性格のものであることを言明すると共に、自由主義を護持し、日米両国が諸分野において協力することを定めると宣言しているにもかかわらず、この条約は明らかに日米政治・軍事同盟である。ソ連政府は、日米安保に対する政策を決めた時点で、その事実を十分に理解していた。

一般に日本人は、知識人を含めて、現在のロシア連邦と昔のソビエト連邦（ソ連）はほとんど同じ国だと考えることが少なくない。ソ連という国家が無くなって、新しいロシア連邦が樹立されたことすら知らない人もいるかもしれない。少なくとも、日本で最も読まれている新聞・雑誌を読み、テレビ番組を観たら、現在のプーチン＝メドヴェージェフのロシアは、スターリン＝ブレジネフのソ連と基本的に同様な外交を行う、という印象を受ける。その考え方は正しいのだろうか？　日米安保とソ連、それから日米安保とロシア、というテーマを簡単に再検討すれば、その答えは明白になると筆者は考えている。

戦後日米同盟の生誕とソ連の立場

現在の日米安保条約は一九六〇年に締結されたが、両国の同盟は一九五一年に生まれた。太平洋戦争に負けた日本は、国際政治・経済のなかで新しいスタートを切るために、まず戦勝国と平和条約を締結し、国交を回復しなければならなかった。アジア・太平洋地方でも冷戦が勃発したため、そのプロセスは困難であり、時間を要した。アメリカの影響は、その過程において最も強力な要素となった。四年半にわたった戦争のため、アメリカ及びアメリカ人は、日本及び日本人に対して、強い敵対心を抱いた。それにもかかわらず、トルーマン大統領を初めとする米国の首脳は、冷戦が始まったばかりの段階で、日本がアメリカの同盟国になるか、さもなければ敵であり続けるか、といういずれかの道しかないと考えた。ワシントンにとっては、日本が敵側になることが危険であるのは明白であり、日本を同盟国にすることが必要だった。激しい戦争の後なので、それは特に難しい仕事であったが、ソ連と赤化した中国に対するカウンター・バランスがもっと必要だったのだ。

他方、ソビエトの独裁者であるスターリン・ソ連共産党書記長を初めとするモスクワの首脳は、アメリカの論理を間違いなく理解していた。ソ連人は、日本及び日本人に対する敵意はほとんど感じていなかった。戦争中のアメリカのプロパガンダは、政治・軍事の面だけでなく、一般の民衆に対しても反日的であった。一般のアメリカ人は、日本人を「ジャップ」と呼び、三流の人間と見なしていた。ソビエトのプロパガンダは、「天皇制ファシズム」「日本の帝国主義・軍国主義」及び「サムライ」を激しく批判し、侮辱とも言える言葉を用いたが、政府・軍部と一般国民とを常に区別していた。「日本の軍国主義者、資本主義者、ファシストは我らの敵であり、日本の労働者と農民は我らの兄弟である。日本の軍国主義者、資本主義者、ファシストは、日本の労働者と農民の敵でもある」。これがソビエト・プロパガンダの基調であった。

トルーマン自身は日本と日本人に対して特に友好的な感情を持たなかったらしいが、その政権は感情ではなく冷戦の論理で考えた。アメリカの首脳の主要な目的は、日本を利用してソ連・中国（毛沢東政権）を抑止することであった。そしてワシントンは、親米的な日本をつくることも目的としていた。東京で力を持っている吉田茂内閣とその関係者は、戦前の時期から基本的に反共、反ロ・反ソ、親英米であったので、両国の協力はそんなに困難ではなかった。個人的にも、吉田首相とマッカーサー「将軍」は友人となった。

冷戦が勃発した後、スターリンは日本についてどう考えたのか？　ソビエト独裁者は、一九四五年に日本が戦争に負けて、大国として復活はできないと確信していたので、日本と同盟関係を結ぶことには意味がないと考えていたようだ。また中国と日本との間の敵対心を重要な要素と考えたスターリンは、中国側を明らかに支持した。中国側では、ソ連が先にアメリカと共に国民党政権の対日闘争を支持して、同時に共産党勢力を次の政権として育てた。太平洋戦争終結後は、ソ連は共産党の反国民党・反米の闘争を支持し、中国共産党も日本を敵と見なしていたので、スターリンには日本を潜在的な同盟相手と見なすことは不可能だった。

戦後のアメリカの首脳は、敗戦国日本において共産主義・社会主義的革命、あるいは少なくとも激しい反乱が起こる可能性が高いと認識していたので、日本国内での「赤い攻撃」を抑えるためにも日米の同盟関係を結ぶ意思をもっていた。スターリンは、日本における革命の勃発を信じていたのだろうか？　一言で答えられないが、ソ連は日本において、強力な共産党や、共産主義を擁護する幅広い労働・社会運動、反米的雰囲気を作ることを企てており、そのために積極的に活動していた。スターリンの理想は、資本主義的で、ブルジョワ民主主義的で、武器を持たない日本であった。ソ連の同盟国でもアメリカの同盟国でなくても、中立的・平和的な国家である。そのような国では共産主義のプロパガンダが行いやすくなるので、ソ連の影響が急速に強まり、日米政治・軍事同盟は不可能になる。アメリカの首脳は、こうしたモスクワの戦術を分析したため、日本と平和条約に留まらない公式の同盟を結ぶことを決めた。こうして、明らかに冷戦の子供として生まれたのが日米安保である。

ソ連対日米安保――明らかに反対

ソ連政府は、一九五一年のサンフランシスコ講和条約として知られている日本との平和条約に参加しなかった。その理由は、当時でも機密ではなかった。ソ連が提案した文書が全体として拒否されたこと、アジアにおけるモスクワの最も強力な同盟者となった赤い中国がサンフランシスコ講和会議に招かれなかったこと、そして会議に参加した国々の多くがアメリカによって統制されたため、ソ連の立場が大変弱かったことである。その結果、ソビエト代表は抗議の発言を残して、会議から去った。一九三三年にジュネーブでの国際連盟総会から退席した日本と同じではないか。

当時のプロパガンダはそれを「ソビエト外交の勝利」と評価したが、現在から見ればスターリンの対外政策の最も大きな間違いの一つであった。「間違い」とは言っても、その理由は明白である。ソ連の首脳は、国際政治全体を見渡すにあたって、冷戦という色眼鏡を通してしか見ていなかった。アメリカが敵になったので、敵の同盟者も敵であり、少なくとも友人ではない、と彼らは論じた。ソ連とその政策への見方は、日本側も同じであった。ちなみに、日本人には現在もずっと冷戦風の黒眼鏡をかけている人が多い、という印象はかなり強い。

一九五三年にスターリンが死亡した。一九五六年二月には、ソ連共産党第二十回大会で「スターリン批判」が宣言され、内政の改革、国内状態の大きな変化の開始を発表した。同年十月に、鳩山一郎は日本の総理大臣として歴史上初めてソ連を訪問して、ニコライ・ブルガーニン・ソ連閣僚会議議長（首相）と「共同宣言」及び漁業協定を締結し、日ソ国交を回復した。その結果、ソ連が日本の国際連合加盟を支持したので、日本の加盟への障害は無くなった。またソ連は、戦争犯罪容疑で有罪を宣告された日本人を釈放して日本に帰還させ、日本国に対する一切の賠償請求権を放棄した。

これらのことは歴史としてはよく知られているが、日ソ・日米・米ソ関係という三角形の中でも、その意義と影響を再検討しなくてならない。

筆者の母親であるロシアの有名な日本学者エリゲーナ・モロジャコワ（現在、ロシア科学アカデミー東洋学研究所副所長兼日本研究センター長）は、一九五六年にはモスクワ国立大学付属東洋言語大学（現在、アジア・アフリカ諸国大学）の日本語学科三年生であり、当時の出来事と雰囲気をよく覚えているという。「国民のムードがずいぶん変わった。春のような感じが強かった。日ソの国交が無かった時期には、日本の専門家には仕事もなく、チャンスさえないようなさびしい気持ちだった。しかし、ソ連人のほとんどみんなは広島・長崎の原爆の悲劇を知って、日本人に対する思いやりと共感が非常に強かった。逆にアメリカの政府、軍部に対しては良い気持ちを持っていなかった。だから、日ソ関係の回復は本当に喜びであり、祭日のようなことになった。両国関係の新しい時代が始まるという印象があった」とモロジャコワ教授は述べた。もちろん、彼女一人ではなく、ソ連における日本専門家、国際政治の関係者は、ほとんど全員が同様に思ったということがよく知られている。

世界的な、グローバルな対決となった冷戦の状態のなかでは、一九六〇年の日米安全保障条約改定は、ソ連の指導者から見ると、驚くべきことではないが不安を起こさせる悪いニュースであった。ソ連のプロパガンダは、当時の日本の首相・岸信介を「アメリカ帝国主義・軍国主義の傀儡」と呼び、岸内閣の「親米方針」を常に批判していた。首相がアメリカとの新しい条約の締結を拒否するとはソビエト首脳も思わなかったようだが、日本国内の反対運動の影響で、その批准と実施がある程度は難しくなる可能性があるという見解があった。このときソ連側は、日米政治・軍事同盟に反対している勢力の実際の力を、明らかに過大評価した。

岸内閣が親米政策をとったのは間違いないが、他の道、他の選択肢がほとんどなかった、と認めなくてはならないのではないか。サンフランシスコ講和条約に署名した吉田茂と異なり、岸信介は、日米同盟の枠の中で日本の役割をより大きく、より自立的にし、日本をアメリカの隷属国からパートナーにしたいという希望を持っていた。多くの政治学者及び政治史家はそう論じている。ソ連共産党第一書記兼閣僚会議議長のフルシチョフとその仲間が、その事実を理解していたかどうかは疑問がある。少なくとも、ソ連の首脳は、日本がソ連の敵との同盟を強化したと理解した。そのため、冷戦のなかで、両国の政治的関係は再び冷却した。一九七三年に日本の首相・田中角栄がモスクワを訪問するまで、両国の首脳会談は十七年間も開かれなかった。

ソビエト時代の日本研究では、日米政治・軍事同盟が最も重要な課題の一つであった。最高政策決定機関のソ連共産党中央委員会政治局を初めとして、同中央委員会の国際部、外務省、防衛省、参謀本部、ソ連国家保安委員会（KGB）などは、この問題に特別な関心を持っていたので、その研究が流行していた。知日派の外交官、研究者、分析官、ジャーナリストは、日本国内のみならずほとんど全世界で様々な情報を収集し、それを調査して首脳レベルに詳しく報告した。

情報および分析の水準は本当に高かったので、ソ連の首脳は日米同盟の実態を知っていたと間違いなく結論できる。しかし意思決定は、共産党の最高指導者と政府のレベルだけで行われたので、学者・外交官を含めて知日派がその過程に直接参加することは不可能であった。ソビエト首脳は、専門家の見解を聞いた後でそれに基づいて自身の解決策を導き出すこともあったが、専門家の見解や推奨する策を拒否するケースも少なくなかった。

ではは日米安保に関して、ソビエト首脳が最も知りたいことは何であったのだろうか。アメリカが東北アジア、極東で対ソ戦争を行うことは可能なのか？　日本はアメリカを支持するのか？　どこまで支持できるのか？　朝鮮も支持するのか？　ソビエト首脳は、必ず東北アジアで戦争が起こるとは考えていなかったが、冷戦下においてその可能性には常に注意を払っていた。

もちろんソビエト・プロパガンダは、一九六〇年代の初めから八〇年代の前半まで、日米安保を「侵略的反ソ軍事同盟」と評価し、「平和への攻撃」として批判していた。現在、その多数のプロパガンダ作品を再読すると、おかしいのではないかという印象を受ける。しかし、プロパガンダの論文だけを見てソ連の国際政治学および日本学の水準を評価するのは大きな間違いになる。結論として言えることは、ソ連時代の日本学者は、国際政治の中の日米安保の本質、役割と影響を十分理解して、それを国の首脳に正しく報告、説明したにもかかわらず、政治とプロパガンダなど多くの理由のため、自分の見解と評価を自由に発表することができなかったのである。

日米同盟と「北方領土問題」の起源

多くの日本人は、「ロシア」または「日ロ関係」という言葉を聞くと、直ちに「北方領土問題」を思い出す。ほとんどの日本人はその問題の存在を知っているが、逆に彼らのロシアについての基本的な知識は、その問題に限られるのではないか。

日本人は、「北方領土問題」は日ロ関係、つまりロシアと日本との間に存在する問題だと考える。表面的に見ればそれは正しい。しかし、少しでも歴史と国際関係の現実を検討すれば、そのイメージはずいぶん変わるようだ。

一九五六年の日ソ共同宣言によれば、ソ連は「両国間の友好関係に基づいた、本来ソ連領である同地域の引き渡し」として歯舞群島と色丹島の返還を宣言した。それ以前の日ソ交渉の歴史はかなりよく知られているので、本稿で再び要約する必要はないだろう。しかし、この段階でも日本の外交はアメリカ側から強い影響を受けていたので、日ソ関係においてもアメリカ・ファクターが特に重要な意味をもったと結論できる。アメリカの首脳は、冷戦の論理に基づいて国際政策を行ったので、日ソ国交回復に対しても明らかに様々な不安と心配を抱いていた。

一九六〇年、岸首相が日米安全保障条約改定を締結した結果、ソ連政府は日ソ共同宣言の領土関係条項、具体的には歯舞群島と色丹島の返還の条項を撤回した。そのため両国の関係は冷却した。このモスクワの突然の行動は、日ソ関係の冷却の原因になったといえるが、同時に東京とワシントンの政策の結果でもあった。ソ連の行動の最も深い原因は日米安保だったのであり、それ以後、日米政治・軍事同盟の問題と「北方領土問題」とは不可分になったのだ。

ソビエト首脳の論理は、非常に単純でわかりやすかった。ソ連とアメリカは冷戦によって、政治・軍事的対決の状態で共存している。日本はアメリカの、政治的のみならず軍事的な同盟国であって、日本の領土にはアメリカの軍事基地がある。その軍事基地は明らかにソ連の軍事力に対向している。ソ連が日本に領土を渡せば、アメリカ軍はそれを軍事基地として利用できる。またアメリカ軍の代わりに日本の自衛隊がその領土に軍事基地を設置すれば、ソビエト極東の軍事的状態も明白に危険になる。つまり、日本に領土を渡すことは、事実上それをアメリカに渡すことと同様になるのではないか。歴史上、自分の意思で敵に領土を渡す政権はほとんど皆無だったのではないか。

一九六〇年以降、ソビエト政府の立場は、ソ連と日本の間には「領土問題」は存在しない、ということになった。日本政府も立場を変えなかったので、日ソ関係はどんどん停滞の状態に陥った。一九七三年の田中角栄首相とレオニード・ブレジネフ・ソ連共産党書記長との会談の後でも動きはなかった。当時、ソ連とアメリカとの複雑な関係に付随する緊張が、「デタント」の政策を通して一時的に弱くなっていた。

ペレストロイカ、アメリカ、日本

筆者が初めから終わりまで自分の目で見たペレストロイカ時代は、今や歴史になった。立て直しという意味がある「ペレストロイカ」は、ロシア語から本当に世界の言葉になった。

外交・国際関係の領域では、ペレストロイカは、主に冷戦末期の、ソ連とアメリカなどのG7諸国との関係の改善をもたらした。ゴルバチョフ共産党書記長、のちのソ連初代大統領は、言うまでもなく西側に対して多数の政治的・軍事的譲歩の政策を行ったが、その結果として新たなデタントが一時的に生じた。ソ連の経済的状態が困難になればなるほど、政権の内政及び対外政策は寛大で甘くなったといえる。

国内状態から見れば、ペレストロイカの影響は肯定的で、科学、教育、文化、マスコミが、共産主義のイデオロギーと国家の弾圧から自由になってきた。「資本主義世界」との対話、接触も可能になった。しかし外交のレベルでは、大国としてのソ連の立場は明らかに弱くなった。ソ連はイデオロギー、思想の分野で冷戦に負け、欧米との政治的、経済的競争も失敗に終わった。この過程は一九九一年にソ連という国の崩壊で終わった。その原因に関する激しい討論は現在も続いているが、それは本稿の主題ではない。

大事なことは、アメリカ、ドイツに比べると、日ソ関係の改善が特に遅れて困難であったことだ。

モスクワはその改善を望んだが、東京からはほとんど反応がなかった。日米安保という要因が存在したにもかかわらず、ソ連外交に対する、その影響が弱くなっていたのだと推論できる。ペレストロイカの初期から、ゴルバチョフ大統領とその対外政策を実現しているエドゥアルド・シェワルナゼ外相は、日本の政府、政界、世論に対して多くの合図を送った。

中でも最も重要だったのは「領土問題が存在する」というシェワルナゼ外相の発言だった。同時に外相は領土の主権に対するソ連の立場は不変だと述べたが、モスクワの対日政策の原則は実際に変化した。日本政府、外務省などはその合図に気づかなかったのか、了解しなかったのか、少なくとも反応はほとんどなかったらしい。逆に「領土問題」に対する日本の立場は、より強硬になった。

ソ連は政治的、経済的に弱くなって、その対外政策もより妥協的になったので、日本の首脳が問題の領土を「取り上げる」チャンスが訪れてしまうのではないか、と考えるロシア人は少なくなかった。特に沿海州、極東、サハリンでは「日本は危ない」という感じが強くなった。逆に、共産党の政権に反対している「民主派」のオピニオン・メーカー数人は、ソ連が「火事場泥棒」の政策を行ったので、日本に「北方四島を返す」べきだと公言していた。この考え方は当時でもあまり人気があったわけではないが、ペレストロイカの後期には、この問題についての議論はどんどん自由になってきた。

一九八八年七月二十二日、ゴルバチョフ書記長はクレムリンで中曽根康弘元首相と会談した。その際ソ連のリーダーは、ペレストロイカの三年間に渡って、日ソ関係には、米ソ、独ソ関係と違って、進歩、動きがないと認めて、その状態は本当に残念だと述べた。一九九一年四月のゴルバチョフ大統領と海部俊樹首相の「さくらサミット」の主要な結果であった「東京宣言」は、新しい日ソ友好関係の土台になる可能性があったと思われるが、ソ連の国内状態が原因でゴルバチョフ政権は滅亡する運命にあった。当時の日本の首脳はその事態の重大性、ないし政治的危険状況をどこまで理解できていただろうか。

ペレストロイカの時代にも、ロシアの国際政治学者および知日派は、以前と同じように、首脳・政府のレベルに対しても日米安保を含む国際情勢とその分析を詳しく発表してきた。共産党幹部と政府も、学者の見解と相談を希望することが急速に増えたといえる。ロシア科学アカデミー員ゲオルギー・アルバートフ（当時アメリカ・カナダ研究所長）は、ソビエト時代の末まで首脳部に対して最も権威が高い相談相手の一人であった。同じくロシア科学アカデミー員エフゲニー・プリマコフは、ペレストロイカ以前の東洋学研究所長であって、一九八五年からはロシア最高のシンクタンクの一つとしてよく知られている世界経済国際関係研究所の所長となり、一九八八年二月にはソ連最高会議の議員に選出され、ゴルバチョフが新設した人民代議員大会においても、一九八九年にソ連人民代議員に選出されて、一九九〇年までソ連最高会議連邦会議議長であった。またソ連共産党政治局員候補にも選出されて、政治の最高水準まで上がったただ一人の学者となった。

ソ連の知識人、学者などはソビエト体制とその内外政策の改善・改革を提案していたが、多くの原因のために当時の国家を改革することは不可能になった。一九九一年末、ソビエト連邦という国家が崩壊した結果、ロシア連邦という新しい国家が生まれた。もちろん新ロシアは、領土としても、地政学的、軍事的、経済的にも旧ソ連の大部分であり、世界におけるその主要な後継国になった。しかし、ロシア連邦のボリス・エリツィン初代大統領が指導する政権の内政、外交、イデオロギーは、ソ連時代と明白に断絶していた。そのため、地球上の国際関係体制は完全に変わったといっても過言ではない。

ロシア連邦と日米安保――アジアを地政学的に見れば

エリツィン政権の対外政策は一般的に親米と評価されていた。エリツィン政権のアンドレイ・コズイレフ外相は、「ミスター・ノー」とよく呼ばれたソ連時代のベテラン外相アンドレイ・グロムイコと違って、海外のジャーナリストから「ミスター・イエス」というニックネームをつけられた。一九九四年頃から米ロ関係はボスニア戦争のため再び悪化したが、新しい冷戦は勃発しなかった。またロシア首脳の国際政策へのアメリカの影響は、一九九〇年代を通じて最も力強い要素であったと言って間違いではない。

ロシア政府の立場から見れば、ソ連の崩壊の時から、日米政治・軍事同盟は米ロ及び日ロ関係の改善の可能性に対する障害とはならなかった。しかし、ロシアの政界、学界、世論の一部の、かなり有力な世界観は、政府と明らかに異なっていた。一九九〇年代以降のロシアでは、地政学が特に人気を得た。ソ連時代には禁止されていたこの学問は、しばしば世界問題のキーと見なされた。筆者自身、新しいロシア地政学者の一人で、ロシアの日本学者の世界で研究のツールとして地政学を利用したのは初めてであった。

地政学の主要な特徴は、イデオロギーからの独立性である。冷戦は、国家と国家、大国と大国としてのロシアとアメリカの対決であっただけでなく、社会主義対自由主義のイデオロギー的抗争、社会主義対資本主義の経済的競争でもあった。イデオロギーの領域では、共産主義が明らかに敗北した。経済の領域では状況はもっと複雑だと思われる。現在の世界危機の中では、ソ連経済の柱であった計画経済と国家統制が根本的に悪かったわけではなく、逆にかなり有益だと論じる経済学者がどんどん増えている。ソ連経済が負けた理由は、その土台ではなく、政権の指導、統制の方法が効果的ではなかったためだと結論できる。特に、ソビエト経済とソ連の経験から色々と学んだ日本経済と比較すれば、そのことは明らかになるのではないか。

大国の地政学的対立において、ソ連からロシアになった国家が完全に負けたとはいえない、と筆者は確信している。米ロ、日ロのイデオロギー的敵対関係が終わってしまって、ブロック経済闘争が通常の経済競争になった。国際政治から見れば、米ロ、日ロの対決と敵対の理由もほとんどなくなって、逆に協力の可能性ないし必要性が高まった。国際テロに対する闘争、地球温暖化問題、資源開発、そのほか多数の分野でもロシアとアメリカ、ロシアと日本は、現在も協力し、将来にはもっと協力する意味がある。安全保障の問題についても、グローバルなレベルでも地域的なレベルでも同様ではないだろうか。

日米政治・軍事同盟の目的は、基本的にいかなるものだったのだろうか。共産主義ブロックの柱であったソ連及び中国との対決、その攻撃を抑止することではなかったか。冷戦中、その行い得る攻撃は、政治、経済、イデオロギー、プロパガンダなど多くの領域に亘っていた。現在は、アジアでロシアを「抑止する」必要性は明白になくなっている。では、中国は？

今日の日本では、中国を「抑止する」というテーマに触れるのは少々危ないのではないだろうか。その理由は地政学と関係なく、イデオロギー、歴史の悲劇的な経験に基づいていると思われる。逆にロシアでは、ロ中関係がかなり友好的であるにもかかわらず、中国というファクターとその潜在的な政治的、経済的影響力を議論することは、まったくオープンである。

東北アジアにおいて国際的安全・安定を保障するためには、中国の参加がもちろん必要である。二一世紀に入って、中国の政治的、経済的な国力が非常に増大したし、太平洋に対するロシアの立場が相対的に弱くなったので、この地域におけるパワー・バランスは変化している。その過程は始まったばかりで、まだゆるやかに進行しているものの、すべての情勢は変化している。筆者は「中国が危ない」と叫ぶつもりはないが、政治学者としてその新しい現実に注目している。

日米安保に基づく両国の政治・軍事同盟は、現在、どこまで中国の拡大を抑止するだろうか？　一言で答えるのは難しい。少なくともこの同盟は、東北アジアにおけるパワー・バランスを維持している。ロシアの国益から見れば、これは危険ではないと結論できる。

アジアの中の日米安保を再検討すれば、台湾の問題も重要であると考えられる。中国首脳は、公式には「統一中国」あるいは「ひとつの中国」しか認めないにもかかわらず、事実上は独立した国家である台湾との様々な関係を持っている。日本とアメリカは戦後から中華民国との国交があり、後にその代わりに中華人民共和国と国交を結んだが、台湾との経済関係は発展している。ソ連は台湾の独立性を決して認めず、非公式な関係もなかった。ロシア連邦も公式には台湾の独立性を認めていないが、日本と同じように経済・貿易関係を発展させている。

ロシアの中国研究者と国際関係学者の一部の見解によると、事実上独立した国家としての台湾の存在は、東北アジアにおけるパワー・バランスの維持、安全保障及び経済・貿易の発展のために重要である。日米安保を含むアメリカのアジア政策は、台湾の独立性を擁護、保障しているので、ロシアの国益に合致すると論ずるロシア人学者は少なくない。他には、現在も冷戦当時に近い世界観に基づいてアメリカをロシアの敵とみなし、反米同盟としての口中協力の必要性を宣伝する者もある。

北朝鮮の問題も存在する。日本のマスコミはロシアを北朝鮮の同盟者と評価することが多いが、それは大きな間違いである。ソ連は、冷戦時代には北朝鮮を支持していたが、ペレストロイカの時期にピョンヤンの抗議にもかかわらず韓国と国交を結び、貿易、経済関係を積極的に発展させてきた。中国の場合と違って、ロシアと北朝鮮の間には政治的協力が存在しない。日本と異なり、ロシアは北朝鮮をあまり「危険な」国とは認識していない。日米安保が北朝鮮の冒険主義を抑制することは、ロシアから見れば悪いことではない。だが、日本とアメリカに限らず、地域のすべての国々が協力すれば、北朝鮮の対外政策をより合理的な道に差し向けることができるであろうと筆者は考えている。

日ロ関係、特に「北方領土問題」の現状を検討すると、日米安保の影響はより複雑である。政権もイデオロギーも変わったにもかかわらず、ロシアとアメリカ、ないしユーラシア大陸とアメリカ大陸との地政学的対立はなくならなかった。筆者は、ロシアが善玉、アメリカが悪玉と考えているわけではない。逆に、ロシアを悪玉、アメリカを善玉と見なすことも間違いである。地政学者が論じる「大陸の大戦」は、世界史的なプロセスとして、冷戦と共に終わらなかった。そしてロシアの政界、政治評論家、世論は、日本に領土を渡すことはそれをアメリカに渡すのとまったく同様だと見なしている。

現在、メドヴェージェフ大統領とプーチン首相を初めとするロシアの首脳は、日ロ関係の将来、二国間の対話に関して、その土台としては一九五六年の「日ソ共同宣言」しかないと考え、それを国家の対日政策としている。日本研究者を含む知識人や世論の一部は、その立場を支持している。しかし、その日ロ関係観に反対して、ソ連時代と同じように「領土問題」は存在しないと論じている政治家、活動家、ジャーナリストがますます増えている。彼らの見解によると、ロシアの対外政策には容認しがたい甘さがあり、ロシア国益から見れば日米政治・軍事同盟が危なく、不安の理由である。

逆に、ロシアの国際関係と政治学のアカデミックな専門家は、日米安保を国際政治、パワー・バランスの一つの大事なファクターとみなして、それを「好き・嫌い」「善玉・悪玉」のカテゴリーで評価することはあまりしない。しかし、日本政府の対外政策、特に対ロ政策が、アメリカの影響から自由であるかどうかは疑問である。ロシアが日本との関係を改善し、新しい関係を結ぶ場合には、相手として東京がどこまで決定し、ワシントンの影響ないし圧力に対して、どれだけ抵抗力を持つのか。

このような質問は正確ではないかもしれないが、日米安保が存在する以上、ロシア側はそれについて考えなくてはならないのではないだろうか。

二〇〇九年の政権交代の後で、またその結果として、日本の外交は変わるのか？　どう変わるのか？　どこまで変わるのか？　ロシアの政府、政界、国際政治の専門家は、鳩山政権の宣言、活動と提案を調査している。日本の外交が自民党政権の伝統的な親米コースから少し離れて、より親中になるのではないかという推論もある。鳩山家はロシアでよく知られているので、日ロ関係において新しいスタートを切れるかどうか？　明白な返事がまだないので、疑問は残っている。

鳩山由起夫首相自身のアジア共同体のアイディアに対して、ロシアの関心は高い。今後も日米安保は日本外交の基礎であるから、アメリカはその共同体の大事なメンバーになるであろう。ロシアもユーラシアの国であり、東北アジアの国である。ロシア連邦を除いてアジア共同体を設立するのは不可能ではないか。そして、アジアにおける、そして地球上における我らの共通の将来を、共に考えるはずだと筆者は確信している。

等辺に成り得ない日米中の三角関係

陳破空（チェンポーコン）
訳＝及川淳子

隣国が歓迎しない安保破棄＝日本再軍備

就任以来、鳩山由紀夫首相は再三にわたり「排米」政策を明らかにするよう迫られている。彼は「いわゆる東アジア共同体には排他的性質はなく、日米同盟を重要な位置に置くだけではなく、重要な前提としなければならない」と語った(1)。この発言には、民主党路線の現実的な苦境が多少なりとも反映されている。当選前の理想主義は、当選後の現実の壁にぶつかった。ガソリン税と小沢一郎の政治資金スキャンダルのほか、鳩山内閣の支持率低下の原因のひとつは、やはり米軍基地の移設事項に対する態度が定まらない点にある。

鳩山内閣（その中心的人物は小沢一郎）は、本来、米軍基地を沖縄県外に、できれば国外に移設させる考えだった。仮に、本当に国外へ移設するならば、それは米軍の日本撤退の始まりであり、「日米安全保障条約」の動揺を象徴するものとなり、つまり、アメリカが日本の支配あるいは保護を放棄するということの始まりともなる。

もとより、それは短期間のうちに成し遂げられるプロセスではない（現在、七〇％に上る日本の民衆が依然として日米安保の維持を希望している）[2]。しかし、このプロセスの最終的な結果がどのようなものであるかを検証することが必要だ。仮に米軍が日本から撤退した場合、直接的な結果とは、日本が自己防衛のために武装することだ。日本の国力をもってすれば、軍備再開はまったく問題ではない。すでに二〇〇二年には、小沢一郎が「日本は一晩のうちに、一〇〇〇発の核兵器を製造することができる」という驚くべき発言をしたことがあり、その深意は言わずもがなである[3]。

しかし、再び武装した日本は、アジア各国の不安をかき立てるに違いなく、まず中国、韓国、ロシアの三国の激しい反発があるだろう。靖国神社参拝や教科書編纂などでさえも隣国の抗議を招くのだから、再軍備はさらに言うまでもない。その上、日本が自ら武装を始める日は、アジアの地域における軍事競争が激化するときでもあるだろう。これは決してアジアにとっての幸福ではない。

鳩山と小沢は靖国神社を参拝しないと決意し、中国、韓国などのアジアの国々への刺激を避けている。しかし、靖国神社に参拝するか否かということは、結局のところひとつの形式的な選択にすぎないのだ。あるいは、鳩山政権が行っているのは、靖国神社のない「靖国神社主義」であって、自民党と比較してもいささかの遜色もない。

小沢は「アジア回帰」を掲げ、「東アジア共同体」の構築を提起しているが、軍国主義時代の「大東亜共栄圏」の連想は避けられず、名目はアジアを「アジア人のアジア」に戻すことだが、その目標とはアメリカのアジアにおける影響、あるいは主導的地位を排除するということだ。換言すれば、日本は平和的手段をもって、戦争という手段で達成できなかった目的を果たそうと企図している。あるいは、小沢に代表される一部の日本人には、心の奥底に日本のアジアにおける主導的地位を取り戻すという渇望が潜んでいるのかもしれない。しかし現実が明らかにしているように、日中韓三カ国が共にアジアにおいて主導的役割を果たすという局面を形成するほかないのだ。

米軍の日本撤退と「中華帝国」拡大の恐れ

米軍が日本を撤退する場合のもうひとつの結果として考えられるのは、中国の影響力が隙をついて強まっていくことだろう。それはまるで『アラビアンナイト』のような話だが、しかし軽視できないのは、「大中国という概念（中華帝国）」がまさに日本の周辺で形成されているということだ。

毛沢東の死後、共産党への信奉が破たんをきたし、また、人権という普遍的価値を恐れる中国共産党がイデオロギーの真空地帯にあるために、極端な民族主義（偽りの〝愛国主義〟）が、中南海（北京中央部にある中国政府機関の所在地）からイデオロギーの領域における藁にもすがるような拠り所として見なされ、全力で作り上げられている。「大中国概念」、「統制思想」とは、つまりこのような背景のもとで、狂気の沙汰で宣伝され始めたのだ。

中国国内において、中国共産党はチベット人、ウイグル人、モンゴル人など「少数民族」の宗教、文化、言語の特徴を弱めるか、或いは抹殺するために全力を尽くし、急速に漢民族化させている。精神面における民族の喪失は、「大中国」という概念に対する文化的な補強である。大陸の外においては、香港とマカオの返還によって「中華帝国」の重みが強まった。自身の実力が強まるに従って、中国共産党の台湾併呑の野心は日増しに高まり、ますます気迫に満ちた勢いとなっている。

国民党が再び政権を取ってからは、中台両岸の平和政策を推進しており、馬英九（マーインジゥ）総統のスローガンは「統一しない、独立しない、武力行使しない」（〝3つのノー〟政策）だ。中台両岸の情勢は、落ち着いているかのように見える。しかし、昨年末、ある中国共産党軍の少将による突然の発言が、その平穏を打ち破った。その少将は馬英九の「3つのノー」政策は「平和的分裂」だと非難したのだ。

その少将が明らかにしたところによれば、「陳水扁（チェンシュイビィエン）総統の時代に、中台両岸が幾度も衝突の瀬戸際に瀕しながらも、大陸が遅々として武力に訴えることはしなかったのは、大陸の軍事的備蓄がまだ完全には一定の水準に達していなかったため」であったという[4]。これは、現在の中国共産党の軍事部門がすでに完全にある水準に達し、随時台湾を攻撃できるということを暗示しているに等しい。この中国共産党軍の少将の言葉は、すでに中国共産党は強く、台湾は弱いのだから、いま戦わずにいつその時を待つというのか、という中南海の強硬派による思考を反映しており、武力行使で台湾を攻めるための口実を必要とするだけになっている。

日本にとって台湾は中日間に横たわる緩衝装置だが、地理的に言えば台湾はより中国に近く、イデオロギー面ではより日本に近い。仮に日本が台湾を顧みないならば、台湾が中国（中共）に向かっていくことは避けられない。台湾がひとたび中共の手に落ちてしまえば、「中華帝国」の地理的概念が完全に形を整え、世界構造が急変することになるだろう。

実際のところ、日増しに強大化する中共の海軍はすでに日本の近海に出没し始め、その武力を誇り威勢を示している。例えば、二〇一〇年の四月と七月には、中共海軍の艦隊が二度にわたって沖縄と宮古島の間の狭い海域を通過した。日本政府は正式に解明を求めたが、中共は「公海航行であり、国際法にも違反しない」というひと言だけで言い逃れたのである。

周知のように、日本にとっての最大の脅威のひとつは北朝鮮であり、その最大の後ろ盾とは中共である。換言すれば、現在それもまた「中華帝国」の勢力範囲なのだ。

また日本国内を見てみれば、人口のマイナス成長と高齢化は、必然的に外国人労働者を受け入れることになり、外国人労働者の主な出身は、人口が最多で地域的にも文化的にも近い中国にほかならない。鳩山内閣はすでに移民政策の緩和を承諾し、日本に押し寄せる中国人はますます増加するに違いない。日本では、永住外国人の参政権に関する法案をまさに検討しているところだ。この法案は民間の反対によって暫時お流れとなってしまったが、しかし、結果的には立法化の手がかりを見せている。ここで言う「永住権外国人」の多くは、日本に居留する中国人を指している。

大胆な仮定をするならば、中国とチベットにおける戦争や領域の変遷、王室の婚姻関係などを含む歴史的な往来を根拠として、中国が現在「チベットは古来より中国の一部である」と公言しているように、今後歴史が進んで、中国が「日本は古来より中国の一部である」と宣言する日があるいは来るかもしれない。このような根拠について言うならば、徐福の物語、日本の遣唐使、鑑真和上の日本渡航、日本による台湾と満州の統治、日本人の中国「進出」など、日本に対しては容易にそれが成立つのだ。文字の繋がりがあることは言うまでもない。

等辺関係の前提としての中国民主化

日米、日中関係について、日本の民主党の立場は、アメリカと中国の二強と等距離を保つ、いわゆる「等辺関係」である。（もちろん、"二等辺"だけでなく、より"三等辺"の関係で、米中両国が対等にふるまい、三強が対峙することをさらに希望するものである）。

戦後から現在に至るまで、アメリカの日本に対するコントロールは、多かれ少なかれ日本人を不快にさせ、少なくとも日本人のプライドを傷つけてきた。日本はアメリカとの従属関係から脱却することを渇望しており、「普通の国」または「正常な国」になるということは理解できる。しかし、日米関係、特に日米の軍事同盟は、戦勝国と敗戦国の関係としてのみ解釈されるべきではなく、日本の民主への転換と平和への道に関わるものだということが、より重要である。

「平和憲法」と「日米安全保障条約」は、日本の軍国主義復活を防止するのに有効であった。半世紀余り以来、東アジア地域の戦争は、そのほとんどが共産党国家（例えば、朝鮮戦争、ベトナム戦争）に源を発したか、あるいは共産党国家間（例えば、中ソ戦争、ベトナム・カンボジア戦争、中越戦争）で発生した。日本は逆に平和国家となって、平和的勃興を静かに実現させたのである。

中国や韓国などのアジア諸国にとって、アメリカは彼らを日本軍国主義の手中から救ってくれただけでなく、日本の脅威から免れることを確実に保障してくれた。もちろん、これら全てを「アメリカのアジアにおける利益の確保」と理解することもできる。それはつまり、安全なアジアは、アメリカの安全を保障する外的要素のひとつなのだ。

心得ておくべきことは、文明的なレベルの高い国は、その国家利益と世界的な利益が一致し、文明的なレベルの低い国は、その国家利益が世界の利益に反して逆行するということだ。そのために、いわゆる「アメリカの国家利益」は恐れるほどのものではなく、それはアメリカの民衆の利益を具体的に表明するほか、人類が目指すべき方向ともほぼ一致している。もっとも適した説明とは、日本の「平和憲法」と「日米安全保障条約」は、総じていえば、アメリカに利するだけでなく、日本にとっても利するものであり、それは中国や韓国などのアジア各国にとっても同じである。

別の角度から見れば、いわゆる「中国の国家利益」とは、現段階では中共の権力者の既得権益であり、人類が目指すべき方向と相反するばかりか、中国民衆の利益にも背理している。

「等辺関係」について言えば、利益のみを追求する日本の政治家たちは、イデオロギー的要素を考慮せずに、民主的なアメリカと独裁的な中共が、いかにして日本と「等辺関係」を構築できるかと考えているようだ。中国は最も豊かな国家とは言えないが、しかし資源の管理と支配における中共の中央集権的な力は、各国政府よりも遥かに上だということを、日本は軽視できるだろうか。かつて鄧(ドン)小平(シャオピン)は、「我々のこのような体制にも長所はある。決定を行い、即座に実施し、あらゆる力を結集して大事を成し遂げることができる」と語り(5)、これを政治改革に反対する理由とした。アメリカと中共は、ひとつは善なる強権で、ひとつは悪なる強権である。その間に挟まれた日本が、どうして等辺関係を築くことなどできようか。

　昨年一一月、アメリカのオバマ大統領がアジア歴訪を行う直前に、表面的には北京と親善関係にあるシンガポールのリー・クアンユーが意見を表明し、「アメリカは東アジア共同体に加わり、中国を牽制すべきだ」と発言した(6)。リー・クアンユー発言の背景には、ブッシュ時代に、反テロとイラク戦争によって中東に注目し、アジアを軽視したために、中共がその機に乗じてこの地域における影響力を前例のない早さで拡大させたということがある。「アジア的価値観」の提唱に力を入れるリー・クアンユーの最新の言論は、実際のところ、アジア各国に立ちこめる不安を反映したものだ。

　同様に、ワシントンとの国交樹立を急ぐ平壌(ピョンヤン)も、オバマ大統領のアジア歴訪前に、アメリカの中国牽制を望むという暗示を強くしていた(7)。明らかなことは、仮にイデオロギー的に相容れないのでなければ、たとえ北朝鮮とアメリカであろうとも、極めて容易に同盟国となって、中国(中共)を封じ込める勢力に加わるだろうということだ。管見によれば、中共がアジアと世界において歓迎されていないという度合いは、アメリカがアジアと世界において歓迎されていないのとほぼ等しいと考える。

日本の政治家たちは、かつて中国を侵略したことを謝罪したが、その彼らでさえも、中国共産党の勃興とそれによって中国に災いした結果が、日本の中国侵略に起因した（共産党軍は日本軍を利用して国民党軍と決戦し、対岸の火事を傍観して火中の栗を拾い、武力を拡大し、地盤を奪取して、ひそかに勢力を強めた）とは考えたこともないだろう。換言すれば、日本人は敗走したが、中国を傷つけ損なう害毒――中国共産党を残したのである。これこそが、日本が中国に対して借りのある最大の債務であり、日本が最も深く謝罪するべきことなのだ。

今日考えてみれば、日本は全力で中国の民主化を支持すべきであり、欧米諸国のように悠然かつ頻繁に、北京の指導者たちに対して中国の人権問題を提起することも含めて、その改善を促進し、中国の民主化運動を助け、中国民衆の平和的な抗争を励ますべきである。欧米諸国の経験が証明しているように、中共はそのために二国間関係を悪化させるようなことはあり得ない。

民主化した中国は、日本の外的安全となり、北朝鮮の脅威も問題の根本的解決によって徹底的に緩和されるだろう。その時、日本がふたつの民主的な大国――アメリカと中国――の間で等辺関係を築いてこそ、この構想は、さらに現実的な意義を有するのである。

注

（1）「日米安全保障条約」五〇周年の際に、鳩山由紀夫首相が国会で演説した。シンガポール『聯合早報』

二〇一〇年一月一九日。
（2）『朝日新聞』二〇一〇年一月一九日。
（3）自由党党首（当時）小沢一郎の発言、『産経新聞』二〇〇一年四月八日。
（4）中国人民解放軍少将の羅援が、第六回「中国の経済成長と経済安全戦略」フォーラムで講演した内容。中国「新浪網」二〇〇九年一一月二三日。
（5）『鄧小平文選』第三巻、（中国）人民出版社、一九九四年一〇月。
（6）香港『文滙報』二〇〇九年一一月一二日。
（7）韓国『中央日報』二〇〇九年一一月九日。

日米欧委員会事始め
【日米安保関係のグローバル化の影】

武者小路公秀

米国一極支配の権力基盤

カナダ・ヨーク大学のスティーヴン・ギル氏によれば、米国の覇権は、単に日米安保など冷戦時代の自由主義諸国の同盟関係の上に築かれているのではなく、より広い世界の先進工業諸国の政界・財界・言論界などのエリート層の安全の保障を広範な基盤にしている。そして、その具体的な構築の仕掛けとなったのが日米欧委員会であった。つまり、いわゆる「先進工業民主主義諸国」ブロックが、東の共産圏と南の開発途上諸国と対峙して、のちに「グローバル・ガヴァナンス」と呼ばれるようになった世界支配体制の頂点に立った。その背後には、日米欧委員会が暗躍したとされている。ギルの国際政治学者としての最初の「功績」は、このことを新グラムシ学派の立場から実証する『地球政治の再構築――日米欧関係と世界秩序』という題のもとで邦訳された著書（朝日選書、一九九六年）において、この世界を牛耳っている「委員会」の構造を明らかにしたことにある。筆者は、ギルの理論を大いに活用して、米国の一極覇権の構造を分析してきた。この構造を支えている「日米欧委員会」は、一九八〇年代に共産圏を崩壊させるのに役立っただけではなく、現在も、ネオリベラリズム・グローバル化を進めてグローバル・サウスつまり南の国々や人々の人間不安全を拡大再生産させている。つまりは、日米欧委員会は、反テロ戦争を起こしたネオコン・ガヴァナンスと、今日のネオリベラル・グローバル化の結果である世界金融危機のいわば生みの親として、ギルによって見事に描き出されているのである。

ところが、彼の理論に同調しているこの論考の筆者は、実は問題の日米欧委員会の生みの親の一人でもあるという大変困った立場に立っているのである。なぜなら、日米欧委員会を発足させるために、一九七二年の多分秋ごろにペンシルヴェーニア州にあるデーヴィッド・ロックフェラーの山荘に集まった米国・西欧・日本からのいわば発起人の相談会に参加して、筆者も日米欧委員会の参加者の選定や活動の仕組みなどについていろいろ議論したからである。日本からは、宮沢喜一氏、大来佐武郎氏のほか、国際交流センターの山本正氏と筆者が参加、西欧からはジャン・モネーに近かったオランダのマックス・コーンスタム氏と、フランスの駐英大使として英国の欧州への参画に貢献したジャン・ベルトワン氏が参加していた。地元の米国からは、デーヴィッド・ロックフェラー氏のほか、米国の国際政治協議会のジョージ・フランクリン氏、それに全体のまとめ役で仕掛け人だったズビッグ・ブレジンスキー氏であった。

先進国ハト派連合として生まれた「委員会」

一九七〇年ころ本稿の筆者は、日米間の市民レヴェルでの意見交換の場になっていたいわゆる「下田会議」で、主として「核抜き」本土並みの沖縄返還について米国側の論客相手に、今日では明らかな政府レヴェルの秘密協議が進んでいたことを知らされず、また知らない形で議論して、一九七二年には一定の回答を受けていた。当時、筆者は沖縄返還という日米二国間の懸案事項が解決したら、今後日米間での市民間の交渉は、東西冷戦下の安保問題にせよ、南北対立が深刻化する貿易と開発の問題にしても、先進工業国である日米の多国間外交問題について進める必要があることを下田会議で主張して、米国側のズビッグ・ブレジンスキー氏と意見が一致した。その当時、ブレジンスキー氏は、日米の下田会議と当時米国と西欧のあいだで続けられていたビルデベルク会議とを合併して、先進工業民主主義諸国のエリート層の対話をすすめようとしてデーヴィッド・ロックフェラー氏とともに日米欧三極の政界・財界・官界・メディアの大連合を図ろうとしていた。そこで、筆者はブレジンスキー氏から、日米欧「トライラテラル・コミッション」というものの創設に向けての話し合いに参加する誘いを受けた。

この会議に西欧側から参加していたコーンスタムとは、キリスト教の世界教会協議会の南北対話の席で知り合い、彼の先進国エリートには珍しい開発途上諸国への協力の姿勢に強い共感を持っていた。そして、西欧と日本とが第三世界に対して歩み寄る方向で共同歩調をとることができれば、当時東西冷戦より深刻で世界の安全保障にも永続的な不安定条件を作っていた開発途上諸国への先進工業諸国の開発戦略をより公正なものにできるのではないかという、今にして思えばかなり甘い期待をもって、この会議に参加した。それは、日本側からも宮沢・大来という新ケインズ学派の論客がいて、うまく橋渡しすれば、南側の交易条件の格差の議論に応える方向で、米国をうごかすことができると考えたからであった。じつは、その線に沿って、日本側の共同代表として、アジア開発銀行の初代総裁であった渡辺武氏を迎えることができたので、筆者の狙いはある程度成功したと今でも思っている。こうして、日米欧委員会は、ネオ・ケインズ主義のハト派連合として生まれたといえよう。

新自由主義タカ派連合に変身した「委員会」

しかし、今にして思えば、アジアの一国としての日本の米国に対する発言力が、西欧の支持によって増大すると簡単に考えていた筆者の思惑は、ブレジンスキー氏のもっとも主張のために完全に覆されたことを認めざるを得ない。このロックフェラー山荘会議では、陰謀説をとる論客の主張には程遠い「先進工業民主主義諸国」のグローバルな相互依存世界に対する責任意識が主張されていた。これが、ギルの指摘する米国のヘゲモニーの道徳的な根拠になっていたのは確かである。そして、ブレジンスキー氏は、この「先進工業民主主義諸国」の共通の責任を意識する形で、日米欧委員会は、三者がかってに自己主張をしあって張り合うことを避け、あらゆる問題についての共通の見解を作り出すべきだということを強く主張した。

本稿の筆者も、この「正論」に反対して日本の独自の主張をさせろという勇気をもっていなかったことを今日反省するものである。いずれにせよ、山荘会議は、日米欧委員会が、当時注目されていたローマ・クラブと同様に、専門家に依頼して作成させた報告書を議論・採択するという形で議論をすすめることを決定した。そういう報告書は、日米欧三者を代表する三人の共同執筆者によって執筆・署名されるトライラテラル・ペーパーの形で、「先進工業民主主義諸国」の共通の立場をあらわすものと決められた。

筆者も米国側のリチャード・クーパ氏や西欧側のジャン・ベルトワン氏とともに国連などの多角外交に関するペーパーの共同執筆にあたったが、それより注目を受けたのが、日本の綿貫譲治氏、フランスのミシェール・クロジエ氏が、米国のサム・ハンティントン氏と共同で執筆した『民主主義のガヴァナビリティ』と題する報告であった。このトライラテラル・ペーパーは、民主主義において専門家が無知な市民を説得することに労力をかけるために民主主義諸国のガヴァナンスに困難が伴うという主張によって注目を引いた、世界にガヴァナンス論を流布した報告書であった。そして、この報告書などによって、新ケインズ主義的なグローバル相互依存のソフトな主張よりも、ネオコン的でハードなグローバル技術官僚主義が、日米欧委員会の主流になっていった。

一九七〇年代後半の、このような状況の中で、ジミー・カーター氏の大統領選挙に際して、ブレジンスキー氏はその外交政策アドヴァイザーとなり、大統領就任後は、国家安全保障問題担当補佐官になった。その結果「日米欧委員会」が国際メディアの注目を引くことになったのである。その中で、一九八〇年代の新自由主義路線が浮上して、一九九〇年代のブッシュ大統領［父］の「新世界秩序」を支持する方向で、スティーヴン・ギル氏が分析している米国一国覇権のグローバルな基礎としての「日米欧委員会」が生まれたのである。このような新自由主義的なタカ派の指導するグローバル・ガヴァナンスの広範な枠組みの中で分析しない限り、日米の国際安全保障に関する今日の論争の意味を正しく把握することができない。

VI

日米安保の半世紀を振り返る

アジアの視点から観た日米安保

鄭敬謨（チョンキョンモ）

「日米安保五十年」と言えば、当然岸信介が主役を演じた一九六〇年の条約を指すであろうが、私はもう十年ばかり遡り、吉田茂が主役であった一九五一年のサンフランシスコ条約のことについて思い出すことを述べてみたいと思う。

そのときアメリカ側の立役者はジョン・F・ダレスであったが、彼がトルーマン政府の外交顧問に任命されてから最初に物したメモランダム（覚書）には次のような驚くべき一句が含まれていた。

「アメリカは日本人が中国人や朝鮮人に抱いている民族的優越感を充分利用する必要がある。共産陣営を圧倒している西側の一員として自分たちが同等の地位を獲得しうるという自信感を日本人に与えなくてはならない(1)」

ダレスによってこのメモランダムが書かれたのは一九五〇年六月六日であって、朝鮮戦争が勃発するわずか二十日ばかり前の時点であったことに留意してほしい。

もう一人の人物ジョージ・ケナンをここに登場させたいのであるが、彼が「対ソ封じ込め」政策の立案者として歴史に名を残した人物であるのは日本でも広く知られているが、しかし彼が朝鮮半島は日本の再支配に任せるべきだという所謂「ケナン構想」の立案者であったことは知られていないし、第一その構想自体が隠蔽されたままであって、もしも私のこの文章をいま読んでいる読者の中に、このことを知っていると言い切れる人がいるとすれば、それは寧ろ例外中の例外ではあるまいか。

国務省の中に政策企画部が設置されその長にケナンが据えられたのは一九四七年であるが、彼の指揮の下に「対ソ封じ込め」政策をより具体的なものとするために立案の作業が進められたと思われるのがこの「対朝鮮構想」であって、これについて論述したB・カミングスの『朝鮮戦争の起源』第二巻（邦訳未完）によると、それは次の如きものであった。

「日本人の影響力並びに彼らの活動が再び朝鮮と満州に及んで行くような事態をアメリカが現実的な立場から反対しえなくなる日は、われわれが考えるよりは早くやってくるだろう。それはこの地域に対するソビエトの浸透を食い止める手段としては、これ以上のものはないからである。

力の均衡をうまく利用するということこのような構想は何もアメリカの外交政策にとってこと新しいものではない。現今の国際情勢に鑑み、アメリカが上記のような政策の妥当性を認め、もう一度そのような政策に戻ることは、それが早ければ早いほど望ましいというのは、われわれ企画部スタッフの一致した見解である。[2]」

ここで言う「力の均衡」云々の前例とは、言うまでもなくアメリカが日本に朝鮮の支配権を予め承諾したポーツマス条約当時の桂―タフト密約（一九〇五年七月）のことであるのだ。

顧みるに戦争の放棄と武力行使の禁止を謳った一九四七年の憲法は、日本が二度とアメリカに歯向うことを防止するための法的措置であった。しかし一九五一年吉田茂がサンフランシスコで調印した安保条約は、これに深く関わったダレス並びにケナンの思想から類推する限り、アメリカが自らの対アジア戦争に日本を組み込ませることを規定した文件であって、憲法と安保は力のベクトルが正反対の方向を指しているのは明白である。

振り返ってみると戦後のアメリカは、一貫してアジア人に対する日本人の優越感を煽り、明治以来の脱亜入欧の思想が色褪せないことを念頭においた政策をとってきたように思う。日本自身、並みのアジア人とは異なる擬似的西洋国家の国民たることの中に自らのアイデンティティーを求めてきたのではあるまいか。

G・マコーマックに依ると「戦後からアメリカは、ことさらに日本の特異性を指摘し、他のアジア諸国とは根本的に違う国だということを強調することによって、日本をしてアジアとの関係を疎遠ならしめ、それを通してアメリカに対する依存をより深めることを基本的な目標としてきた」と言う(3)。

戦後以来このような状況の中で六十余年の歳月を過ごしてきた国として、いま頼りにしてきたアメリカの国力が急速に衰退しているという思わざる事態に直面し、日本は様々な矛盾と行き詰まりの中で、何れの進路をとるべきか苦悩しているように見受けられる。

日米安保の枠組の中に安住してきた今までが今までであるだけに、朝鮮半島を含めたアジアとの新しい、そして賢明な関係の再構築は、日本にとって喫緊の急務であろうし、今多くの人が話題にしている「東アジア共同体」にしても、そういった悩みの一つの表れではないかと推測するのであるが、日本が軍事的にはアメリカに依存しながら、経済的にはアジアに頼るという形の「東アジア共同体」が如何にして可能であるのか、私にはその実態を具体的につかみ取るのが容易ではない。

注

(1) Frank Baldwin, *Without Parallel*, p.179.

(2) Bruce Cumings, *The Origins of the Korean War*, Vol. II, p.56.

(3) ガバン・マコーマック『属国——米国の抱擁とアジアでの孤立』新田準訳、凱風社、二〇〇八年、二一頁。

「日米安保」と日韓問題

姜在彦（カンジェオン）

朝鮮戦争中の「日米安保」

朝鮮戦争（一九五〇年六月二五日～五三年七月二七日）のさ中の五一年九月、サンフランシスコ平和条約によってGHQの占領政策がおわり、同時に結ばれた「日米安保条約」によって、日本はアメリカ軍の常駐体制を承認した。当時日本は、朝鮮戦線に投入されるアメリカ軍の莫大な物量と人員の兵站基地になっていた。

アメリカは韓国との間にも、五三年一〇月に「米韓相互防衛条約」を結び、朝鮮戦争停戦後のアメリカ軍の常駐体制を規定した。北東アジアにおいてアメリカを頂点とする米・日・韓の反共同盟を完結するために、アメリカは日本と韓国とを連結する関係正常化に圧力をかけた。

アメリカの斡旋によって、五一年一〇月、日韓両国代表は東京で予備会談に入り、五二年二月から本会談が始まるが、六五年六月に日韓条約が調印されるまで中断と再開とを繰り返し、紆余曲折があった。とりわけ韓国の政府や民衆の猛烈な反発を呼び起こしたのは、第三次会談（一九五三年一月六日〜一〇月二一日）における、日本側首席代表久保田貫一郎の発言であった。その要旨は――。

①対日平和条約の締結以前に朝鮮が独立したのは国際法違反である。

②終戦後在朝鮮日本人が全部引揚げさせられたのは国際法違反である。

③財産請求権についての韓国側の主張は国際法違反である。

④カイロ宣言の〈朝鮮人民の奴隷状態に留意し……〉とあるのは、戦時中の興奮状態での表現である。

⑤日本の朝鮮統治は朝鮮人に恩恵を与えた。

というものであった。日本の植民地支配からの独立を全面的に否定する久保田の「妄言」は後に撤回されたが、日本の為政者たちの中に潜在する戦前的支配者意識の一端をさらけだすものであった。日韓交渉の最後の段階を迎えた第七次会談の日本側首席代表高杉晋一も、記者会見（一九六五年一月七日）で、次のように発言した。

「日本があと二十年朝鮮をもっていたらよかった。植民地にした、植民地にしたというが、日本はいいことをやった。」

条約締結後も、久保田・高杉の発言に類似した為政者たちの「妄言」が続出し、そのたびにトラブルが起こり、日韓関係は行きつ戻りつを繰り返してきた。

「新安保」と日韓条約

一九五一年の「日米安保」は一九六〇年に改定され、「新安保条約」となった。一九六〇年を前後して、韓国でも大きな政治的変動があった。

その最も劇的なものは、一九四八年八月に大韓民国が成立して以来、一二年間も独裁を続けた李承晩（イスンマン）政権が倒れ、六一年五月一六日の軍事クーデターによって朴正熙（パクチョンヒ）政権が登場したことであった。強烈な「反共・反日」の李承晩（一八七五〜一九六五年）に対して、朴正熙（一九一七〜七九年）は、旧満州の新京軍官学校から日本陸軍士官学校に転校して卒業した、親日的な軍人出身である。李承晩から朴正熙への政権交代は、日韓条約を妥結する絶好のチャンスとなった。

朝鮮戦争停戦後の南北朝鮮間には、体制の優位をめぐる激しい競争が続いていた。それは、南北いずれが統一の主導権を握るかを左右する問題であった。朴政権は李承晩時代からの貧困を克服し、北との体制競争に勝つために、「先建設・後統一」のスローガンを掲げ、反体制的な統一運動や民主化運動を弾圧しながら、「先建設」に集中した。そのための外貨を得るために、一九六五年には、日韓条約の締結を急いだばかりでなく、南ベトナムへの派兵を決定した。その名分は、朝鮮戦争へのアメリカ軍の参戦に対する「恩返し」であった。「漢江（ハンガン）の奇跡」といわれた経済成長への道は、このようにして切り拓かれた。

一九八八年のソウル・オリンピックの成功は、南北間の体制競争において、韓国の圧勝を全世界に誇示する一大イベントとなった。かつてのこちこちの反共国としては想像もできなかったことであるが、北朝鮮の最大の友邦国である旧ソ連とは一九九〇年一〇月に、中国とは九二年八月に、それぞれ国交を樹立した。

一九七九年一〇月、朴正熙はその腹心の韓国中央情報部長金戴圭によって暗殺され、一九六一年の「五・一六軍事クーデター」から一八年間続いた朴政権は、明暗半ばの足跡を残して終わりを告げた。朴政権に対する韓国の評価は、政治的には軍事独裁者としてネガティブに、経済的には「漢江の奇跡」を切り拓き、高度成長の基礎をつくった強力な指導者としてポジティブに、今でもその毀誉褒貶は定まらない。

冒頭でものべたように日本と韓国における米軍の常駐体制を規定したのは、日米安保と「米韓相互防衛条約」であった。それはいずれも朝鮮戦争とその後の冷戦体制の産物であった。その冷戦体制が崩壊したいま、北東アジアにおける米・日・韓の反共同盟そのものの意味を、根本から問い直すべき時期にきたのではなかろうか。

大衆ストライキ

河野信子

「大衆」という言葉の実感が、ここ数十年間、私のなかで動いている。一九六〇年安保の闘いの時期から現在でも変りはない。

ちょうどローザ・ルクセンブルグ（一八七〇―一九一九）の『マッセンシュトライク』を読んでいる最中であった。このマッセンをどうとらえたらいいか考えあぐんでもいた。「渦」の発生から拡がりのようなものであろうか。はじめはちいさな風が日本では暴風となるようなものであろうか、などと。この「マッセン」を「大衆」と和訳していいのだろうか。とつぎつぎに適当な表現を浮かべては消していた。「日本語は不自由なものだ」と不満を並べながら。

その頃である。「日本に、はじめて大衆が発生したのは、米騒動（一九一八年八月～九月、富山県中新川郡西大橋町で漁民の女房たち三百人が米安売りをもとめて、米商に交渉を開始し、これに端を発して、全国三七市一二九町一四五村に及び、騒動に参加した人員は数百万人になるといわれた。検挙者数万起訴七七〇八人――『年表　女と男の日本史』藤原書店、参照）のときである」といわれていたことに気付いて、やっとカオス理論でいう「大衆ストライキ」といった表現に落着いた。

この「大衆ストライキ」の初発状況のひとつが九州大学でも起った。

一九六〇年一月二十一日早朝、羽田事件（一月十六日安保改定調印に出発する岸総理一行に反対するため、全学連が羽田空港で抗議の集会、デモを行った）に関連して九学連（九州学生連合）の書記局に入ろうと捜査官が宿直を起して、建物入口の扉を開かせた。

学生ひとりの立会もないにもかかわらず、書類は押収され、捜査令状になかった法学部自治会の書類まで押収された。事件は直ちに伝わり、学生たちはつぎからつぎへと学長室に集り、九州大学本部の廊下に坐り込んだ。緊急学部長会議が開かれ、一部押収された書類の返還を求められたが警察は拒否した。九州大学教職員連合会は、警察と学生の仲介者となり、三者の話し合いがおこなわれた。しかし決裂した。

正門前に機動隊員が多数集り、大学側（学生・教職員も含む）と警察側とのにらみ合いはつづいた。午後九時二十分武装警官は正門を破って突入すると宣言した。学長は正門に出て、三者（大学側・組合側・警察側）の話し合いを提案した。三者会談ははじめられたが、県警察本部は、会談打切り、実力行使を通告した。二十二日午前一時五十分、五十秒で門は破られ、警官隊は九大本部に突入し、廊下の学生たちを、「ゴボウ抜き」にし始めた。

学生たちは、顔にすり傷を負い、衣服は破られ、引きずられて行った。

日頃は「運動」などとは無関係な態度をとっている若い職員たちは、窓枠に何人もよじ登り、「ガンバレ、よくやった」とひとりひとりに声をかけつづけた。

最後に、学長室で書類の風呂敷包みをしっかりと握っていた副田経済学部長は、組合の副委員長であった正田教授に支えられていた。警官は二人を正面玄関まで引きずり、書類をひったくり、警察のジープは走り去った。

学生たちは、数時間の坐りこみで汚れた廊下を、泣きながら掃除して磨きあげた。

当時、私は組合の情宣部長であった。あまりの手荒さに抗議をすると、「きさま、女のくせにでしゃばるな」と、警官は怒った。

その後学生の抗議集会、教職員組合の臨時職場大会が開かれた。

しかし大学側は、いち度も抗議文を出さなかった。マスメディアは、「三者三様の尻すぼみ」などと評した。

これは、大衆ストライキの発生様相のひとつである。

一九五九年にはじまった安保反対運動は、六〇年夏にむかって波及し、組合や全学連の呼びかけがなくとも、学内に人影がなくなる程、デモに参加する人びとを、どこまでも増加させた。

この状況のなかに、自らを投入させた人たちに、「どのように」と聞いても、「わからん。気配に呑み込まれ、気分は高揚した」といった答えが返って来た。

事態は、嵐の終りのように、日常へと移っていった。

だが仕掛けたと自ら思い込んでいる人たちは別として、「挫折した」と苦しむこともないありさまだった。

ただ「大衆ストライキ」の前夜は、九州大学の事件にも見られるように、人びとは、地位だの「立てまえ」などにこだわることもなく、快く捲きこまれていった。

二十一世紀の現在でも、「過ぎし安保の闘いに」と、膝をかかえている人はいるにはいるが、「真意」を語り得る人はすくない。

自然承認前夜

諏訪正人

一九六〇年六月十八日、私は永田町の首相官邸のなかでうろうろしていた。

当時、私は毎日新聞の政治部記者。といっても前の年に学芸部から移ったばかりの新米記者だった。新米は首相官邸を担当し、時の首相のあとをついてまわり、動静を逐一報告する仕事だった。つまり岸番である。

毎朝、真っ先に渋谷区南平台の岸邸に駆けつけ、訪問者をチェックし、大物が現れたら何の用事か話を聞き、首相が私邸を出ると、各社それぞれ車で後を追う。行き先は主として官邸か自民党本部。昼間の公務が終わると晩は料亭かホテル。

自分はいったい何を待っているのか。そんなゴドー的疑問をかかえて悶々としている岸番記者の屈託を吹きとばしたのが日米安保条約改定だった。

六月十八日、社会党、総評など百三十あまりの団体が参加する安保改定阻止国民会議は「岸内閣打倒、国会解散、安保採決不承認」のスローガンを掲げて三宅坂に集結し、国会を取り囲んだ。国会周辺は夕方になって三十三万人にふくれあがった。国会とその横手にある首相官邸には「安保反対」「条約不承認」のシュプレヒコールがこだました。

このひと月前の五月十九日深夜、政府・自民党は警官隊五百人を衆議院に導入し、座り込んだ社会党議員をごぼう抜きで排除した。その足で全野党欠席のうちに自民党単独で五十日の会期延長を議決、二十日午前零時過ぎに、新安保条約を審議抜きで可決した。

憲法六一条は、予算と条約について、衆議院の可決後、三十日以内に参議院が議決しないときは衆議院の議決を国会の議決とすると規定している。これが自然承認である。安保条約の自然承認は六月十九日午前零時。

六月十八日、朝から首相官邸は緊張していた。国会から首相官邸にまわった大群集が「安保条約反対」「岸を倒せ」と叫ぶ声が遠雷のように途切れなくとどろいた。

日が落ちると、秒読みがはじまった。官邸のスタッフは全員ピリピリしている。岸首相はすでに執務室にいる。

私が秘書官室にはいると、通りから投げた小石がピシッ、ピシッと官邸の壁面にぶつかる音が聞こえた。消音装置をつけた短銃を発射したような、押し殺した不気味な音である。

現在の首相官邸と違って、当時の首相官邸は三階建ての小ぶりの建物だった。午前零時が近づくにつれて投石のテンポは速くなった。このままでは官邸は一面ブスブス穴があくのじゃないかと心配したことを覚えている。

三日前の十五日には、全学連の学生を中心とするデモ隊が国会構内に突入し、機動隊と衝突するなかで東大の学生、樺美智子さんが死亡した。

安保改定デモの高まりを恐れた岸首相はひそかに赤城宗徳防衛庁長官に自衛隊出動の研究を命じていた。樺事件で岸首相はもはや研究の段階ではないと自衛隊の出動を要請したが、「できない」と長官に断られたのもこのころだった。

「なぜできない」と大野伴睦自民党副総裁に問われて、赤城長官はこう答えたという。「自衛隊は暴動の鎮圧訓練をしていない。出動させるとすれば、実弾を装填したライフルを持たさなければならない。当然デモ隊はライフルを奪おうとするだろう。奪われまいとする自衛隊員との間で流血の惨事が起きるのは明らかだ。だから出動させることはできない」と明快だった。

官邸の壁にあたるつぶての音を聞きながら岸首相は自衛隊の助けも拒絶され、孤立無援の心境だったに違いない。

官邸に駆けつけた政治家は一人また一人と姿を消し、最後まで残ったのは実弟の佐藤栄作蔵相だけだった。岸と佐藤の兄弟はブランデーをなめながら午前零時を待った。十九日の朝が来ると、岸首相は「棺を蓋いて事定まる」とひとこと言い残して南平台の私邸に帰った。

その三日後、岸首相は辞意を表明した。国会と首相官邸を取り巻いた大群衆は煙のように消えた。あきれるほどあざやかな舞台転換だった。次の舞台は高度成長。人々はデモを中止して、息せき切ってわれがちに駆け出した。足もとには、安保条約のテキストがもみくちゃになって散乱している。

私のなかには、官邸をたたくつぶての音のあとにそんな漫画的情景がつながっている。あの安保騒動は何だったのだろう。安保抜きの安保騒動だったのではないか、と元岸番記者は思う。

岸首相は二人いた。一人は周到に米国の情報を収集し、一歩一歩安保改定の青写真の具体化をはかる現実的政治家。もう一人は反対意見を無視して警職法改正、新安保条約を強行採決する力ずくの、現実的ではない政治家。後者の腕力がまさったのが安保条約の不幸だった。安保条約が忘れ去られたのもそのせいだろう。

今の日本で安保を破棄したらどうなるか

【私の提案】

米谷ふみ子

過去五十年、日米安保条約は嫌なものだ、未だに占領されているようでと考えていたが、これを破棄してしまうとどうなるかを考えると本当にアンビバレントな思いになる。

私は一九六〇年、安保反対の学生運動の最中に日本を出てアメリカにやって来たのだった。着いて一ヶ月ほどして、母の手紙で東大の樺美智子さんが殺されたと知って愕然とした。デモで学生が殺されたと聞いたのは初めてだったからだ。それまでの私はノンポリで政治に興味も無かったと言っても良い。

日本の画壇に不満なので、何とかして自由を勝ち取ろうとアメリカに来ることばかりを夢みていた。だが、ノンポリであってもアメリカ政府の基地でしていることは悪いという観念を持っていたのは否めない。ニューハンプシャー州の芸術家村に来た時、政治の話を芸術家達がよくするので、彼らの話す英語が明瞭に分からなくても話を良く聞き、自分の意見を持たないと、アメリカでは馬鹿にされることを学んだ。そこの芸術家達は、日本の学生がアイゼンハワー大統領が安保改定調印のために日本にやってくるのを阻止したことを大変褒め称えたのに私は驚いた。そして、私が日本で付き合っていたアメリカの政府一辺党の宣教師達と大変違う見解の人々が芸術家であると分かりほっとしたことだった。勿論芸術家達の大部分は共和党が嫌いだった。

こちらで結婚して、脳障害児が出来ると社会福祉や医学界、教育に関わらざるを得なくなり、政治家の殆どが人類のために自分の義務を果たしていないことに気がついたが、あれほど、毛嫌いしていたアイゼンハワー大統領が引退するときにアメリカの国民に向かって行なった演説で私の彼に対する評価が変わった。「社会の組織を改めないと、アメリカの国が大変なことになる。アメリカの政治は軍需産業に牛耳られていて、これに携わっている少数の人の利益のために戦争をして税金を費やしている」と警告をしたのだった。共和党であろうと民主党であろうと、これまでに国民に大切なことを正直に警告した大統領はいない。私の彼に対する見解がころりと変わったのだ。

この稿を書くために色んなものを読んで知ったのだが、条約ができたときの日本の首相だった吉田茂が、戦後の貧困を救うために、軍備に税金を使うよりはその資金で日本の経済を復活させるほうがいいと、条約にサインをしたのを知った。当時は軽蔑していた自民党の首相だったが、今あっぱれだと思っている。今のアメリカの状態を見ると五十％以上の予算が軍事費に費やされている（Physicians for social Responsibility, *The Many Costs of War*,2006）。毎日毎日国民健康保険の話が出るが、共和党の反対の理由は資金がないの一点張りである。軍備費を削れば十分に出てくるのに、政治家は軍需産業から選挙資金を出してもらっているので、削れとは言えない。こういう状態を聞いて、日本の戦争中を思い出した。なにもかもが、軍隊に取り上げられた。今のアメリカよりもっと悪い状態だった。

もし、安保条約がなくなれば、日本の半分の人々は堂々と軍隊を一人前に持てと言うだろう。まあ自衛隊も軍隊のようなものだが、安保がなくなると堰を切ったように軍隊に軍事産業に税金をつぎ込むのは目に見えて明らか。石原都知事を始め、政治家の中には原爆を持ちたいのが一杯いる。日本の国があのファッシズムに向かって逆流し出す。

この二、三年、日本の社会に自信が持てなくなった。日本で一番インテリの集まりと誰もが考えているペン・クラブを眺めていて絶望した。役員を選挙しても、その得票数を公表しない。また、自分達の役を利用して、このペンクラブを私物化している。この知識階級と言われている人が自由平等、個人の権利が何かもわかっていないので、私は抗議して脱退した。中でも選挙結果を公表して欲しいと会合で述べた人もいるらしいが、幹事はそれを無視したと聞いた。

そんなのだから、私は安保を破棄すると、日本の政治家は他国に対する虚栄、独立国は軍隊を持つものだという観念で憲法を変え、軍隊を持つと思う。

勿論基地の問題がある。ドイツとかイタリアの方が同じ安保でも条件が良いと聞いた。うちの嫁はドイツ人だ。友達の所にもドイツ人の親類がいる。二人で話したことは、日本が戦中三国同盟を結んだといってもどのように彼らを扱えたか疑問だと笑った。彼らは絶対に占領軍であろうと対等にものを言ったと思う。自分が正しいと思っていることを強引に主張する。まあアメリカには割り方柔軟性があるからだが、それを彼らは知っている。日本人は戦後でも未だに上下関係でものをみるので、基地の問題でも対等に文句を言っていないのではないかと思う。安保を解消するためには、五年くらい、小学校から日本人に民主的な人権問題を教育する必要がある。そして、軍隊のないコスタリカと協定して世界中を平和憲法に変える運動に取り組むべきだ。

身捨つるほどの祖国はありや

篠田正浩

一九六〇年。私が初めて映画監督として仕事をはじめたその年の夏は、安保闘争のクライマックスを迎えていた。『乾いた湖』という大学生の政治活動をめぐる新作の準備にはいっていた。『君の名は』など恋愛メロドラマを得意とした私の会社は、政治に情熱を燃やす学生たちの行動が、新しい時代の物語だとして新人たちを起用したのだ。その過激な変化に、松竹ヌーベルバーグという呼称がマスコミから与えられていた。大島渚は政治改革を求める世相の熱気を一身に集め、吉田喜重は知性の復権を映像表現の目標と定めていた。私といえば、助監督時代に県立青森高校の少年が発表した短歌に引き寄せられて、その少年（すでに二十三歳になっていた）とシナリオを作っていた。

短歌といえば、「身はたとひ武蔵の野辺に朽ちぬとも　留め置かまし大和魂」と詠んだ吉田松陰の絶唱がすぐに思い浮かぶ。しかし敗戦後、私は昭和天皇が現人神でないという勅語に接して、たちまち中学で朗唱した万葉集、古今集をはじめ勤王の志士たちが詠みあげた歌の数々がとりかえしのつかないような空虚になってしまい、捨てた。

その空白に思いもかけない短歌がナイフのように飛来したのだ。

マッチ擦るつかの間海に霧ふかし　身捨つるほどの祖国はありや

寺山修司が東北の田舎から忽然とすっかり死語となっていたはずの「祖国」を引っ提げて現れ、全身で私は反応した。脚本執筆中の宿屋には、デモ隊の〈アンポ反対〉のシュプレヒコールが遠雷のように聞こえてきた。

岸内閣は日本降伏直後に締結された安保条約のアメリカの一方的な防衛義務から離脱して、自立し始めた日本にも相応の役割分担を明確化する新たな条約に合意しようとした。反権力のデモ隊は軍事同盟の強化、共産主義に対する敵意だとして反米反岸の左翼運動に転移していった。しかし原爆を保有する圧倒的な軍事力で立ちはだかるアメリカ支配を、デモで粉砕するという運動の結末は見えていた。「デモに行く奴は豚だ」というセリフが私と寺山のシナリオの中に書き込まれ、私たちの主人公の学生はその無力感からテロを夢見る。

あれから五〇年。沖縄「普天間」移転問題で鳩山内閣がゼロベースで日米関係を見直すと発表すると、大手新聞の大半の論調が日米関係に危機をもたらす、決定が遅い、沖縄に土下座しても名護に基地をと叫ぶ前防衛大臣の言辞までが飛び交った。アメリカは日米合意内容を変更しない、という主張に反論を許さないという論調が新聞テレビを支配し、私は茫然となった。知日派のリチャード・アーミテージと元大統領補佐官マイケル・グリーンが急遽来日して日米安全保障のシンポジュームが開かれ、日本政府が「普天間」合意を受けいれるよう圧力をかけてきた。この動きを後押しするように、ダニエル・イノウエ上院議員の「アメリカにも忍耐の限度がある」という発言が報道された。しかし「沖縄にも忍耐の限度がある」と打ち返した日本のジャーナリズムは皆無だった。

六〇年安保の直後の一九六一年一月一七日。任期を終えたアイゼンハワー大統領が議会での告別演説で、第二次大戦後のアメリカには国防の名のもとに軍需産業が興り、巨大な軍事費の支出がもたらした軍産複合体がアメリカの民主主義を脅かしていると発言した。軍産複合体はアメリカが経験したことのない権力になりつつあると。この異形の権力をかかえたアメリカは、腐敗したフィリピンのマルコスやベトナムのゴ・ディン・ジエムら独裁政権を反共ということで援助した前歴がある。そして大量殺りく兵器を保持しているという虚報をかざしてのイラク戦争である。同盟国のイギリス議会は今になって参戦の当否について検証している。

六〇年の安保改定の際には、期限は一〇年と定められ、第一〇条にはその後は、当事者が必要でないと認識すれば一年前に意思表示をして破棄できると書き込まれている。しかし、アメリカ軍再編にからんだ世界戦略として、横田基地の第五空軍司令部と自衛隊の航空総隊司令部のシステムが一体化されつつある詳細を、ジャーナリズムは十分に国民に伝えてきたのだろうか。このまま推移すると、日本の国家主権を侵害する気配があるのではないか。日本の安全と平和を守るための防衛義務を担うのは日本国民である。ここにきて、東アジアに位置する日本防衛の抑止力を自制してきた憲法九条は、アメリカ軍の無期限日本駐留を許容する危険をはらみつつある。日本はアメリカに日本の自衛力を主張する戦略と言論を表明すべきであろう。鳩山首相の有事駐留は理性的な提案であり、沖縄は日本国民が自力で防衛する意思を示すべきではないのか。

アメリカ占領から六五年。「普天間」問題で異議をはさむことを恐れた日本のジャーナリズムと国民の反応から、私は「パブロフの犬」を想う。

軍事条約に代わる日米関係を

吉川勇一

一九六〇年五月二〇日、国会で安保改訂は強行採決された。当時、二九歳だった私は、日本平和委員会の常任活動家として、連日、数万人という国会デモの一人として参加していた。六月一九日、新安保条約は自然成立した。一八日の晩も国会に向かっていたが、私が当時入っていた日本共産党からは、デモは議事堂近辺に留まらず、ただちに新橋駅の方に流れるべしという方針が与えられていた。留まっていた全学連の集団に何としても合流させないためだった。私のいた平和委員会の事務局グループも共産党の決定に従わざるを得ず、新橋へ向かった。しかし駅前で解散すると、ほとんどの仲間たちはすぐに国会へと引き返した。安保改訂の自然成立のその時、抗議の意思をもって何としても議会前に存在していたかったからだ。議事堂正門の前にまで行くと、たまたま清水幾太郎さんと出会い、「吉川君、君もいてくれたんだな」と声をかけられた。

「……露骨に形骸化した官僚主義に正面から対峙したのが、六月一八日夜国会周辺に坐り込んで一夜をあかした、学生を中心とする市民、労働者の一群である。民衆に許されている主体的な自由な選択意志と、自然の時間に一切をゆだねて、手をこまぬいて民衆の責任追求(ママ)をふりきろうとする権力意志とが、真正面からむきあったのである。こうして官僚主義は、新安保条約を発効させることに、最もぶざまに成功した。」(日高六郎編『一九六〇年五月一九日』岩波新書、一三五頁)

それからほぼ一〇年、一九六九〜七〇年には、私は「ベ平連」(「ベトナムに平和を!・市民連合」)のメンバーとして、故小田実さんらと六九年には『週刊アンポ』を発行したり、六九年六月一五日には五万人の反安保デモに参加して逮捕されたりした。七〇年には六月一日から七月四日まで、ベ平連は「反アンポ毎日デモ」を連続し、毎日数百名から千名以上が参加、六月二三日などは二万四〇〇名もの徹夜の大デモになった。一九九六年には、小田実さんや浅井基文さんらと、「日本国とアメリカ合州国との間の平和友好条約」の案文を作り、軍事条約である日米安保条約を破棄して、新たに日米間の平和的国際規範を作ろうと提案し、『ニューヨーク・タイムズ』(九七年一二月六日号)への意見広告を出したりもした(「日米平和友好条約」の全文などは、市民意見広告運動編『武力で平和はつくれない』〔合同出版刊〕に載せられている)。

つい今年の二月一五日には、「三鷹・武蔵野アンポ粉砕ちょうちんデモの会」の毎月連続のデモのなんと第七〇〇回目があり、えらく寒い雨の夜だったが、これにも参加した。

一九六〇年の安保闘争の時期から満五〇年になるが、その間、私はずっと日米安保体制の廃止を主張してきた。というよりも、五八年間といういう方がいいかもしれない。これ以前の一九五二年四月二八日、大学生だった私は、「平和・安保両条約発効に抗議する」学生ストを提案し、学校の禁止をした学内デモを指揮したということで、退学処分にされていたから……。

だが、この間、日米安保条約は存在し続けている。今年の賀状で、京都の知人からは、「斥候(ものみ)よ、夜はなお長きや? ／ものみ答えて言う、朝(あした)は来たる、されど いまはなお夜なり。汝もし問わんと思わば 再び来たれ／わたしたちもまた、余りにも長く問い続けてきた。では、今年は、どうしようか?」と書いてきた。まさに共感だった。

ベトナム戦争が、大義のなかったアメリカの侵略であったことは、いまでは明らかだが、日本政府は、この侵略戦争を無条件・全面的に支持した。沖縄をはじめ日本各地の基地から、ベトナム攻撃のための軍隊・航空機・艦船が出動し、日本はベトナム戦争を継続するために欠かせないアジア最大の物資補給の拠点となった。そのときの政府の根拠は、「安保条約がある以上、日本は中立ではあり得ない」(椎名外相の国会での言明)というものだった。戦後日本の「平和」が安保条約のおかげどころか、侵略戦争に巻き込まれていったのだ。

その後、ソ連圏が崩壊し、冷戦構造がなくなるのは九〇年代初めだが、「敵」だと想定されていた陣営が消滅したのだから、日米安保条約はその「歴史的な役割」を終えたはずだった。

だが、今度は、北朝鮮の脅威だの「ならず者国家」の存在だの、中国の軍事力増強の脅威だなど、新たな理由がもち出された。安保体制は「在日米軍再編」によって、さらに強化、変質し、条文にある「極東の範囲」規定などは無視されて、世界のどこであれ、アメリカと日本がともに出兵・軍事行動をする新たな軍事同盟にと変容しつつある。民主党であれ、マスコミであれ、安保体制を「日米同盟」などと称し、この軍事条約を維持しようとしている。

長すぎた五〇年が続いた現在、このゆがんだ軍事一本の条約ではなく、日本国憲法の精神に基づいた平和と友好の新しい国家関係に立て直すべき時である。

（付記）本年五月、『琉球新報』は『毎日新聞』と合同して世論調査を行ない、その結果を五月三一日付に大きく掲載した。それによると、「日米安保条約を維持すべき」が七・三％、「日米安保条約を破棄すべき」が一三・六％、そして「平和友好条約に改めるべきだ」が五四・七％だった。世論調査で「日米安保条約」を否定し、「平和友好条約」を支持する人々は、前回昨年一一月の調査の一二・七％から過半数に一気に増加していた（二〇一〇年七月六日記）。

日本国の怪奇現象

【国会は「国家百年の計」を論議せよ】

川満信一

長年続いた自民党政権の下で、政治家は裏金工作に長けた種族がなるものだと認識してきた。政・官・財癒着で、どんなに政治が腐敗しようと、国民が選挙で「それで良し」と、太鼓判を捺したら、目をつぶっているしかない。形式民主主義下にある以上、数の暴力を耐えるしかないのである。いつかは「真の民主主義」が実現する、根付くまでの辛抱だと、わが選挙権をもてあましてきたが、思わぬ風の吹き回しが起きた。去る衆院選で、沖縄全区の自・公候補者が全滅、政権交代への高波を巻き起こしたのである。沖縄には「ニンガチカジマーイ＝二月風回り」という漁師の俚諺がある。方向を変えた突風がいきなり襲い、舟を転覆させるので恐れられている。自・公候補者にとっては、それこそ「ニンガチカジマーイ」の遭難という感じであっただろう。まさに日本国の怪奇現象だ。政権交代に対する期待は、特に沖縄では大きかった。それは諦めかけていた基地問題の解決に片目が開きそうだという、ワラにもすがる想いからである。しかし、民主党連立政権の、腰の定まらなさに苛立ちがつのり、その期待感は急激にすぼまりつつある。

残された五月までの期間に、政府の基本方針が示されなければ、沖縄における次期参院選や知事選は大きく反動化するであろう。これまで、普天間基地の辺野古移設案に固執し「政府の考えを聞いてから……」と逃げの一手できた仲井真知事はじめ、自・公県議が、全会決議で「県外・国外移設要請」に反転した。さて、この反転をどう読むか。

これは、最近政治づいた友人のヤケナのユタから「判示」を聴いたほうが早道。

「それはだね、日本はアメリカの家来でしょう。日米同盟という家来の約束を変えることが出来なければ、だれが政権を握ろうと同じ。筋を正して、アメリカに一人前に物申す政権が誕生しない限り、沖縄への基地押し付けは変えられない。政権が交代しても、日本の政治の体質はアメリカ従属から抜けられない、ということを改めて認識したからだよ。」

「変えられないと読んで自・公は反転したのか。」

「そこだ。いまの政権が腰がひけて、県内移設の方針になれば、県民は怒って民主党に三行半をつきつける。その怒りの先頭に立って『県外・国外移設』をかかげ、現政権を追い込んだのはわれわれだと選挙民を味方に引き寄せる。また県外・国外移設になれば、それは自・公が先頭にたって要請した成果だとなる。つまりどちらに転んでも、次期選挙では選挙民の心情を引き戻すことができる。まあ、それが手馴れた政治の駆け引きだね。」

「なるほど、県内移設になれば、顔で怒って、腹では基地建設業者と乾杯というわけだ。」

「基地の県内移設では選挙にならない、と危機感をつのらせる小沢幹事長の情況判断は、沖縄に関する限り、まっとうだ。政権維持のためにも大事な鍵になる。問題は政治資金のことで、検察とマスコミ・世論に叩かれていることだ。この図式は深読みすると、日本国家の進路を左右する大変な事態にもなるぞ。」

「佐藤優が政治家と検察官僚の国家経営権をめぐる闘いだと指摘し、昭和の二・二六事件を想起しながら、治安維持法やファシズムへの反動化を危惧していた。ファシズムには国家ファシズムと、社会ファシズムがある。禁煙をはじめ生活周辺を『貴方のために』という名目で監視しているのは社会ファシズムだといってよい。地獄への道は常に善意と正義によって敷き詰められている、ということ。」

「米軍統治下の一九五〇年代、沖縄では言論暗黒の時代といわれ、弾圧されていた。学生たちまで犠牲になっている。そんな時代へ逆戻りなんて考えられない。野党にまわった自・公は、検察とマスコミをバックに、国会で政治資金問題に執着しているけど、すねに傷を持つもの同士の茶番劇という感じ。しらけてしまう。これはもっと重大な何かから国民の目をそらすためのトリックだ。国家百年の計を定めなければならない国会で、お家騒動みたいな揚げ足とりに熱中している。これまでの野党は、もう少しは国のあるべき理念を求めて、質疑を交わしていたのではないか。だが、政権交代以後の国会で、そのような野党の質疑をほとんどきいていない。いまの政権は腹背に敵だ。日本はいま、日米間だけでなく、中国他アジア、EU、ロシア、南米諸国などとの関係を正さなければ手遅れになる。」

「国会もそうだが、マスコミもひどいな。金平茂紀TBSアメリカ総局長は、『沖縄タイムス』連載の「ニューヨーク徒然草」（二月二三日）で、ダニエル・エルズバーグ博士のことを紹介している。一九五九年と六一年、博士は沖縄に来て二〇メガトン級の核爆弾を見たと記録しているという。沖縄に核弾頭が貯蔵されていることは、以前から情報が伝わっていた。いまごろ核密約があったただの、なかっただのと騒いでいるのがむしろ嘆かわしい。また、バブルの頃の金銭感覚の麻痺が治らない。密約の金額、米軍再編名目の支出額と、破産した零細企業一家の現実を比較する複眼が必要だ。」

日米戦争と安保改定

【岸信介の「執念」】

岩見隆夫

戦後の歴代首相のなかで、岸信介がもっとも首相らしい首相と私は思っている。政治記者の間では少数意見で、岸評価を口にすると、きまってけげんな顔をされた。

首相らしい、という意味は、国家と民族のために何を優先的に手がけるべきかという明確な目標意識を持ち、それを実行に移す政治力を持ち合わせていることに尽きる。岸は両方を備えていた。ほかは一つが欠けているか、両方とも欠けている場つなぎ的な首相が多かった。

政治力には、政治生命を賭けるだけでは不十分で、肉体生命を賭ける決意が秘められていなければならない。晩年の岸と親しく接する機会に恵まれたが、すでに好々爺の風情のなかに、貫徹主義を感じ取ることができた。「幕末の志士というのは、こんな男だったのかもしれない」とひそかに思いをめぐらせた記憶がある。

岸は長女の安倍洋子（安倍晋太郎夫人）に、「私は生涯で三度死を覚悟した」と言い残している。最初は第二次大戦末期、商工相の岸が戦争終結の時期をめぐって東條英機首相と対立した時だ。東條内閣は閣内不一致で退陣するが、早期終結論の岸は軍に狙われた。次は終戦直後、A級戦犯容疑者として逮捕された時である。

「生きて巣鴨を出られるとは思わなかった」

とのちに語っている。そして、三度目が一九六〇年、岸首相が断行した日米安保条約改定をめぐる騒乱だった。首相官邸も自宅もデモ隊に包囲され、岸は一時死を予感したらしい。

六〇年安保から十八年たって、岸にインタビューした。安保改定が正当に評価されるには五十年かかるだろう、などと岸は言ったが、私は改定に執念を燃やした理由は何か、とあえて聞いてみた。

「私は岸内閣の使命の一つとしてこれをやろうと初めから考えとるんだから。また内容も旧安保条約と比べ、一〇〇パーセントいいものだと思うし、これをやりえなくては国際的な日本の信用を失墜するのみならず、旧条約が復活するようなことは、私としては絶対に是認できないんだから。したがってどんなことがあってもこれは必ずやり遂げるんだと」

と八十二歳の岸が、胸を張るようにして声を強めたのだった。

ついでに、日米開戦のことも尋ねた。岸は何のてらいもなく、こう言ってのけた。

「勝つということよりも、日本がともかく生きていく最低限のものを戦争によって確保しなきゃいかん。日本に対して油の供給が押さえられている。日本が立っていくだけの体制を作らなければということだった。戦争で勝つというんならアメリカまで攻めていくことになるが、そんなことは誰も考えなかった。日本は最低限必要なものを確保するために必要な戦闘行為、戦争。そうして自分たちに有利な時期において講和をすべきだ。こういう考えだった」

信念型の指導者、岸において、日米戦争と日米安保改定は一本の道でつながっている。独立国としての日本の自立、そのために避けて通れない政治判断と迷いなく考えていたからだ。

これには異論もあるだろう。宮沢喜一は六〇年安保による岸退陣でやっと戦後が終わったという見方だった。戦犯容疑者が首相をつとめることへの嫌悪感がうらにある。それもわからないではない。あの安保騒動もいまにして思うと、反戦・反米と宮沢のような反岸の三つの「反」による相乗作用が誘発した一揆のようなものだった。冷徹な岸が意図した改定の中身はほとんど理解されないまま、以後五十年、「国防」については思考停止状態が続いている。

岸は旧安保より改定安保のほうが一〇〇パーセントいい、と言ったが、それに同意することは、国民的エネルギーの発露のような安保騒動を否定することになりかねない、というレベルであいまいに折り合ってきた。言いかえれば、リーダーも国民も、国家の存続にとってもっとも重要な「平和と安全」について、つきつめて考える習慣を放棄してきたに等しい。平和ボケである。

戦後六十五年、とにかく戦乱に直接巻き込まれることなく、日本は平和だった。しかし、これからの六十五年も平和だという保証があるはずがない。岸以後、「国を守る気概」を訴えた首相は何人もいたが、「守る」とは何かをとことん考えた首相はいなかった。

岸がいま健在なら、アメリカ依存の日米同盟、そのベースになっている現安保条約の存続を主張するかどうか疑わしい、と私は思う。安保再改定を提起するかもしれない。なぜなら、半世紀前最善であっても、この間、国際情勢は激変し、新たな脅威も発生している。かつての新安保はすでに古くなっているとみるべきだろう。

国民が国防に鈍感なのは困ったことだが、国民を覚醒させるのは指導者の任務だ。

六〇年の「できごと」

加藤晴久

ことしの一月一二日、ダニエル・ベンサイドが死んだ。六三歳だった。フランスのトロツキスト政党「革命的共産主義同盟」（現「反資本主義新党」）の理論的指導者であり、パリ第八大学の哲学教員でもあった。二四日に由緒あるラ・ミュチュアリテ公会堂で開催された追悼集会には四千人もの人々が集まった。

そのベンサイドが、二〇〇一年一月、教授昇任のための資格審査会で自己の思想経歴を語った際、審査委員のひとりであったジャック・デリダが言ったという。「あなたの話を聞いていると、rendez-vous「ランデヴー」のモチーフが繰り返しでてくる。しかし本当のévénement「できごと」というのは予見できないものであるから、両者は相容れないのではないか」（『ル・モンド』一月一四日付）。革命は人民と歴史との「ランデヴー」すなわち約束された出会いだとするベンサイドの、十六歳の頃から一貫した、ナイーヴな信条を揶揄したのである。événementの語源は「出てくる」「生じる」を意味するラテン語evenireだから、まさに「できごと」。それに対してrendez-vousは「約束された出会い」。「有楽町で会いましょう」が「ランデヴー」なのである。

わたしにとって六〇年安保はもちろん「ランデヴー」ではなく「できごと」だった。

翌年の三月にフランス政府の給費留学生試験を受けてパリに、それもエコル・ノルマル・スュペリユールに行くことをめざして準備していたから、そとの世界のことにはひたすら三猿を決め込んで日々を過ごしていた。前年の三月に結成された安保改定阻止国民会議が組織した第八回統一行動（一一月二七日）ではデモ隊が国会構内に突入した。その頃から本郷キャンパスでも、授業が始まる前の教室にブント（武装闘争を放棄した共産党を批判して五八年に結成された学生組織「共産主義者同盟」）の活動家がしばしばアジりに来たが、ただ聞き流すだけであった（活動家はどう思っていたのかは分からないが、そもそも教室で煽られてそうだと共鳴してデモに行くような者はいないだろう）。仏文の大学院生に活動家はいなかった。

「できごと」は向うからやって来た。新学年がはじまってから大学院人文科学研究科の学生自治会「人文会」の委員長になったのである。自然な成り行きからであった。「人文会の委員長は仏文のドクター一年がなるもの」という雰囲気が前からあった（事実、前任者は仏文の院生だった）。当番仕事をこなしていけば一年の任期は自然に終わると考えていた。

たちまちのうちに歴史の激しい渦巻きに翻弄された。五月一九日深夜、自民党が衆議院に警官隊を導入して新条約を単独強行採決してから、六月一九日の参議院自然承認、二三日の新条約批准書交換にいたるまでの期間、大学構内の集会や国会デモにすべての時間を取られた。そのなかで、六月一五日、国会構内で樺美智子が殺され、四〇〇人あまりの学生が重軽傷を負ったのだった。樺美智子は教室によくアジりに来ていた国史科の学生だった。

六〇年安保改定反対運動は七〇年前後のベトナム反戦運動とともに広範な一般市民が参加した運動であった。東京だけではなく多くの都市でデモに参加した人々は、歴史との「ランデヴー」を信じていた活動家の学生たちとちがって、革命を意図していたわけではない。総括はいろいろ可能だが、戦後民主主義教育を受けて成長してきた若い都市市民層が、戦後の貧困を脱し発展しつつあった経済（東京タワーの完成は一九五八年。東京第二の地下鉄・丸ノ内線の池袋・新宿間開通、東京オリンピック開催決定は一九五九年のこと）を背景に、アメリカの属国的地位からの脱却、また特に、強行採決以後は議会制民主主義の擁護、そして機動隊による暴虐な弾圧に対する抗議のために立ち上がったと考えるべきではないだろうか。

革命を叫んでいた学生指導者たちもその後はそれぞれの生まれと育ちにふさわしい軌跡をたどって「転向」していった。世界的な経済学者になった者。保守政権お抱えの御用学者になった者。身につけたメチエを活かして地域医療の発展に地道に尽した者。職を転々とした挙げ句、失意と貧困のなかで死んでいった者……。

共産党員であると思われる院生が、委員長としてなすべきことをいつも耳元で囁いてくれていたので、そして大体いつもそのとおりに動いていたので、「代々木」と思われていたようだが、その頃のわたしは意図的な「ノンポリ」であった。だから「転向」する必要はなかった。高波が退いたあとは元の生活にもどった。そのことで活動家たちから非難されもした。ただ、六月一五日の「できごと」は、六一年から六四年まで三年間のフランス生活の過程で、その後のわたしの生の型（form of life）を決定する端緒になった。Any where out of the world / N'importe où hors du monde (Baudelaire) と日本を脱出して赴いた現実のフランスでは植民地戦争という「できごと」がわたしを待っていた。「六月一五日」という「できごと」の呪縛から逃れることは不可能だった。

けっして「転向」（retourner sa veste）しなかったベンサイドは「たたかわなくてはならない。試みなかったという恥をまぬがれるためだけであっても」«Il faut lutter, au moins pour s'épargner la honte de ne pas avoir essayé.» ということばをモットーにしていたという。要するに人間は「思想」とか「理論」ではなく「意地」だ、ということだろうか。

「できごと」は「ランデヴー」ではない。しかし「できごと」が否応なく押しかけてきて、こちらの生き方に重くのしかかってくることはある。

人間にとってありうる唯一の「ランデヴー」は死である。

回顧的「日米関係論」私記

藤原作弥

鳩山首相の降板は「政治とカネ」の問題もあるが、普天間飛行場問題をめぐる日米相互不信がきっかけである。最近の相互不信の高まりを見ると、日本と米国という国家同士の関係が、まるで個人同士の人間心理関係のように愛憎併存（アンビバレント）であることを痛感する。友人関係でも男女関係でも、好きになったり、嫌いになったり、喧嘩したり、仲直りしたり……愛憎の親和力は交替するものだが（いや、一筋の愛や不倶戴天の敵、の関係ももちろんあります）、国家間の外交関係も同様である。先ず、個人的体験から話を始めよう。

ニクソン・ショックの起った一九七一年八月、私は時事通信社ワシントン特派員だった。ニクソン政権第一期の時期である。当時、日本側・佐藤政権との間には、〈沖縄返還交渉〉という政治問題があった。同時に〈繊維戦争〉に端を発した貿易経済問題があった。日米関係は、縄と糸とがもつれ絡み、解きほぐそうにも相互不信の糸目の見つからない状態だった。

日本の頭越しに米中が接近した〈政治版ニクソン・ショック〉は同年七月十五日に起ったが、輸入課徴金、金ドル交換停止（変動為替相場制）などを含む〈経済版ニクソン・ショック〉が起こり世界経済を震撼させたのは、ちょうど一カ月後の八月十五日だった。

八月十五日といえば、日本がアメリカなどとの戦いに破れた敗戦の日。ニクソン大統領が対日報復ともいうべき緊急経済対策の発表に当り、なぜ、選りによって同月同日を選んだのか——？　田久保忠衛・支局長（現・外交評論家）らと共に首を傾げたものである。日本は太平洋戦争という軍事戦争では負けた。しかし太平洋貿易戦争ではアメリカに一矢を報いた。ニクソン大統領はその復讐の宣戦布告に当り、わざわざ因縁の日を選んだのだろうか。

猪瀬直樹の近著『ジミーの誕生日』は、東條英機ら七人のA級戦犯の絞首刑が執行された一九四八年の十二月二十三日が皇太子（現・天皇）の誕生日だった偶然（？）に着目し昭和史の一断面を描いたノンフィクションだが、このエピソードも一種の〝因縁史観〟といえよう。

いずれにせよ、戦後、日本は自由主義陣営の盟主・アメリカの核の傘の下、政治的、経済的に庇護されてきたが、四半世紀たった一九七一年になって、沖縄返還、貿易摩擦、中国政策など政治・経済・外交の各分野で、日米関係はパターナリズム（庇護関係）からパートナーシップ（対等関係）に移行したのだった。

日本の安全保障は、一九五〇年に成立し、六〇年に改定された日米安保条約に基づく同盟体制に依存してきた。その内容の変質にはさまざまな背景や段階があるが、私はニクソン・ショック以来、国家と国家の外交関係は個人と個人との人間関係にも似た側面があると考え続けてきた。愛憎、好悪、羨望、嫉妬……その親和力の強弱や距離は、時によって異なるが、必ずしも振り子は一方だけに振れるのではなく、反動的に他方へ振れて、振幅は徐々に中庸に収斂していく。それは、私の〝内なる日米関係〟においても然りである。

物心ついた頃は旧満洲で過していたが、祖国・日本がアメリカやイギリスと戦っているのを「鬼畜米英」「神州不滅」などと叫んでいた軍国少年時代だった。ところが、敗戦後、日本に引き揚げてきて最も感激したのが米進駐軍放出のチョコレートやキャンディー。そしてアメリカン・ポップスや野球。同世代の阿久悠が『瀬戸内少年野球団』に描いたと同様のアメリカ文化の洗礼を受けた。これも同世代の美空ひばりの「右のポッケにゃ夢がある　左のポッケにゃチューインガム」の時代だった。

だが、私が慕っていた大和撫子で、大学の卒論に本居宣長を書いた十歳年長の元・軍国少女の姉がアメリカ人と結婚すると、途端に「米国憎し」に豹変した。八岐大蛇（やまたのおろち）に櫛名田比売（くしなだひめ）を人身御供に差し出したと同様の屈辱感を覚え、中学・高校時代に一転してアメリカ嫌いに。それが学生時代のヤンキー・ゴーホーム思想につながり、第一次安保闘争で国会議事堂デモに日参するようになる。樺美智子と同年で、奇しくも彼女が死んだ時に国会議事堂前付近にいた。

しかし、岸内閣が倒れ高度成長政策を掲げた池田内閣誕生時に社会人となり、経済記者として政治・経済・外交をめぐる内外の現実を直視して以来、私の対アメリカ観は再々度一八〇度転換した。

そうした公私両面における体験から、日米関係という国家間の外交関係も、私の個人的体験に基づく内なるアメリカ観も、〈愛〉と〈憎〉が交錯するアンビバレント（愛憎併存）な関係だったことに気づいたのである。アメリカ主導のプラザ合意で生成したバブルが崩壊し、日本銀行副総裁として日本金融システム再生の仕事なども経験、さらにその後一連の政権交代の日米関係をみても、誠にアンビバレントな振り子の振幅の繰り返しだったことが判る。

そこから私が導き出した推論は、明治維新（一八六八年）以来、日露戦争（一九〇四年）、太平洋戦争敗戦（一九四五年）、プラザ合意・ペレストロイカ（一九八五年）……と、日本の社会システムは四十年ごとに制度疲労をきたし耐用年数が切れ、次のサイクルに移行するが、その原因には必ずアメリカが関与していたという仮説である。

なるほどペリー来航以来の日米関係を歴史年表でみると、そのサイクルが見てとれる。友好協調路線を歩んだ時期に赤い色を塗り、競合敵対関係路線の時期に青色のマーカーで塗ってみると、バーバー・ショップ（理容店）の広告塔のように赤・白・青の帯が交互に回っていることが判る。この日米関係・耐用年数四十年周期説を援用すると次の四十年の節目は二〇二五年となる。

日米関係論の五十嵐武士・桜美林大教授は、戦後の日本は敗戦により①〈自己改革〉を成し遂げ、アメリカと②〈協調〉関係に入り、やがて③〈競合〉関係に移行し、それが④〈敵対〉関係へとこわれていったことから、〈改革〉→〈協調〉→〈競合〉→〈敵対〉→〈改革〉……の愛憎サイクルの法則性がある、と指摘している。

現時点が、そうした愛憎相関図の〈競合敵対関係〉のサイクルにあるとすれば、やがては〈友好協調路線〉に移行するのだろうか。振り子は一方に振れれば、やがて他方へ振れ、次第に中庸に収れんしていくと前述したが、今後の日米関係にもこの振り子の原理は当てはまるのだろうか。一方で、日中関係も米中関係と同様にアンビバレンシーの繰り返しのようだが、この卍巴（まんじどもえ）のトライアングルな愛憎関係、民主党新政権ではいかなる局面に？

　西暦二〇二五年の世界は全く予見し難いが、四十年周期説に私が見出した温故知新は、日本は〈軍事大国〉〈経済大国〉という二大ブランダー（失敗）の教訓を活かし、〈生活文化立国〉の道を目指すべき——という方向性である。

自明ではない「自明」

水木 楊

八月十五日の昼下がりのこと、上海での小さな出来事である。当時、父は横浜正金銀行の上海支店に勤めており、私たちは銀行のあるビルの最上階に住んでいた。いまでも街並みの残るバンドにあるビルのひとつで、前には黄浦江がのっぺりと横たわっていた。

私たち日本人は王侯貴族の暮らしをしていて、屋上には三度の食事を作り、執事の役割も果たしてくれる「ボーイ」の家族を住まわせていた。そういう彼をボーイと呼んだのだ。三十歳半ばだっただろうか。料理の腕も確かだし、愛想の良い男で、小学校に入ったばかりの私を可愛がってくれた。私は彼の家によく行って、子供たちと遊んだりしていた。

そのときは、屋上に上がる階段で、ボーイとすれ違った。彼はなにやら慌しく階段を駆け下りようとしていた。「ボーイ!」といつものように気軽に声をかけた。「どこに行くの」と尋ねたかったのである。

そのとき、こちらをちらっと見やった彼の顔は、いまでも忘れることができない。路傍の石を見るような、冷たい無関心。と言うより、いく分、蔑みも混じっていたかもしれない。冷たく、硬い、コンクリートの壁のような、とりつくしまもない表情である。ボーイ家族はまもなくいずこともなく引っ越していった。私にとっての戦後は、あの時始まったのだ。

関東軍の本拠があるから安全だと思ったのか、銀行は家族を北京に移したが、やがて中国政府は日本人を荒野の真ん中にある集結所に移した。その日、着のみ着のままトラックに乗せられて集結所に向うとき、中国人の子供たちが箒の先に黄色い糞を塗り、私たちの前に叩きつけにきた。あの色と臭いも忘れることが出来ない。舞台は、天国から地獄へと一気に暗転した。

あの日以来、目の前にどんなにがっしりとした立派な街並みや、平和な美しい光景や、技術をつくした精緻や仕掛けを見ても、まかり間違えば、悪い手品にかかったように消えてしまうのではないかという頼りなさを覚えるようになった。「どこか嘘っぽくないか」と誰かが耳元で囁くのだ。

米ソ対立の激しかった一九六八年、生まれて初めてアメリカに行った。ワシントンの町に入ったとき、不思議な感覚があった。アメリカの土地に降り立ったときから、その感覚が宿っていたのだが、ワシントンに入るにつれ、ますますはっきりとしていった。ここなら大丈夫という、一種の安心感である。

北京から命からがら引き揚げた先は、父の里である兵庫県の小さな町だったが喧嘩々々の毎日になった。クラスで強い順番を定めなければならず、次から次へと男の子が挑みかかってくる。

だが、私をかばってくれる親分格が現れた。都会っ子の匂いをまとう私に、興味を抱いたのであろう。あのとき私を包んだ安心感に、ワシントンでのそれは良く似ていた。

しかし、ワシントンで得た安心感は、そのうち消えていった。不安になったというのではない。逆で、自分を守ってくれる強い存在があるということが、自明のこととなってしまったのである。ただ、全てのものが嘘っぽいと感じる癖からは抜け切れず、ひと頃ほどではないが、ときどき襲っては私を困らせる。

日米安保条約が出来て以来、日本の首都はワシントンになった、と言ってもいい。国運を賭け、体中の毛がそそり立つような孤独な緊張感に包まれながら、重大な決断を下すという瞬間を、日本のリーダーたちは迎えることがなくなった。戦後、そのような緊張感の中に立った人物は、サンフランシスコ条約に調印し、日米安保の単独講和に踏み切った吉田茂だけであろう。それ以降のリーダーたちは、日米安保の大枠の中で、ちまちまとした決定を下していたに過ぎない。

いや、一九四一（昭和十六）年の、開戦を決断した御前会議ですら、「これは全て自らの判断と責任による」と考えた人間は、どれほどいたのだろう。心のどこかで、「ここまで来てしまったからには仕方がない」と諦めていたのではないか。開戦を軍の暴走とか、欧米の締め付けとかのせいにしていたのではないか。

同じ枢軸に属しながら、ヒットラーに率いられたドイツは、自らが正しいと確信していた節がある。

それに対して、日本のリーダーたちはずるずると事態を悪化させ、気が付いてみたら、にっちもさっちもいかず、「ここまで来たら、ジリ貧よりドカ貧だ」とばかり、戦争に踏み切ったのだから。

日米安保が日本にとって得か損か、アジアにとってどのような意味があるかなどを考えるより先に、全てを自明のこととする、今の日本人の無思考状態から抜け出すにはどうしたらいいのか。半ば絶望的な気分で、思いあぐねるのである。

日米安保の過去、現在、未来

小倉和夫

授業放棄の裏にあったもの

一九六〇年のいわゆる日米安保闘争の一環としての学生運動。その最中、安保改定（「改悪」）に抗議して授業放棄をするか否かをきめる学生自治会の代議員会が開かれた時のことを思い出す。

マルクス・レーニン主義理論をふりかざして、米国帝国主義を非難し、政府の対米従属を糾弾する「進歩的」学生の怒号の中で、マルクスの経済学が正しいかどうかをまずは勉強すべき大学生が、その授業を放棄してまでデモに参加するのは納得し難いと主張したが、二百数十票対二ないし三票という大差で、授業放棄が決議されてしまった。

その頃、日米安保条約とそれに基づく体制は、米国帝国主義への従属の象徴であり、同時に米国と日本双方の「支配階級の結託」の結晶とみられていた。

従属論の影

こうした考えや思想は、一見したところ現在では姿を消しているように見える。しかし、百パーセント消え去ったわけではない。

米軍の駐留が、法的にはともかく、事実上、占領にひきつづいて同じような形で行なわれてきたため、今日でも、米軍の存在を、日本の対米従属のシンボルのように感じる人々は少なくない。沖縄基地問題は、狭い土地に基地が集中しているためとか、沖縄の複雑な島民感情のためとか、あるいは地元の経済的利害の複雑さとかいった要因をこえて、占領軍が、ひきあげることなく事実上そのまま日本に駐留しつづけてきたという「形」とそれが象徴するものが何かという問題にほかならない。加えて、「支配階級の結託」というかつての宣伝文句は、今や「密約」の存在とその解明という別の形で問題視されている。

日米間の戦略的合意や協議内容は何故秘密にされなければならなかったのか――それは元より「支配階級の結託」などといういささか時代ばなれした理由によるものではない。日本の法的体制と政治風土と国民感情を一方とし、米国の世界戦略及びその下に生きてゆくことを選択した日本の外交的、軍事的戦略を他方とする、二つの軸の間の溝が埋まっていないからだ。こうした溝を埋める努力（日本自身の努力と国際的努力）が行なわれないならば、密約の解明や基地の移転だけを議論しても問題の解決にはならない。

加えて、日本が本来自らの安全保障を託そうとした国際連合が未だ十分に機能していないことや我々への「脅威」が敵性国家の侵略とは違った形の脅威になりつつあることも関係している。言ってみれば既存の体制が新しい国際情勢に十分適応しきれていないのだ。

水仙の花の想い出

日米安保改定反対を叫ぶ学生運動が最高潮に達した時、国会へおしかけたデモ隊の一員であった女子学生が、おしつぶされて亡くなった。彼女を悼み、学生たちは、手に手に水仙の花を持って本郷の大通りを静かに行進した。普段デモなどに参加しない学生までも加っていた。あの水仙の花は何だったのか。

安保改定をめぐる素朴な市民感情と長きにわたる日米関係の安定を図ろうとする政府の戦略との溝を象徴する花だった。この溝は、今日もいささか別の形ではあるが存在している。平和憲法の理念を守り、子供たちを絶対に戦場にやるなと叫ぶ「お母さん」や多くの市民たちを一方とし、そうは言っても世界の平和と安定のため日本人も血を流す覚悟でなければこれからの国際社会で胸を張って生きてゆけないとする現実主義者を他方とする溝は、依然として存在する。

平和憲法を理念と考え、どうしてもその理念を貫こうとするのなら、それを貫けるだけの力（精神的な力以上の力）がなければならないであろう。そして、その理念を日本だけでなく、国際社会が共有できる環境を作るために、日本人が血と汗を流す覚悟を示さなければ、広い世界の中で真に日本の理念に共感を持つ人は出てこないであろう。

歴史の流れ

一九六〇年代の安保闘争をふりかえって人々が学ぶべきことは、歴史の流れを見きわめた政治的行動でなければ、無益の血や汗を流すだけになるということではあるまいか。

今歴史の流れは、地球の一体化、人類共通の課題の地球規模での解決の方途を探求する方向へ向かっている。一国の理念は他の国々や他国の人々と共有できて初めて意味が出てくるような世界へと変りつつある。アメリカの要請とか日米関係といった「現実」に流されて日本の理念を見失ってはならず、また同時に、理念にすがりついて歴史の流れと国際社会の現実に背を向けてもならない。国連改革、国連の理念と日米安保の調和、そして日本の法的、政治的体制の整備――こうした三位一体の政策をつくりあげてゆく真の出発点こそ、安保五十周年ではあるまいか。

列島人の愚行、錯誤そして自殺

西部 邁

五十周年を迎えることになった日米安保条約の「改定」は、その本旨において、日米両国の軍事的協力関係に「双務性」をもたらそうとするものであった。日本がアメリカの極東戦略に（軍事基地の提供を中心にして）協力するということだけでなく、アメリカのほうも、日本が「極東」において軍事的危機に直面した場合には、相応の協力をしなければならないということである。このこと「自体」は、独立（をめざす）国家にとってあまりにも当然の要求である。この改定に反対したいわゆる「六〇年安保闘争」は、私自身がその指導層の端くれであったものの、あたうかぎりの愚行であったと認めざるをえない。

しかし、この「双務性」が実質を持つためには、つまり日米関係がイークォル・パートナーシップ（対等提携）に近づいていくためには、両者の軍事における「実力」に過大な格差があってはならない。それが過大に及ぶとなると、アメリカに日本を「守らせる」のではなく、日本がアメリカに「守ってもらう」という仕儀になる。事実、安保改定の推進者であった岸信介にあってすら、「アメリカに守ってもらえるというのに、なぜ日本国民が反対しているのかわからない」（安倍晋三『美しい国へ』）、と認識されていたのである。

それから五十年間、我が国はアメリカの「プロテクトレート」（保護領）、さらにはテリトリー（投票権を持たない自治領としての「准州」）としての性格を強めるばかりであった。安保闘争という政治的騒擾に懲りた日本国家の指導層は、「経済への過剰適応」によって国家としての自主独立を獲得しようともくろむこととなった。またそれは、吉田茂に始まる「戦後的」路線への回帰であったし、安保闘争の終焉と同時に音立てて進行した高度経済成長という形での、戦後日本人による自発的な選択の結果でもあった。

経済は物事の「形式化と数量化」を旨とするという意味で「合理的」な活動である。そして、純粋に合理的な精神にあっては、国民性は不要となる。つまり、「ネーション・ステート」（「国民とその政府」としての「国家」）の「歴史の流れ」、それの作り出す「慣習の体系」、そこに内包されている「伝統の精神」（国家の危機にたいする国民精神の平衡術）がとことん過小評価される。「経済への過剰適応」は最も確実な「国家喪失の方途」だということである。

そして国家喪失に最もよく適合する政治的観念が「リベラル・デモクラティズム」（自由民主「主義」）である。というより、自由民主の観念が純粋化されるとき、自由は「国家の歴史的秩序」から自由になり、民主（民衆の主権）は「国家の歴史的常識」を足蹴にする。したがって、「経済への過剰適応」は、日本列島人の個人としての自主独立には貢献することがありうるとしても、国家の自主独立については、むしろそれを融解させるものでしかない。

昭和期の自民党は、戦前・戦中の指導層が歴史のイナーシャ（慣性）を引きずっていたおかげで、国家としての自主独立の最低線はかろうじて守りえていた。しかし、平成期ともなると、いわゆる世代交代のせいで、自民党においてであれ民主党においてであれ、歴史の醸成物たる国家が、自主独立の最後の一片をも失うほどに、破壊されるままとなった。この過程を総称して「構造改革」という。

「自由と民主」（平等）のあいだには大きな矛盾がある。端的にいうと、デモクラシー（民衆政治）における「多数決」という形での社会の秩序化が、少数派の自由を抑圧するわけだ。この矛盾を糊塗しようとして「友愛」の偽善が近代という時代の玄関に、「自由と平等」に並んで掲げられたことは周知のところである。そして、「自由・平等・友愛」という理想のトリアーデ（三幅対）に奉じて、「秩序・格差・競合」という現実のトリアーデを忘却する者たちをレフト（左翼）とよぶ。ついでにいっておくと、この現実のトリアーデに執着するのがライト（右翼）であり、理想と現実を平衡させて「活力・公正・節度」に生きるのがコンサヴァティヴ（保守）である。

我が国の戦後は左翼化の一筋道でしかない。思えば、「冷戦構造」そのものが個人主義派の左翼たるアメリカと集団主義派の左翼たるソ連との確執にほかならなかった。したがって、親米派を保守と見立ててきた者たちは思想的病理にかかっていたといってよい。冷戦構造が崩壊したあと、「伝統の保守」がこの状況にあって具体的に何たるべきかを問わなければならなかったのに、安保闘争の重い脳震盪を病みつづけている我が列島人は、自由民主主義のほころびを社会民主主義で繕うべく躍起である。この修繕案が日本国憲法に偉大な社会正義として謳われてもいる。これは列島人たちには集団自殺の未来しか待っていないと予告して、よもや間違うはずがない。

米国従属と沖縄差別の半世紀

三木　健

日米安保、この五〇年を思う時、何ともやりきれない思いに駆られる。沖縄の基地問題は、何ら変わっていないからだ。日米安保の要とも言うべき在日米軍基地の七五％が依然として存在し、普天間基地の県外移転一つ進展していない。鳩山新政権の対応においてさえ、沖縄差別の構造が変わらないことを見せつけられ、暗澹たる思いだ。同時に米国従属の政治構造が不変であることも示している。

思えば六〇年安保の時、私は東京のある大学二年生で、在籍していた評論雑誌部のサークル仲間と、国会周辺のデモに参加していた。米国民政府が発行した「身分証明書」（パスポートと呼んでいた）を手にして上京したのは、その二年前である。沖縄の南の島・石垣島の高校を卒業したばかりの私はノンポリであったが、人間の尊厳や人権を踏みにじる米軍支配の現状には、さすがに我慢ならなかった。

安保がなくなれば、当然、米軍基地もなくなると単純に考えていた私は、大きな盛り上がりを見せた安保闘争に期待した。だが、安保闘争の中で安保の要である沖縄は、ほとんど人々の関心事ではなく、埋没していた。それでも日本の変革に大きな期待を寄せていたが、安保闘争は権力の前に挫折を余儀なくされた。私は裏切られた気持ちになり「祖国への不信――ある沖縄青年の悩み」という一文を学内誌に書いたものだ。

それから五年後、大学を出た私は沖縄の現状を変えるには、言論の力が大事だと思い、沖縄の新聞社・琉球新報社に入社した。そのまま東京総局報道部で記者として、政府関係や国会での沖縄論戦の取材に駆け回った。今度は権力を内側から見ることになったのだ。

国会ではベトナム戦争を背景に、非核三原則の運用を巡る米国との事前協議の問題や、日米安保がカバーする極東の範囲を巡る論戦が交わされた。社会党や共産党の外交・防衛の論客が激しく追及。多数与党の自民党といえども、国会論戦をクリアしなければ何も出来なかった。安保の事前協議や極東条項など今はどこ吹く風、日米同盟の名の下にあってなきがごとしだ。

そのうちベトナム戦争が泥沼化し、嘉手納基地からB戦略重爆撃機が渡洋爆撃を始める。沖縄民衆の復帰運動は、反基地闘争へと高まりを見せ、ついに米国は施政権を手放さなければ、基地を維持できない状況に追い込まれた。

日本政府もようやく重い腰を挙げ、施政権の返還交渉に乗り出した。一九六九年のことだ。ちょうどそのころ、外務省の記者クラブ（霞クラブ）に加入を申し入れ、地方紙としては異例の承認を経て、私は取材に取り組んだ。「霞クラブ」とはよく言ったものだ。霞の中を木で鼻をくくったような外務官僚たちを相手に取材した。逐一沖縄の本社に情報を送ったが、少ない取材陣では限度があった。それでも沖縄の命運が決まる歴史的な交渉に立ち会う責任感から、取材メモを整理し、記事には書けなかったことでも記録しておいた。私はまだ二十九歳の駆け出し記者だった（この原稿は、三〇年後に『ドキュメント沖縄返還交渉』として、日本経済評論社から刊行された）。

この時も私は、日本外交の深い闇を見せつけられた。佐藤・ニクソン首脳会談での核兵器の再持込みに関する密約である。もちろん、その時は知る由もなく、後で知ることになるのだが、政府はその後も知らぬ存ぜぬでシラを切り、国民を欺き続けた。国民には言えぬ。さりとてアメリカの言うことは聞かねばならぬ。それが密約を生む。言うなれば密約は、対米従属のつけである。

一九七五年、私は那覇の本社に転勤となり、日本復帰間もない沖縄で取材に当たる。一九八九年にベルリンの壁が崩壊し、ようやく東西冷戦が終焉した時「平和の配当を沖縄にも及ぼせ」と社説に書いたのを、昨日のように思い出す。

その後、一九九三年に編集局長に就任。その二年後の九五年、米海兵隊員三人による少女暴行事件が起き、民衆の怒りが爆発、基地問題が再燃した。時の大田昌秀県知事が基地収用に必要な代理署名を拒否して、政府を慌てさせた。基地問題は日本復帰後、最大の山場を迎えた。正直言ってこの時は「山が動く」かに思えた。社を挙げてキャンペーンを張った。

本土の一部マスコミや雑誌が「沖縄の新聞は偏向している」とか、「県民をマインドコントロールしている」と批判の矛先を向けてきた。中には私が一坪反戦地主に名を連ねていることを取り上げ、名指しで攻撃してきた。私も負けずに「県民の人権を護るのが偏向と言うのなら、甘んじて受けよう」

「沖縄県民はマインドコントロールされるほど愚かではない」と編集局長名で反論したものだ。

この時に出してきた政府の切り札が、普天間基地の返還である。だがよく聞くと、沖縄内での代替基地確保が条件とのこと。あれから早十数年、いまだに普天間基地は動かない。所詮、沖縄県内での基地のたらい回しでは、解決にならないのだ。安保から五〇年、今こそ構造的な沖縄差別をなくす政治・外交力が試されている。

五〇年前の安保闘争と今後の日米安保

榊原英資

安保闘争とマルクス

一九六〇年、ちょうど安保闘争の年、筆者は東京大学へ入学した。別に高校時代学生運動をやっていたわけでもないし、アメリカの高校に留学もしていたので、まさにノンポリで当初は特に安保には興味がなかった。ただ、当時の文科二類（現在だと三類）に入ってフランス文学を専攻しようとしていたので、同じクラスにはドイツ語や中国語専攻の人達も多く、共産党に入っていた人達も少くなかった。ほぼ全員でかなりのクラス討論をやったのを記憶している。左翼ではなかったが、J・P・サルトルが好きだったので、若干は左寄りだったのだろう。討論をしていくなかで、『資本論』を読むことを余儀なくされ、また、城塚登の『若き日のマルクス』やマルクスの初期の作品をかなり読むようになった。

デモにも後ろについてだが、そこそこいくようになる。五月十八日、唐牛健太郎が指揮をしたデモにもいったし、六月五日、西部邁が南門でライトブルーの東大の旗を振っていた時も参加した。樺美智子さんが亡くなったということもあり、警官隊と衝突し、四谷駅近くまで駆けて逃げたことを憶えている。

しかし、別に安保条約そのものを読んでもいなかったし、ましてや、日米関係のなかで安保がどういう役割を果すのかということについて深く考えたわけでもなかった。学生運動がそれ程過激な時でもなかったし、まさに、一般学生が知識人気取りで反政府・反総理（岸信介首相がターゲットになっていた）のスタンスを取ったに過ぎなかった。

マルクスから大蔵省へ

安保闘争は青年期の熱病のようなものだったのだろう。その後、江田五月さん等との付き合いは続いたが、彼も退学が解除になったあとは裁判官を目指し法律の勉強に勤しんでいた。私の方はあまり勉強はしなかったが、マルクスから次第に近代経済学の方へ舵を切っていった。当時、ハーバード大学から帰ってきたばかりの小宮隆太郎先生のゼミに入り、英語の論文等を読んで議論をしていた。しかし、安保闘争の後遺症だったのだろうか、モラトリアム状態になり、就職をする気にもなれず、何となく大学院に入る方向に進んでいた。

しかし、それ程、近代経済学にも熱中できず、たまたま就職説明会にいった日本銀行へ試験を受けにいき、予期に反して採用になってしまった。当時の大蔵省の日銀政策委員が父の友人だったので相談にいったら結果として大蔵省（現・財務省）に入ることになってしまう。フランス文学志望の似非文学青年が安保闘争を契機にマルクス・近代経済学を経て大蔵省に辿りついたわけだ。

大蔵省に入って二年目にアメリカ留学。三年ほど勉強して博士号を取得し、大蔵省では国際派の道を歩むことになる。

安保の意義と今後の変容

一九七〇年には財務官室主任というポストについていたが、ちょうどこの頃、沖縄の基地経費に関しての密約が米側と外務省をはさんで大蔵省でも協議されていたようだ。若かったので、会談の内容は知らされなかったが、財務官とアメリカ側の間でかなり行きさきがあったのは記憶している。こうした密約を含めて、特に冷戦の時代には日米安保が極めて重要な役割を果したのだろう。沖縄の基地も、そのための費用負担も日本にとって安全保障上必要だっただろうし、また、日米関係の要であったということが出来るのだろう。非核三原則がありながら、事実上、核の持ち込みを許したのも、密約という形をとったのは問題だったとしても、致し方なかったと言うべきである。

ただ戦後が終って状況は大きく変っている。東側ブロックは崩壊したし、共産党政権と言っても中国も大きく変質している。東アジアの経済統合も進み、少なくとも経済的には日本と中国を中心とする東アジアの一体化が進んでいる。最早、日本にとって中国を仮想敵国とすることは現実的でないし、中長期的には東アジア共同体を目指す段階にきている。

とすれば、日米安保も条約そのものを破棄する必要はないとしても、その内容を大きく変更する時期に来ているのだろう。沖縄についても基地問題をゼロから考え直す必要がある。単純化して結論を最初に述べれば、日本にとって米軍の基地は必要がない。自衛隊にもそこそこの防衛力がついてきている。自国の防衛は自国で充分できるところまで自衛隊の装備と対応力は進んできているのではないだろうか。もちろん、相手のあることだし、米国は日本にとって大切な同盟国だ。時間をかけて交渉をしなくてはならないだろうが、最終的には基地の撤廃を目標に交渉をしていくべきだろう。アジアの安全保障もNATOのように米国・日本・中国を核にした集団安全保障体制に切り変えていくべきなのだろう。安全保障というと現状を踏まえた保守的な議論になりがちだが、そろそろ新しい目標を設定して、その実現のための第一歩を踏み出す時であろう。

それでもしばらくは堅持すべき

中谷 巌

大東亜戦争敗戦によって断罪され、戦勝国の一方的な論理に従って過去の歴史を否定された日本人は、過去五〇年の間、日米安保（および平和憲法）という格好の隠れ蓑によって「大東亜戦争に負けたことの意味」を直視することを回避してきた。安全保障をはじめとする外交案件の重要な部分はすべて日米安保にお任せという態度である。

これは日本人を「平和ボケ」にしたと一般には言われているのであるが、まさにその通りである。実際、日本人は驚くほど完璧に「平和ボケ」に徹した。そしてひたすら荒廃しきった日本経済の復興に邁進した。その姿があまりにも見事であったことから、国際社会からは日本人に「エコノミック・アニマル」という呼称さえ与えられたのであった。自虐史観に毒された日本のマスコミや進歩的文化人たちがそれに悪乗りして日本批判を繰り返したのは記憶に新しい。

しかし、実は、おそらくほとんどの日本人は終戦直後の敗戦国に厳しい国際世論を見て、「正義とは勝者に付随するもの」という厳しい現実を本能的に、素早く読み取ったに違いない。そして、したたかにも、ここは「平和ボケ」に徹しておくことが得策なのだとほとんど無意識に即断したに違いない。ひたすら国際社会には頭を低くし、目立った発言や行動は慎み、経済の面で実を取るというしたたかな姿勢を徹底して維持すること。そうする以外に、日本という国がよみがえることはあり得ないといわんばかりにである。

過去五〇年の間、どれだけの日本人がこのような見事な「演技」を自覚して演じていたかは疑問である。おそらく多くの日本人はそのことを自覚しようとはあえてしなかったと思う。自覚しても仕方のないことは自覚しない方が良い。こういう開き直りすら日本人にはできたということであろうか。

しかし、自覚しなくても頭と体が自然に都合のよいように動くのが日本人なのではないだろうか。これは黒船来航によって、そのことが持つ世界史的意味、すなわち、西洋列強の非西洋諸国征服への強烈な意図、を理解した日本人が、それまでの攘夷論をあっという間に捨て去り、こぞって文明開化、富国強兵を叫ぶようになったあの変わり身の早さと一脈通じるところがある。あの時も日本人は、西洋文明こそ人類にとって目指すべき到達目標だという観念を巧妙に自らに信じ込ませることに成功した。それによって、日本人はひたすら、わき目もふらずに近代化を進めることができたわけだし、また、日清・日露戦争を勝ち抜き、独立を維持することにも成功したのであった。

ところが、日米安保五〇年が経過した今、日米安保にすべてを依存することが本当に良いことなのかという疑問が日本人の頭をよぎるようになった。中国の台頭、米国の相対的な影響力低下など、多極化への世界の動きを受けて、日米安保にすべてを委ねることが得策という日本人の（無）意識に微妙な変化が生じてきたのである。

そのことを示す現象がとりもなおさず「民主党政権の誕生」であり、また、就任早々の「緊密にして対等な日米関係」を標榜する鳩山発言であった。民主党政権は、日本人がこの五〇年間、したたかに「演技」してきたそのヴェールをはぎとろうとしているのであり、また、鳩山首相は歴代自民党政権が「これだけは言ってはならない」としてきた「禁句」をあまりにも軽率に口にしてしまったのである。

私は鳩山首相がもう少し慎重にこの問題を検討すべきだったと考える。日米安保のような日本にとって最大の「命綱」を簡単に取り換えるなど、そう短期間に簡単にできることではないからだ。おまけに、現代日本は地政学的にみて決して安全な場所にいる国でもない。日米中の二等辺三角形論などというものは少なくとも現時点では空想の域を出ない危険極まりない話であるし、政権党の幹部が口にするような事柄ではない。

とりあえず、日本は今後しばらくは日米安保を万全なものにしながら、世界情勢の変化を注意深く見守る必要がある。例えば、中国が民主化した暁には、日米中二等辺三角形も現実的な話になるかもしれない。何といっても、日本は江戸時代までは中国文化を範とし、それに圧倒的な知的刺激を受けてきた国である。明治以降は日本が西洋化にかまけ、中国は文化大革命で過去の文化を棄損した。しかし、世界情勢が変われば、日中は互いに文化交流を通じて再び互いに学びあえる存在に変わりうるのである。

しかし、これはあくまで将来の話である。現下の国際情勢を前提にする限り、日米安保は絶対に堅持しなければならないし、日本人の多くもそのことは熟知していると思う。

関連資料

日米安全保障条約（旧）

（日本国とアメリカ合衆国との間の安全保障条約）

一九五一年九月八日作成
一九五二年四月二八日発行

日本国は、本日連合国との平和条約に署名した。日本国は、武装を解除されているので、平和条約の効力発生の時において固有の自衛権を行使する有効な手段をもたない。

無責任な軍国主義がまだ世界から駆逐されていないので、前記の状態にある日本国には危険がある。よつて、日本国は平和条約が日本国とアメリカ合衆国の間に効力を生ずるのと同時に効力を生ずべきアメリカ合衆国との安全保障条約を希望する。

平和条約は、日本国が主権国として集団的安全保障取極を締結する権利を有することを承認し、さらに、国際連合憲章は、すべての国が個別的及び集団的自衛の固有の権利を有することを承認している。

日米安全保障条約（新）

（日本国とアメリカ合衆国との間の相互協力及び安全保障条約）

一九六〇年一月一九日

日本国及びアメリカ合衆国は、

両国の間に伝統的に存在する平和及び友好の関係を強化し、並びに民主主義の諸原則、個人の自由及び法の支配を擁護することを希望し、

また、両国の間の一層緊密な経済的協力を促進し、並びにそれぞれの国における経済的安定及び福祉の条件を助長することを希望し、

国際連合憲章の目的及び原則に対する信念並びにすべての国民及びすべての政府とともに平和のうちに生きようとする願望を再確認し、

両国が国際連合憲章に定める個別的又は集団的自衛の固有の権利を有していることを確認し、

両国が極東における国際の平和及び安全の維持に共通

これらの権利の行使として、日本国は、その防衛のための暫定措置として、日本国に対する武力攻撃を阻止するため日本国内及びその附近にアメリカ合衆国がその軍隊を維持することを希望する。

　アメリカ合衆国は、平和と安全のために、現在、若干の自国軍隊を日本国内及びその附近に維持する意思がある。但し、アメリカ合衆国は、日本国が、攻撃的な脅威となり又は国際連合憲章の目的及び原則に従つて平和と安全を増進すること以外に用いられうべき軍備をもつことを常に避けつつ、直接及び間接の侵略に対する自国の防衛のため漸増的に自ら責任を負うことを期待する。

　よつて、両国は、次のとおり協定した。

第一条

　平和条約及びこの条約の効力発生と同時に、アメリカ合衆国の陸軍、空軍及び海軍を日本国内及びその附近に配備する権利を、日本国は、許与し、アメリカ合衆国は、これを受諾する。この軍隊は、極東における国際の平和と安全の維持に寄与し、並びに、一又は二以上の外部の国による教唆又は干渉によつて引き起された日本国における大規模の内乱及び騒じようを鎮圧するため日本国政府の明示の要請に応じて与えられる援助を含めて、外部

の関心を有することを考慮し、

　相互協力及び安全保障条約を締結することを決意し、

　よつて、次のとおり協定する。

第一条

　締約国は、国際連合憲章に定めるところに従い、それぞれが関係することのある国際紛争を平和的手段によつて国際の平和及び安全並びに正義を危うくしないように解決し、並びにそれぞれの国際関係において、武力による威嚇又は武力の行使を、いかなる国の領土保全又は政治的独立に対するものも、また、国際連合の目的と両立しない他のいかなる方法によるものも慎むことを約束する。

　締約国は、他の平和愛好国と協同して、国際の平和及び安全を維持する国際連合の任務が一層効果的に遂行されるように国際連合を強化することに努力する。

第二条

　締約国は、その自由な諸制度を強化することにより、これらの制度の基礎をなす原則の理解を促進することにより、並びに安定及び福祉の条件を助長することによつて、平和的かつ友好的な国際関係の一層の発展に貢献す

からの武力攻撃に対する日本国の安全に寄与するために使用することができる。

第二条

第一条に掲げる権利が行使される間は、日本国は、アメリカ合衆国の事前の同意なくして、基地、基地における若しくは基地に関する権利、権力若しくは権能、駐兵若しくは演習の権利又は陸軍、空軍若しくは海軍の通過の権利を第三国に許与しない。

第三条

アメリカ合衆国の軍隊の日本国内及びその附近における配備を規律する条件は、両政府間の行政協定で決定する。

第四条

この条約は、国際連合又はその他による日本区域における国際の平和と安全の維持のため充分な定をする国際連合の措置又はこれに代る個別的若しくは集団的の安全保障措置が効力を生じたと日本国及びアメリカ合衆国の政府が認めた時はいつでも効力を失うものとする。

る。締約国は、その国際経済政策におけるくい違いを除くことに努め、また、両国の間の経済的協力を促進する。

第三条

締約国は、個別的に及び相互に協力して、継続的かつ効果的な自助及び相互援助により、武力攻撃に抵抗するそれぞれの能力を、憲法上の規定に従うことを条件として、維持し発展させる。

第四条

締約国は、この条約の実施に関して随時協議し、また、日本国の安全又は極東における国際の平和及び安全に対する脅威が生じたときはいつでも、いずれか一方の締約国の要請により協議する。

第五条

各締約国は、日本国の施政の下にある領域における、いずれか一方に対する武力攻撃が自国の平和及び安全を危うくするものであることを認め、自国の憲法上の規定及び手続に従つて共通の危険に対処するように行動することを（ママ）宣言する。

前記の武力攻撃及びその結果として執つたすべての措

第五条　この条約は、日本国及びアメリカ合衆国によつて批准されなければならない。この条約は、批准書が両国によつてワシントンで交換された時に効力を生ずる。

以上の証拠として、下名の全権委員は、この条約に署名した。

千九百五十一年九月八日にサン・フランシスコ市で、日本語及び英語により、本書二通を作成した。

日本国のために

吉田茂

アメリカ合衆国のために

ディーン・アチソン

ジョージ・フォスター・ダレス

アレキサンダー・ワイリー

スタイルス・ブリッジス

置は、国際連合憲章第五十一条の規定に従つて直ちに国際連合安全保障理事会に報告しなければならない。その措置は、安全保障理事会が国際の平和及び安全を回復し及び維持するために必要な措置を執つたときは、終止しなければならない。

第六条　日本国の安全に寄与し、並びに極東における国際の平和及び安全の維持に寄与するため、アメリカ合衆国は、その陸軍、空軍及び海軍が日本国において施設及び区域を使用することを許される。

前記の施設及び区域の使用並びに日本国における合衆国軍隊の地位は、千九百五十二年二月二十八日に東京で署名された日本国とアメリカ合衆国との間の安全保障条約第三条に基く行政協定（改正を含む）に代わる別個の協定及び合意される他の取極により規律される。

第七条　この条約は、国際連合憲章に基づく締約国の権利及び義務又は国際の平和及び安全を維持する国際連合の責任に対しては、どのような影響も及ぼすものではなく、また、及ぼすものと解釈してはならない。

第八条　この条約は、日本国及びアメリカ合衆国により各自の憲法上の手続きに従つて批准されなければならない。この条約は、両国が東京で批准書を交換した日に効力を生ずる。

第九条　千九百五十一年九月八日にサン・フランシスコ市で署名された日本国とアメリカ合衆国との間の安全保障条約は、この条約の効力発生の時に効力を失う。

第十条　この条約は、日本区域における国際の平和及び安全の維持のため十分な定めをする国際連合の措置が効力を生じたと日本国政府及びアメリカ合衆国政府が認める時まで効力を有する。

もつとも、この条約が十年間効力を存続した後は、いずれの締約国も、他方の締約国に対しこの条約を終了させる意思を通告することができ、その場合には、この条約は、そのような通告が行なわれた後一年で終了する。

以上の証拠として、下名の全権委員は、この条約に署名した。

千九百六十年一月十九日にワシントンで、ひとしく正文である日本語及び英語により本書二通を作成した。

日本国のために

岸信介

藤山愛一郎

石井光次郎

足立正

朝海浩一郎

アメリカ合衆国のために

クリスチャン・A・ハーター

ダグラス・マックアーサー二世

J・グレイアム・パースンズ

旧ガイドライン

（日米防衛協力のための指針）

一九七八年一一月二七日

昭和51年7月8日に開催された日米安全保障協議委員会で設置された防衛協力小委員会は、今日まで8回の会合を行った。防衛協力小委員会は、日米安全保障協議委員会によって付託された任務を遂行するに当たり、次の前提条件及び研究・協議事項に合意した。

1　前提条件

（1）事前協議に関する諸問題、日本の憲法上の制約に関する諸問題及び非核3原則は、研究・協議の対象としない。

（2）研究・協議の結論は、日米安全保障協議委員会に報告し、その取扱いは、日米両国政府のそれぞれの判断に委ねられるものとする。この結論は、両国政府の立法、予算ないし行政上の措置を義務づけるものではない。

2　研究・協議事項

（1）日本に武力攻撃がなされた場合又はそのおそれのある場合の諸問題

（2）（1）以外の極東における事態で日本の安全に重要な影響を与える場合の諸問題

（3）その他（共同演習・訓練等）

防衛協力小委員会は、研究・協議を進めるに当たり、日本に対する武力攻撃に際しての日米安保条約に基づく日米間の防衛協力のあり方についての日本政府の基本的な構想を聴取し、これを研究・協議の基礎として作業を進めることとした。防衛協力小委員会は、小委員会における研究・協議の進捗を図るため、下部機構として、作戦、情報及び後方支援の3部会を設置した。これらの部会は、専門的な立場から研究・協議を行った。更に、防衛協力小委員会は、その任務内にあるその他の日米間の協力に関する諸問題についても研究・協議を行った。

防衛協力小委員会がここに日米安全保障協議委員会の了承を得るため報告する「日米防衛協力のための指針」は、以上のような防衛協力小委員会の活動の結果である。

日米防衛協力のための指針

この指針は、日米安保条約及びその関連取極に基づいて日米両国が有している権利及び義務に何ら影響を与えるものと解されてはならない。

この指針が記述する米国に対する日本の便宜供与及び支援の実施は、日本の関係法令に従うことが了解される。

I　侵略を未然に防止するための態勢

1　日本は、その防衛政策として自衛のため必要な範囲内において適切な規模の防衛力を保有するとともに、その最も効率的な運用を確保するための態勢を整備・維持し、また、地位協定に従い、米軍による在日施設・区域の安定的かつ効果的な使用を確保する。また、米国は、核抑止力を保持するとともに、即応部隊を前方展開し、及び来援し得るその他の兵力を保持する。

2　日米両国は、日本に対する武力攻撃がなされた場合に共同対処行動を円滑に実施し得るよう、作戦、情報、後方支援等の分野における自衛隊と米軍との間の協力態勢の整備に努める。

このため、(1)自衛隊及び米軍は、日本防衛のための整合のとれた作戦を円滑かつ効果的に共同して実施するため、共同作戦計画についての研究を行う。また、必要な共同演習及び共同訓練を適時実施する。

更に、自衛隊及び米軍は、作戦を円滑に共同して実施するため作戦上必要と認める共通の実施要領をあらかじめ研究し、準備しておく。この実施要領には、作戦、情報及び後方支援に関する事項が含まれる。また、通信電子活動は指揮及び連絡の実施に不可欠であるので、自衛隊及び米軍は、通信電子活動に関しても相互に必要な事項をあらかじめ定めておく。

(2)自衛隊及び米軍は、日本防衛に必要な情報を作成し、交換する。自衛隊及び米軍は、情報の交換を円滑に実施するため、交換する情報の種類並びに交換の任務に当たる自衛隊及び米軍の部隊を調整して定めておく。また、自衛隊及び米軍は、相互間の通信連絡体系の整備等所要の措置を講ずることにより緊密な情報協力態勢の充実を図る。

(3)自衛隊及び米軍は、日米両国がそれぞれ自国の自衛隊又は軍の後方支援について責任を有するとの基本原則を踏まえつつ、適時、適切に相互支援を実施し得るよう、補給、輸送、整備、施設等の各機能について、あらかじめ緊密に相互に調整し又は研究を行う。この相互支援に必要な細目は、共同の研究及び計画作業を通じて明らかにされる。特に、自衛隊及び米軍は、予想される不足補給品目、数量、補完の優先順位、緊急取得要領等についてあらかじめ調整しておくとともに、自衛隊の基地及び米軍の施設・区域の経済的かつ効率的な利用のあり方について研究する。

II 日本に対する武力攻撃に際しての対処行動等

1 日本に対する武力攻撃がなされるおそれのある場合

日米両国は、連絡を一層密にして、それぞれ所要の措置をとるとともに、情勢の変化に応じて必要と認めるときは、自衛隊と米軍との間の調整機関の開設を含め、整合のとれた共同対処行動を確保するために必要な準備を行う。

自衛隊及び米軍は、それぞれが実施する作戦準備に関し、日米両国が整合のとれた共通の準備段階を選択し自衛隊及び米軍がそれぞれ効果的な作戦準備を協力して行うことを確保することができるよう、共通の基準をあらかじめ定めておく。

この共通の基準は、情報活動、部隊の行動準備、移動、後方支援その他の作戦準備に係る事項に関し、部隊の警戒監視のための態勢の強化から部隊の戦闘準備の態勢の最大限の強化にいたるまでの準備段階を区分して示す。

自衛隊及び米軍は、それぞれ、日米両国政府の合意によって選択された準備段階に従い必要と認める作戦準備を実施する。

2 日本に対する武力攻撃がなされた場合

(1) 日本は、原則として、限定的かつ小規模な侵略を独力で排除する。侵略の規模、態様等により独力で排除することが困難な場合には、米国の協力をまって、これを排除する。

(2) 自衛隊及び米軍が日本防衛のための作戦を共同して実施する場合には、双方は、相互に緊密な調整を図り、それぞれの防衛力を適時かつ効果的に運用する。

(i) 作戦構想

自衛隊は主として日本の領域及びその周辺海空域において防勢作戦を行い、米軍は自衛隊の行う作戦を支援する。米軍は、また、自衛隊の能力の及ばない機能を補完するための作戦を実施する。

自衛隊及び米軍は、陸上作戦、海上作戦及び航空作戦を次のとおり共同して実施する。

(a) 陸上作戦

陸上自衛隊及び米陸上部隊は、日本防衛のための陸上作戦を共同して実施する。

陸上自衛隊は、阻止、持久及び反撃のための作戦を実施する。

米陸上部隊は、必要に応じ来援し、反撃のための作戦を中心に陸上自衛隊と共同して作戦を実施する。

(b) 海上作戦

海上自衛隊及び米海軍は、周辺海域の防衛のための海上作戦及び海上交通の保護のための海上作戦を共同して実施する。

海上自衛隊は、日本の重要な港湾及び海峡の防備のための作戦並びに周辺海域における対潜作戦、船舶の保護のための作戦その他の作戦を主体となって実施する。

米海軍部隊は、海上自衛隊の行う作戦を支援し、及び機動打撃力を有する任務部隊の使用を伴うような作戦を含め、侵攻兵力を撃退するための作戦を実施する。

(c) 航空作戦

航空自衛隊及び米空軍は、日本防衛のための航空作戦を共同して実施する。

航空自衛隊は、防空、着上陸侵攻阻止、対地支援、航空偵察、航空輸送等の航空作戦を実施する。

米空軍部隊は、航空自衛隊の行う作戦を支援し、及び航空打撃力を有する航空部隊の使用を伴うような作戦を含め、侵攻兵力を撃退するための作戦を実施する。

(d) 陸上作戦、海上作戦及び航空作戦を実施するに当たり、自衛隊及び米軍は、情報、後方支援等の作戦に係る諸活動について必要な支援を相互に与える。

(ii) 指揮及び調整

自衛隊及び米軍は、緊密な協力の下に、それぞれの指揮系統に従って行動する。自衛隊及び米軍は、整合のとれた作戦を共同して効果的に実施することができるよう、あらかじめ調整された作戦運用上の手続に従って行動する。

(iii) 調整機関

自衛隊及び米軍は、効果的な作戦を共同して実施するため、調整機関を通じ、作戦、情報及び後方支援について相互に緊密な調整を図る。

(iv) 情報活動

自衛隊及び米軍は、それぞれの情報組織を運営しつつ、効果的な作戦を共同して遂行することに資するため緊密に協力して情報活動を実施する。このため、自衛隊及び米軍は、情報の要求、収集、処理及び配布の各段階につき情報活動を緊密に調整する。自衛隊及び米軍は、保全に関しそれぞれ責任を負う。

(v) 後方支援活動

自衛隊及び米軍は、日米両国間の関係取極に従い、効率的かつ適切な後方支援活動を緊密に協力して実施する。

このため、日本及び米国は、後方支援の各機能の効率性を向上し及びそれぞれの能力不足を軽減するよう、相互支援活動を次のとおり実施する。

(a) 補給

米国は、米国製の装備品等の補給品の取得を支援し、日本は、日本国内における補給品の取得を支援する。

(b) 輸送

日本及び米国は、米国から日本への補給品の航空輸送及び海上輸送を含む輸送活動を緊密に協力して実施する。

(c) 整備

米国は、米国製の品目の整備であって日本の整備能力が及ばないものを支援し、日本は、日本国内において米軍の装備品の整備を支援する。整備支援には、必要な整備要員の技術指導を含める。関連活動として、日本は、日本国内におけるサルベージ及び回収に関する米軍の需要についても支援を与える。

(d) 施設

米軍は、必要なときは、日米安保条約及びその関連取極に従って新たな施設・区域を提供される。また、効果的かつ経済的な使用を向上するため自衛隊の基地及び米軍の施設・区域の共同使用を考慮することが必要な場合には、自衛隊及び米軍は、同条約及び取極に従って、共同使用を実施する。

Ⅲ 日本以外の極東における事態で日本の安全に重要な影響を与える場合の日米間の協力

日米両政府は、情勢の変化に応じ随時協議する。

日本以外の極東における事態で日本の安全に重要な影響を与える場合に日本が米軍に対して行う便宜供与のあり方は、日米安保条約、その関連取極、その他の日米間の関係取極及び日本の関係法令によって規律される。日米両政府は、日本が上記の法的枠組みの範囲内において米軍に対し行う便宜供与のあり方について、あらかじめ相互に研究を行う。このような研究には、米軍による自衛隊の基地の共同使用その他の便宜供与のあり方に関する研究が含まれる。

新ガイドライン

（新たな日米防衛協力のための指針）

一九九七年九月二三日

I　指針の目的

この指針の目的は、平素から並びに日本に対する武力攻撃及び周辺事態に際してより効果的かつ信頼性のある日米協力を行うための、堅固な基礎を構築することである。また、指針は、平素からの及び緊急事態における日米両国の役割並びに協力及び調整の在り方について、一般的な大枠及び方向性を示すものである。

II　基本的な前提及び考え方

指針及びその下で行われる取組みは、以下の基本的な前提及び考え方に従う。

1　日米安全保障条約及びその関連取極に基づく権利及び義務並びに日米同盟関係の基本的な枠組みは、変更されない。

2　日本のすべての行為は、日本の憲法上の制約の範囲内において、専守防衛、非核三原則等の日本の基本的な方針に従って行われる。

3　日米両国のすべての行為は、紛争の平和的解決及び主権平等を含む国際法の基本原則並びに国際連合憲章を始めとする関連する国際約束に合致するものである。

4　指針及びその下で行われる取組みは、いずれの政府にも、立法上、予算上又は行政上の措置をとることを義務づけるものではない。しかしながら、日米協力のための効果的な態勢の構築が指針及びその下で行われる取組みの目標であることから、日米両国政府が、各々の判断に従い、このような努力の結果を各々の具体的な政策や措置に適切な形で反映することが期待される。日本のすべての行為は、その時々において適用のある国内法令に従う。

III　平素から行う協力

日米両国政府は、現在の日米安全保障体制を堅持し、また、各々所要の防衛態勢の維持に努める。日本は、「防衛計画の大綱」にのっとり、自衛のために必要な範囲内で防衛力を保持する。米国は、そのコミットメントを達成するため、核抑止力を保持するとともに、アジア太平洋地域における前方展開兵力を維持し、かつ、来援し得るその他の兵力を保持する。

日米両国政府は、各々の制作（ママ）を基礎としつつ、日本の防衛及びより安定した国際的な安全保障環境の構築のため、平素から密接な協力を維持する。

日米両国政府は、平素から様々な分野での協力を充実する。この協力には、日米物品役務相互提供協定及び日米相互防衛援助協定並びにこれらの関連取決めに基づく相互支援活動が含まれる。

1　情報交換及び政策協議

日米両国政府は、正確な情報及び的確な分析が安全保障の基礎であると認識し、アジア太平洋地域の情勢を中心として、双方が関心を有する国際情勢についての情報及び意見の交換を強化するとともに、防衛政策及び軍事態勢についての緊密な協議を継続する。

このような情報交換及び政策協議は、日米安全保障協議委員会及び日米安全保障高級事務レベル協議（SSC）を含むあらゆる機会をとらえ、できる限り広範なレベル及び分野において行われる。

2　安全保障面での種々の協力

安全保障面での地域的な及び地球的規模の諸活動を促進するための日米協力は、より安定した国際的な安全保障環境の構築に寄与する。

日米両国政府は、この地域における安全保障対話・防衛交流及び国際的な軍備管理・軍縮の意義と重要性を認識し、これらの活動を促進するとともに、必要に応じて協力する。

日米いずれかの政府又は両国政府が国際連合平和維持活動又は人道的な国際救援活動に参加する場合には、日米両国政府は、必要に応じて、相互支援のために密接に協力する。日米両国政府は、輸送、衛生、情報交換、教育訓練等の分野における協力の要領を準備する。

大規模災害の発生を受け、日米いずれかの政府又は両国政府が関係政府又は国際機関の要請に応じて緊急援助活動を行う場合には、日米両国政府は、必要に応じて密接に協力する。

3　日米共同の取組

日米両国政府は、日本に対する武力攻撃に際しての共同作戦計画についての検討及び周辺事態に際しての相互協力計画についての検討を含む共同作業を行う。このような努力は、双方の関係機関の関与を得た包括的なメカニズムにおいて行われ、日米協力の基礎を構築する。

日米両国政府は、このような共同作業を検証するとともに、自衛隊及び米軍を始めとする日米両国の公的機関及び民間の機関による円滑かつ効果的な対応を可能とするため、共同演習・訓練を強化する。また、日米両国政府は、緊急事態において関係機関の関与を得て運用される日米間の調整メカニズムを平素から構築しておく。

IV 日本に対する武力攻撃に際しての共同対処行動等

日本に対する武力攻撃に際しての共同対処行動等は、引き続き日米防衛協力の中核的要素である。

日本に対する武力攻撃が差し迫っている場合には、日米両国政府は、事態の拡大を抑制するための措置をとるとともに、日本の防衛のために必要な準備を行う。日本に対する武力攻撃がなされた場合には、日米両国政府は、適切に共同して対処し、極力早期にこれを排除する。

1 日本に対する武力攻撃が差し迫っている場合

日米両国政府は、情報交換及び政策協議を強化するとともに、日米間の調整メカニズムの運用を早期に開始する。日米両国政府は、適切に協力しつつ、合意によって選択された準備段階に従い、整合のとれた対応を確保するために必要な準備を行う。日本は、米軍の来援基盤を構築し、維持する。また、日米両国政府は、情勢の変化に応じ、情報収集及び警戒監視を強化するとともに、日本に対する武力攻撃に発展し得る行為に対応するための準備を行う。

日米両国政府は、事態の拡大を抑制するため、外交上のものを含むあらゆる努力を払う。

なお、日米両国政府は、周辺事態の推移によっては日本に対する武力攻撃が差し迫ったものとなるような場合もあり得ることを念頭に置きつつ、日本の防衛のための準備と周辺事態への対応又はそのための準備との間の密接な相互関係に留意する。

2 日本に対する武力攻撃がなされた場合

（1） 整合のとれた共同対処行動のための基本的な考え方

（イ） 日本は、日本に対する武力攻撃に即応して主体的に行動し、極力早期にこれを排除する。その際、米国は、日本に対して適切に協力する。このような日米協力の在り方は、武力攻撃の規模、態様、事態の推移その他の要素により異なるが、これには、整合のとれた共同の作戦の実施及びそのための準備、事態の拡大を抑制するための措置、警戒監視並びに情報交換についての協力が含まれ得る。

（ロ） 自衛隊及び米軍が作戦を共同して実施する場合には、双方は、整合性を確保しつつ、適時かつ適切な形で、各々の防衛力を運用する。その際、双方は、各々の陸・海・空部隊の効果的な統合運用を行う。自衛隊は、主として日本の領域及びその周辺海空域において防衛作戦を行い、米軍は、自衛隊の行う作戦を支援する。米軍は、また、自衛隊の能力を補完するための作戦を実施する。

(ハ) 米国は、兵力を適時に来援させ、日本は、これを促進するための基盤を構築し、維持する。

(2) 作戦構想

(イ) 日本に対する航空侵攻に対処するための作戦

自衛隊及び米軍は、日本に対する航空侵攻に対処するための作戦を共同して実施する。

自衛隊は、防空のための作戦を主体的に実施する。

米軍は、自衛隊の行う作戦を支援するとともに、打撃力の使用を伴うような作戦を含め、自衛隊の能力を補完するための作戦を実施する。

(ロ) 日本周辺海域の防衛及び海上交通の保護のための作戦

自衛隊及び米軍は、日本周辺海域の防衛のための作戦及び海上交通の保護のための作戦を共同して実施する。

自衛隊は、日本の重要な港湾及び海峡の防備、日本周辺海域における船舶の保護並びにその他の作戦を主体的に実施する。

米軍は、自衛隊の行う作戦を支援するとともに、機動打撃力の使用を伴うような作戦を含め、自衛隊の能力を補完するための作戦を実施する。

(ハ) 日本に対する着上陸侵攻に対処するための作戦

自衛隊及び米軍は、日本に対する着上陸侵攻に対処するための作戦を共同して実施する。

自衛隊は、日本に対する着上陸侵攻を阻止し排除するための作戦を主体的に実施する。

米軍は、主として自衛隊の能力を補完するための作戦を実施する。その際、米国は、侵攻の規模、態様その他の要素に応じ、極力早期に兵力を来援させ、自衛隊の行う作戦を支援する。

(ニ) その他の脅威への対応

(i) 自衛隊は、ゲリラ・コマンドウ攻撃等日本領域に軍事力を潜入させて行う不正規型の攻撃を極力早期に阻止し排除するための作戦を主体的に実施する。その際、関係機関と密接に協力し調整するとともに、事態に応じて米軍の適切な支援を得る。

(ii) 自衛隊及び米軍は、弾道ミサイル攻撃に対応するために密接に協力し調整する。米軍は、日本に対し必要な情報を提供するとともに、必要に応じ、打撃力を有する部隊の使用を考慮する。

(3) 作戦に係る諸活動及びそれに必要な事項

(イ) 指揮及び調整

自衛隊及び米軍は、緊密な協力の下、各々の指揮系統に従って行動する。自衛隊及び米軍は、効果的な作戦を共同して実施するため、役割分担の決定、作戦行動の整合性の確保等についての手続をあらかじめ定めておく。

(ロ) 日米間の調整メカニズム

日米両国の関係機関の間における必要な調整は、日米間の調整メカニズムを通じて行われる。自衛隊及び米軍は、効果的な作戦を共同して実施するため、作戦、情報活動及び後方支援について、日米共同調整所の活用を含め、この調整メカニズムを通じて相互に緊密に調整する。

(ハ) 通信電子活動

日米両国政府は、通信電子能力の効果的な活用を確保するため、相互に支援する。

(ニ) 情報活動

日米両国政府は、効果的な作戦を共同して実施するため、情報活動について協力する。これには、情報の要求、収集、処理及び配布についての調整が含まれる。その際、日米両国政府は、共有した情報の保全に関し各々責任を負う。

(ホ) 後方支援活動

自衛隊及び米軍は、日米間の適切な取決めに従い、効率的かつ適切に後方支援活動を実施する。

日米両国政府は、後方支援の効率性を向上させ、かつ、各々の能力不足を軽減するよう、中央政府及び地方公共団体が有する権限及び能力並びに民間が有する能力を適切に活用しつつ、相互支援活動を実施する。その際、特に次の事項に配慮する。

(i) 補給

米国は、米国製の装備品等の補給品の取得を支援し、日本は、日本国内における補給品の取得を支援する。

(ii) 輸送

日米両国政府は、米国から日本への補給品の航空輸送及び海上輸送を含む輸送活動について、緊密に協力する。

(iii) 整備

日本は、日本国内において米軍の装備品の整備を支援し、米国は、米国製の品目の整備であって日本の整備能力が及ばないものについて支援を行う。整備の支援には、必要に応じ、整備要員の技術指導を含む。また、日本は、サルベージ及び回収に関する米軍の需要についても支援を行う。

(iv) 施設

日本は、必要に応じ、日米安全保障条約及びその関連取極に従って新たな施設・区域を提供する。また、作戦を効果的かつ効率的に実施するために必要な場合には、自衛隊及び米軍は、同条約及びその関連取極に従って、自衛隊の施設及び米軍の施設・区域の共同使用を実施する。

（v）衛生

日米両国政府は、衛生の分野において、傷病者の治療及び後送等の相互支援を行う。

V 日本周辺地域における事態で日本の平和と安全に重要な影響を与える場合（周辺事態）の協力

周辺事態は、日本の平和と安全に重要な影響を与える事態である。周辺事態の概念は、地理的なものではなく、事態の性質に着目したものである。日米両国政府は、周辺事態が発生することのないよう、外交上のものを含むあらゆる努力を払う。日米両国政府は、個々の事態の状況について共通の認識に到達した場合に、各々の行う活動を効果的に調整する。なお、周辺事態に対応する際にとられる措置は、情勢に応じて異なり得るものである。

1 周辺事態が予想される場合

周辺事態が予想される場合には、日米両国政府は、その事態について共通の認識に到達するための努力を含め、情報交換及び政策協議を強化する。

同時に、日米両国政府は、事態の拡大を抑制するため、外交上のものを含むあらゆる努力を払うとともに、日米共同調整所の活用を含め、日米間の調整メカニズムの運用を早期に開始する。また、日米両国政府は、適切に協力しつつ、合意によって選択された準備段階に従い、整合のとれた対応を確保するために必要な準備を行う。更に、日米両国政府は、情勢の変化に応じ、情報収集及び警戒監視を強化するとともに、情勢に対応するための即応態勢を強化する。

2 周辺事態への対応

周辺事態への対応に際しては、日米両国政府は、事態の拡大の抑制のためのものを含む適切な措置をとる。これらの措置は、上記Ⅱに掲げられた基本的な前提及び考え方に従い、かつ、各々の判断に基づいてとられる。日米両国政府は、適切な取決めに従って、必要に応じて相互支援を行う。

協力の対象となる機能及び分野並びに協力項目例は、以下に整理し、別表〔編集部注――別表省略〕に示すとおりである。

（1）日米両国政府が各々主体的に行う活動における協力

日米両国政府は、以下の活動を各々の判断の下に実施することができるが、日米間の協力は、その実効性を高めることとなる。

（イ）救援活動及び避難民への対応のための措置

日米両国政府は、被災地の現地当局の同意と協力を得つつ、救援活動を行う。日米両国政府は、各々の能力を勘案しつつ、必要に応じて協力する。

日米両国政府は、避難民の取扱いについて、必要に応じて協力する。避難民が日本の領域に流入してくる場合については、日本がその対応の在り方を決定するとともに、主として日本が責任を持ってこれに対応し、米国は適切な支援を行う。

（ロ）捜索・救難

日米両国政府は、捜索・救難活動について協力する。日本は、日本領域及び戦闘行動が行われている地域とは一線を画される日本の周囲の海域において捜索・救難活動を実施する。米国は、米軍が活動している際には、活動区域内及びその付近での捜索・救難活動を実施する。

（ハ）非戦闘員を退避させるための活動

日本国民又は米国国民である非戦闘員を第三国から安全な地域に退避させる必要が生じる場合には、日米両国政府は、自国の国民の退避及び現地当局との関係について各々責任を有する。日米両国政府は、各々が適切であると判断する場合には、各々の有する能力を相互補完的に使用しつつ、輸送手段の確保、輸送及び施設の使用に係るものを含め、これらの非戦闘員の退避に関して、計画に際して調整し、また、実施に際して協力する。日本国民又は米国国民以外の非戦闘員について同様の必要が生じる場合には、日米両国が、各々の基準に従って、第三国の国民に対して退避に係る援助を行うことを検討することもある。

（ニ）国際の平和と安定の維持を目的とする経済制裁の実効性を確保するための活動

日米両国政府は、国際の平和と安定の維持を目的とする経済制裁の実効性を確保するための活動に対し、各々の基準に従って寄与する。

また、日米両国政府は、各々の能力を勘案しつつ、適切に協力する。そのような協力には、情報交換、及び国際連合安全保障理事会決議に基づく船舶の検査に際しての協力が含まれる。

（2）米軍の活動に対する日本の支援

（イ）施設の使用

日米安全保障条約及びその関連取極に基づき、日本は、必要に応じ、新たな施設・区域の提供を適時かつ適切に行うとともに、米軍による自衛隊施設及び民間空港・港湾の一時的使用を確保する。

(ロ) 後方地域支援

日本は、日米安全保障条約の目的の達成のため活動する米軍に対して、後方地域支援を行う。この後方地域支援は、米軍が施設の使用及び種々の活動を効果的に行うことを可能とすることを主眼とするものである。そのような性質から、後方地域支援は、主として日本の領域において行われるが、戦闘行動が行われている地域とは一線を画される日本の周囲の公海及びその上空において行われることもあると考えられる。

後方地域支援を行うに当たって、日本は、中央政府及び地方公共団体が有する権限及び能力並びに民間が有する能力を適切に活用する。自衛隊は、日本の防衛及び公共の秩序維持のための任務の遂行と整合を図りつつ、適切にこのような支援を行う。

(3) 運用面における日米協力

周辺事態は、日本の平和と安全に重要な影響を与えることから、自衛隊は、生命・財産の保護及び航行の安全確保を目的として、情報収集、警戒監視、機雷の除去等の活動を行う。米軍は、周辺事態により影響を受けた平和と安全の回復のための活動を行う。

自衛隊及び米軍の双方の活動の実効性は、関係機関の関与を得た協力及び調整により、大きく高められる。

VI 指針の下で行われる効果的な防衛協力のための日米共同の取組み

指針の下での日米防衛協力を効果的に進めるためには、平素、日本に対する武力攻撃及び周辺事態という安全保障上の種々の状況を通じ、日米両国が協議を行うことが必要である。日米防衛協力が確実に成果を挙げていくためには、双方が様々なレベルにおいて十分な情報の提供を受けつつ、調整を行うことが不可欠である。このため、日米両国政府は、日米安全保障協議委員会及び日米安全保障高級事務レベル協議を含むあらゆる機会をとらえて情報交換及び政策協議を充実させていくほか、協議の促進、政策調整及び作戦・活動分野の調整のための以下の2つのメカニズムを構築する。

第一に、日米両国政府は、計画についての検討を行うとともに共通の基準及び実施要領等を確立するため、包括的なメカニズムを構築する。これには、自衛隊及び米軍のみならず、各々の政府のその他の関係機関が関与する。

日米両国政府は、この包括的なメカニズムの在り方を必要に応じて改善する。日米安全保障協議委員会は、このメカニズムの行う作業に関する政策的な方向性を示す上で引き続き重要な役割を有する。日米安全保障協議委員会は、方針を提示し、作業の進捗を確認し、必要に応じて指示を発出する責任を有する。防衛協力小委員会は、共同作業において、日米安全保障協議委員会を補佐する。

第二に、日米両国政府は、緊急事態において各々の活動に関する調整を行うため、両国の関係機関を含む日米間の調整メカニズムを平素から構築しておく。

1　計画についての検討並びに共通の基準及び実施要領等の確立のための共同作業

双方の関係機関の関与を得て構築される包括的なメカニズムにおいては、以下に掲げる共同作業を計画的かつ効率的に進める。これらの作業の進捗及び結果は、節目節目に日米安全保障協議委員会及び防衛協力小委員会に対して報告される。

(1)　共同作戦計画についての検討及び相互協力計画についての検討

自衛隊及び米軍は、日本に対する武力攻撃に際して整合のとれた行動を円滑かつ効果的に実施し得るよう、平素から共同作戦計画についての検討を行う。また、日米両国政府は、周辺事態に円滑かつ効果的に対応し得るよう、平素から相互協力計画についての検討を行う。

共同作戦計画についての検討及び相互協力計画についての検討は、その結果が日米両国政府の各々の計画に適切に反映されることが期待されるという前提の下で、種々の状況を想定しつつ行われる。日米両国政府は、実際の状況に照らして、日米両国各々の計画を調整する。日米両国政府は、共同作戦計画についての検討と相互協力計画についての検討との間の整合を図るよう留意することにより、周辺事態が日本に対する武力攻撃に波及する可能性のある場合又は両者が同時に生起する場合に適切に対応し得るようにする。

(2)　準備のための共通の基準の確立

日米両国政府は、日本の防衛のための準備に関し、共通の基準を平素から確立する。この基準は、各々の準備段階における情報活動、部隊の活動、移動、後方支援その他の事項を明らかにするものである。日本に対する武力攻撃が差し迫っている場合には、日米両国政府の合意により共通の準備段階が選択され、これが、自衛隊、米軍その他の関係機関による日本の防衛のための準備のレベルに反映される。

同様に、日米両国政府は、周辺事態における協力措置の準備に関しても、合意により共通の準備段階を選択し得るよう、共通の基準を確立する。

（3）共通の実施要領等の確立

日米両国政府は、自衛隊及び米軍が日本の防衛のための整合のとれた作戦を円滑かつ効果的に実施できるよう、共通の実施要領等をあらかじめ準備しておく。これには、通信、目標位置の伝達、情報活動及び後方支援並びに相撃防止のための要領とともに、各々の部隊の活動を適切に律するための基準が含まれる。また、自衛隊及び米軍は、通信電子活動等に関する相互運用性の重要性を考慮し、相互に必要な事項をあらかじめ定めておく。

2　日米間の調整メカニズム

日米両国政府は、日米両国の関係機関の関与を得て、日米間の調整メカニズムを平素から構築し、日本に対する武力攻撃及び周辺事態に際して各々が行う活動の間の調整を行う。

調整の要領は、調整すべき事項及び関与する関係機関に応じて異なる。調整の要領には、調整会議の開催、連絡員の相互派遣及び連絡窓口の指定が含まれる。自衛隊及び米軍は、この調整メカニズムの一環として、双方の活動について調整するため、必要なハードウェア及びソフトウェアを備えた日米共同調整所を平素から準備しておく。

Ⅶ　指針の適時かつ適切な見直し

日米安全保障関係に関連する諸情勢に変化が生じ、その時の状況に照らして必要と判断される場合には、日米両国政府は、適時かつ適切な形でこの指針を見直す。

関連年表（一九四五―二〇一〇年）

	日本	世界・東アジア
一九四五年	四月一日、米軍、沖縄本島に上陸。 六月二三日、日本軍、沖縄地上部隊壊滅。 八月一五日、日本、連合国に降伏。 九月二日、日本、降伏文書調印。ＧＨＱ設置。	八月九日、ソ連、対日参戦。 九月八日、米軍、朝鮮の三八度線以南を占領、米ソによる南北分割。
一九四六年	一月二九日、ＧＨＱ、北緯三〇度以南の諸島を日本の行政管轄権から分離。 三月二二日、ＧＨＱ、伊豆諸島の管轄権を日本に返還。 六月二六日、吉田首相、衆院で自衛戦争も交戦権も放棄したと答弁。	一月四日、金九、朝鮮統一政府樹立に関し声明。 三月五日、チャーチル、「鉄のカーテン」演説。 六月三日、李承晩、南朝鮮政府樹立発言。 七月四日、フィリピン共和国独立。
一九四七年	五月三日、日本国憲法施行。	
一九四八年	一月六日、ロイヤル米陸軍長官、日本は共産主義への防壁と演説。	四月三日、済州島にて単独選挙反対のため南朝鮮労働党と民衆が蜂起。以後、鎮圧、虐殺事件が続く（四・三事件）。 五月一〇日、南朝鮮、米国の非常警戒令のもとに単独選挙を強行。 八月一五日、大韓民国樹立宣言。李承晩、大統領に就任。 九月九日、朝鮮民主主義人民共和国成立。金日成、首相

年		
一九四九年	一〇月一日、シーツ少将、琉球米軍政長官に就任（恒久的軍事基地化が本格化）。	に就任。 一二月一〇日、米韓援助協定締結。 一〇月一日、中華人民共和国成立。
一九五〇年	一月一日、マッカーサー元帥、日本国憲法は自衛権を否定せずと声明。 一月三一日、ブラッドレー米統合参謀本部議長ら来日、沖縄・日本の軍事基地強化を声明。 二月一〇日、GHQ、沖縄の恒久的基地建設開始を発表。 五月三日、池田蔵相、渡米し、ドッジと会談、吉田首相の「米軍駐留を条件にした早期講和」を提案。 八月一〇日、警察予備隊令公布。 一二月五日、沖縄の米軍政府、米民政府と改称。	六月二五日、朝鮮戦争勃発。 七月七日、国連安保理、ソ連欠席下で朝鮮への国連軍派遣決議。マッカーサー、最高司令官に就任。 九月一五日、国連軍、仁川・群山に上陸。 一〇月二五日、中国人民義勇軍、朝鮮戦争に参加。
一九五一年	二月二日、ダレス特使、集団安全保障・米軍駐留の講和方針を表明。 九月八日、サンフランシスコ講和会議で対日講和条約調印。日米安全保障条約調印。 一二月五日、GHQ、北緯二九度～三〇度の七島の管轄権を日本に返還。	七月一〇日、朝鮮戦争休戦会議。 八月一五日、中国、サンフランシスコ会議に抗議声明。 八月三〇日、米比相互防衛条約調印。 九月一日、米・豪・ニュージーランド、太平洋安全保障条約に調印。
一九五二年	二月一五日、第一次日韓会談開始（～四月二六日）。 二月二八日、日米行政協定調印。 二月二九日、沖縄米民政府、琉球政府設立を公布。 四月一日、琉球中央政府発足（主席・比嘉秀平）。 四月二八日、GHQ廃止。対日講和条約・日米安保条約発効。日華平和条約調印。 七月二六日、日米行政協定にもとづく施設区域協定調印。 一〇月一五日、警察予備隊、保安隊に改組。	

一九五三年	四月一五日、第二次日韓会談開始（七月二三日、自然休会）。 九月二九日、日米行政協定改定調印（刑事裁判権など）。 一〇月六日、第三次日韓会談（日本代表の植民地時代讃美論で決裂）。 一一月二〇日、ニクソン米副大統領、「共産主義の脅威があるかぎり沖縄を保持」と声明。 一二月二四日、奄美群島返還日米協定調印。	七月二七日、朝鮮戦争休戦協定調印。 八月八日、米韓相互安全保障条約調印。
一九五四年	一月七日、アイゼンハワー米大統領、一般教書で沖縄基地の無期限保持を宣言。 三月八日、日米相互防衛援助協定（ＭＳＡ）調印。 三月一七日、琉球の米民政府、地代一括払い方針を発表。 四月三〇日、琉球の立法院、「軍用地処理に関する請願」を全会一致で採択、土地四原則を打ち出す。 七月一日、防衛庁・自衛隊発足。 一二月二二日、政府、憲法九条について統一解釈を発表（自衛権保有・自衛隊は合憲）。	一二月二日、米台相互防衛条約調印。
一九五五年	一月一三日、『朝日新聞』、「米軍の沖縄民政を衝く」掲載。 九月三日、沖縄で米兵が幼女を暴行殺害（由美子ちゃん事件）。 一〇月二三日、米下院プライス調査団、沖縄入。	七月一八日、ジュネーブ米英仏ソ巨頭会談開催。
一九五六年	六月九日、米民政府、沖縄米軍基地に関するプライス勧告（地代一括払い方針）を発表。 六月二〇日、プライス勧告反対・軍用地四原則貫徹住民大会。 一二月一八日、日本、国連に加盟。	一〇月二四日、ハンガリー事件、ソ連軍出動。
一九五七年	一月四日、レムニッツァー民政長官、軍用地問題に関し	

地代一括払い方針を声明。

六月一六日、岸首相、訪米（～二一日、日米共同声明、日米新時代の強調・日米安保委員会設置・米地上軍撤退などを表明）。

六月二七日、ウィルソン米国防長官、在日米地上軍の撤兵計画を表明。

七月一日、米極東軍司令部廃止、太平洋軍司令部（ハワイ）の指揮下に。ムーア中将、初代琉球列島高等弁務官に就任。

七月八日、立川基地拡張のため砂川町で強制測量、反対派と警官隊衝突。

八月一日、在日米地上軍撤退開始発表（一九五八年二月八日、完了）。

一九五八年

四月一五日、第四次日韓全面会談（一二月、北朝鮮帰還問題で中断）。

七月三〇日、ブース高等弁務官、軍用地地代一括支払い取止め声明。

八月二三日、沖縄の通貨、軍票からドルに切替を発表（九月一六日、実施）。

九月一一日、藤山・ダレス会談、安保条約改定合意の声明。


二月一九日、平壌で中朝共同声明、中国軍の年内完全撤退を決定（一〇月二六日、撤退完了）。

一九五九年

三月二八日、安保改定阻止国民会議結成。

三月三〇日、東京地裁、安保条約による米軍駐留は違憲、砂川事件は無罪と判決（検察側、最高裁に跳躍上告）。

六月三〇日、石川市宮森小学校に米軍ジェット機墜落。

八月一二日、再開第四次日韓会談開始（一九六〇年四月、李承晩政権崩壊で中断）。

八月一三日、在日朝鮮人の北朝鮮帰還に関する日朝協定調印（一二月一四日、帰還第一船）。

一一月一日、米上院外交委、コンロン報告を発表（沖縄の復帰を究極的に認め、文官統治、主席公選などを勧告）。

一二月一六日、最高裁、砂川事件で「駐留米軍は違憲ではない」と原審破棄、差戻し判決。

一九六〇年

一月一九日、日米新安保条約・地位協定調印。

五月一九日、政府・自民党、衆院に警官隊を導入し、新安保条約と会期五〇日延長を単独強行採決（以後、国会周辺で連日デモ）。

六月一五日、全学連主流派、国会に突入（樺美智子死亡）。

六月一七日、東京の七新聞社、暴力排除・議会主義擁護の共同宣言。

六月一九日、新安保条約自然承認。アイゼンハワー米大統領、二時間の沖縄訪問。

六月二三日、新安保条約発効。岸首相、退陣表明。

七月一二日、琉球経済援助法（プライス法）成立。

一〇月二五日、第五次日韓会談開始（一九六一年五月、韓国軍事クーデタで中絶）。


四月二七日、李承晩、大統領辞任。

一九六一年

一〇月二〇日、第六次日韓会談開始（一九六四年四月、韓国政情不安のため中断）。


五月一六日、韓国、軍事クーデタ。

七月三日、朴正熙、韓国国家再建最高会議議長に就任。

七月六日、北朝鮮、ソ連と友好協力相互援助条約調印。

七月一一日、北朝鮮、中国と友好協力相互援助条約調印。

一九六二年

三月二日、ケイセン報告（中国の脅威と沖縄での政治対立の激しさを強調し、経済支援、社会保障整備を提言）、ケネディ大統領に提出（未公表）。

三月二四日、朴正熙、大統領代行に就任。

三月一九日、ケネディ米大統領、沖縄新政策を発表。「琉球は日本本土の一部」と声明。

一一月九日、日中総合貿易に関する覚書調印（LT貿易開始）。

一九六三年

一月二六日、米国務省、原子力潜水艦の日本寄港希望を通告。

二月二八日、沖縄で米軍トラック、横断歩道の中学生轢殺（五月一日、無罪判決）。

三月五日、琉球列島米民政府のキャラウェイ高等弁務官、「沖縄の自治は神話にすぎない」と公言。

一二月二六日、最高裁、駐留米軍違憲問題の砂川事件再上告審で上告棄却、七被告の有罪確定。


一〇月一五日、朴正煕、大統領に就任。

一九六四年

三月一二日、日韓本会談再開（三月二〇日、金鍾泌韓国民主共和党議長来日）。

四月二七日、琉球立法院、日本復帰・施政権返還要請決議可決。

一二月三日、第七次日韓全面会談開始。


八月二日、米、ベトナムが米軍艦を攻撃と捏造発表（トンキン湾事件）。

八月四日、米空軍、北ベトナム爆撃。

一九六五年

一月一三日、佐藤・ジョンソン共同声明発表。

二月八日、沖縄の米海兵隊航空ミサイル大隊、南ベトナム・ダナン基地に上陸。

二月二〇日、日韓基本条約仮調印。

三月七日、南ベトナム・ダナンに沖縄などの米海兵隊三五〇〇人上陸。

四月二四日、ベトナムに平和を！市民文化団体連合（ベ平連）、初のデモ。

六月二二日、首相官邸で日韓基本条約調印（一二月一八日、ソウルで批准書交換）。


一月八日、韓国、南ベトナム派兵を決定。

二月七日、米軍、北爆を開始。

六月二九日、韓国、日韓条約反対デモ激化。大学・高校の強制休校措置令。

八月一四日、韓国国会、日韓条約を与党単独で批准（八月二六日、ソウルに衛戍令）。

一九六七年

七月三〇日、B52の沖縄からのベトナム爆撃に、社民・公明・民社・共産各党抗議。琉球立法院も超党派で抗議決議。

八月一九日、佐藤首相、首相として戦後初の沖縄訪問。祖国復帰実現要求のデモに囲まれ、米軍基地内に宿泊。

一〇月五日、ライシャワー米大使、日本の新聞のベトナム報道は偏向と批判、問題となる。

一二月一一日、参院、日韓基本条約を可決。

一月三一日、米上院外交委で、ライシャワー前駐日大使、「米軍基地を保持したまま沖縄諸島を返還の可能性あり」と証言。

五月六日、佐藤首相、参院予算委で「基地を撤去しての返還は実際論として無理」と答弁。

五月二九日、アンガー高等弁務官、「極東の安全が保障されるまで沖縄は返還しない」と発言。

五月三〇日、三木外相、参院外交委で、「極東の緊張続く限り、沖縄、小笠原の全面返還は無理」と答弁。

六月二七日、アンガー高等弁務官、「基地と施政権の分離は極めて困難、基地の有効な使用に支障あり」と発言。

七月一五日、ライシャワー教授、「一九七〇年までに沖縄の施政権完全返還について交渉すべきだ」と発言。

一一月一二日、佐藤首相、訪米(一一月一五日、ワシントンで日米共同声明。沖縄返還の時期示さず、小笠原は一年以内に返還)。

一九六八年

二月一日、アンガー高等弁務官、琉球政府行政府主席の直接公選制是認を言明。

三月三一日、米、北爆停止声明。

五月一〇日、パリでベトナム和平会談始まる。

一九六九年

二月一四日、沖縄の嘉手納村村長ら、B52の即時撤去を米軍に要求。

三月九日、ワシントン・ポスト紙、「B52がベトナム爆撃のため沖縄基地を使っている証拠がある」と報道。

三月二七日、米戦略空軍司令官高官、「嘉手納基地は西太平洋のB52作戦基地の一つ」と言明。

四月五日、政府、小笠原返還協定調印（六月二六日、返還）。

五月二日、沖縄嘉手納基地でB52撤収・米軍基地撤去要求デモ隊、米軍と衝突。

一一月一〇日、琉球初の公選主席に野党の屋良朝苗当選。

一一月一九日、嘉手納基地でB52墜落炎上。

二月四日、沖縄からのB52撤去要求の住民統一行動に五万五〇〇〇人が参加。学生、米軍人・警官と乱闘。

五月三〇日、愛知外相、沖縄返還交渉のため訪米、安保条約の自動延長、沖縄返還と事前協議制の運用などを討議。

六月二日、愛知外相、ニクソン大統領との会談で、安保条約の枠内での一九七二年中の沖縄返還を求める（～六月五日）。

七月三一日、佐藤首相、ロジャーズ米国務長官との会談に関して、核撤去が返還交渉の前提と強調。

九月四日、愛知外相、訪米し、「本土と区別しない形で一九七二年中の施政権返還が実現する方向がほぼ固まった」と言明。

一一月七日、在ベトナム米軍第三海兵師団の司令部軍旗が、普天間基地に移され、同師団は沖縄に常駐。

年	沖縄・日本	世界
一九七〇年	一一月一二日、愛知外相・マイヤー大使の会談で「核抜き」では結論出ず。 一一月一七日、佐藤首相、訪米し、三回の首脳会談で「一九七二年・核抜き・本土並み」で合意したとの共同声明を発表（一一月二一日）。 六月二二日、政府、日米安保条約の自動延長を声明。 六月二三日、全国の反安保統一行動に七七万人が参加。 一二月二日、日米事務レベル協議で、本土のファントム戦闘爆撃機一〇八機を翌年六月末までに沖縄と韓国に半数ずつ移駐との方針が明らかに。 一二月二〇日、コザ市で米兵が起こした交通事故の処理をめぐり市民五〇〇〇人が米憲兵隊と衝突（コザ暴動）。	四月二九日、米軍・南ベトナム軍、カンボジア侵攻。 五月一日、米軍、北爆再開。
一九七一年	三月一一日、横田基地のジェット戦闘爆撃機が嘉手納基地に移駐開始。 四月三日、沖縄第三海兵師団、南ベトナム駐留の第三海兵水陸両用部隊が沖縄に移駐すると発表。 四月二二日、愛知外相、衆院沖特委で、沖縄の米特殊部隊について「安保条約、地位協定の適用面から排除されるべき」と答弁。 四月二五日、ニューヨーク・タイムズ紙、「日本への核兵器の一時的持込を認める秘密協定がある」と報じ、問題となる。 六月一七日、沖縄返還協定調印。 一一月一七日、自民党、衆院沖特委で沖縄返還協定を強行採決。 一一月一八日、屋良琉球主席、佐藤首相らに強行採決について抗議。	七月九日、キッシンジャー米大統領補佐官、極秘に北京訪問。周恩来と会談。 七月一六日、ニクソン大統領、訪中計画を発表。

一九七二年

一一月一九日、全国九三〇カ所で強行採決への抗議行動。

一一月二二日、衆院沖特委、自民・公明・民社三党共同提案の「非核兵器ならびに沖縄米軍基地縮小に関する決議」採択。佐藤首相、非核三原則遵守を声明。

一一月二四日、衆院、沖縄返還協定承認案および非核決議案を可決。

一二月二二日、参院、沖縄返還協定を可決。

一月七日、日米首脳会談、沖縄返還を五月一五日と定める共同声明を発表。

三月二七日、社会党・横路孝弘議員、沖縄返還交渉の秘密文書を暴露。

四月四日、警視庁、外務省事務官と毎日新聞西山記者を逮捕（西山事件）。

五月一五日、沖縄の施政権返還、沖縄県復活。

六月二五日、沖縄県知事選で革新の屋良朝苗が当選。

九月二五日、田中首相、訪中。

九月二九日、日中共同声明発表。日中国交樹立、日台条約失効。

一二月一八日、沖縄振興開発計画決定。

二月二一日、ニクソン大統領、訪中し、周恩来・毛沢東と会談。

二月二七日、上海で米中共同声明。

五月八日、米軍、北爆再開（ラインバッカーI作戦）。

一〇月二六日、北ベトナム、米と合意した和平九項目協定案を発表。

一二月一八日、米軍、北爆全面再開、最大規模のハノイ、ハイフォン爆撃（〜一二月二九日、ラインバッカーII作戦）。

一九七三年

八月八日、金大中拉致事件。

一月二七日、パリでベトナム和平協定調印。

三月二九日、米軍、南ベトナムより撤退完了。

八月一五日、米軍、ラオス、カンボジア爆撃停止。

一九七四年

九月一〇日、ラロック海軍少将、米議会で日本への核持込を証言（一〇月六日、公表）。

八月一五日、在日韓国人文世光により、朴大統領が狙撃され、大統領夫人が死亡（文世光事件）。

一九七五年

七月二〇日、沖縄国際海洋博覧会開会（〜一九七六年一月一八日）。

八月六日、三木・フォード日米共同声明発表（韓国の安

四月一七日、解放軍、プノンペン入り。

四月三〇日、解放軍、サイゴン入り（ベトナム戦争終結）。

全が朝鮮半島の平和維持に緊要)。

九月二一日、昭和天皇、ニューズウィーク誌に、「戦争開始は閣議決定に従い、終戦時は自分で決定した」と発言。

九月三〇日、昭和天皇・皇后訪米に出発(一〇月二日、フォード大統領と会見。一〇月一四日、帰国)。

一九七六年

六月一三日、復帰後二回目の県知事選で、革新の平良幸市が当選。

七月二日、ベトナム社会主義共和国成立。

一九七七年

五月一五日、沖縄地籍明確化法案審議中、公用地暫定使用法の期限が切れ、地主五名、那覇地裁に土地明渡しの仮処分申請。

五月一八日、沖縄地籍明確化法案公布・施行。

一九七八年

四月一二日、中国漁船約一〇〇隻、尖閣諸島周辺に接近。

八月一二日、北京で日中平和友好条約調印。

一〇月二三日、日中平和友好条約批准書交換式。

一一月二七日、日米安保協議委員会にて、日米防衛協力のための指針(旧ガイドライン)を決定。

一二月一一日、平良知事の病気辞任による知事選で、保守の西銘順治が当選(〜一九九〇年まで三期務める)。

一九七九年

一月一日、米中国交樹立。

八月一八日、沖縄で米第七艦隊と在沖米海兵隊の合同上陸演習(〜九月一日、八月二七日、陸上自衛隊の一三名の見学が判明)。

一〇月一六日、釜山で反政府デモ激化、各地に拡大(一〇月一八日、非常戒厳令)。

一〇月二六日、朴正熙、KCIA部長に暗殺される。

一一月四日、イランで、学生らが米大使館を占拠。

一一月二一日、パキスタンで反米暴動、米大使館襲撃。

一二月三日、イラン革命。

一二月一二日、韓国、粛軍クーデタ。

年		
一九八〇年		一二月二七日、アフガニスタンでクーデタ、ソ連軍介入。 五月一八日、光州虐殺事件・民衆蜂起（〜五月二七日）。金大中ら逮捕。 五月三一日、全斗煥、国家保衛非常委委員長に就任（八月二七日、大統領に就任）。
一九八一年	五月八日、鈴木首相・レーガン大統領、日米は「同盟関係」との共同声明発表。 五月一二日、海上自衛隊、米第七艦隊と合同大演習（〜五月二三日）。 九月一四日、鈴木首相、沖縄訪問。 九月一五日、鈴木首相来沖糾弾県民総決起大会。 九月二三日、沖縄周辺海域で初の大規模な日米共同演習。	
一九八二年	一月一九日、沖縄開発庁長官、沖振法一〇年延長の方針表明。 四月一日、県収用委員会、未契約軍用地の五年強制使用裁決。 八月五日、第二次沖縄振興開発計画策定。	
一九八三年	一月一一日、中曽根首相、首相として初の正式訪韓。 一月一八日、中曽根首相・レーガン大統領、日米は「運命共同体」と声明。 一〇月八日、宜野湾市長、知事に普天間飛行場移転を要請。	
一九八四年	九月六日、全斗煥大統領、韓国の元首として初来日。	
一九八五年		三月一一日、ゴルバチョフ、ソ連共産党書記長に選出。
一九八七年	六月二一日、嘉手納基地包囲行動（第一回「人間の鎖」）。	四月一三日、全斗煥大統領、年内の改憲論議中止と現行憲法による大統領選挙（間選制）実施を表明する（四・一三護憲措置）。

一九八九年

一九九〇年

一〇月一二日、第一一九臨時国会召集、国連平和協力法案を審議。

一一月一八日、沖縄県知事選で、革新の大田昌秀が当選。

一一月二四日、政府・自民党、多国籍軍への九〇億ドルの支援と自衛隊輸送機の派遣を決定。

一九九一年

一月三〇日、政府、朝鮮民主主義人民共和国と国交正常化のための第一回政府間交渉開始。

四月二六日、自衛隊の掃海艇、ペルシャ湾へ出港（自衛隊初の海外派遣）。

五月二八日、政府が沖縄振興や基地整理縮小に積極的に取り組む姿勢を示したことから、大田知事、公告・縦覧代行を表明。

一二月三日、衆院、PKO協力法案・国際緊急援助隊派遣改正法案可決（参院で不成立）。

一九九二年

六月九日、参院、PKO協力法案可決。

六月一六日、衆院、PKO協力法・国際緊急援助派遣法改正可決（八月一〇日、施行）。


六月二九日、大統領候補盧泰愚、大統領直接選挙制への改憲や金大中氏の赦免・復権など八項目からなる「民主化宣言」を発表。

一一月二九日、大韓航空機爆破事件。

一二月一六日、韓国大統領選挙で、盧泰愚が当選。

二月一五日、アフガニスタン駐留ソ連軍撤退完了。

六月四日、天安門事件。

一一月九日、ベルリンの壁崩壊。

八月二日、イラク、クウェート侵攻。

九月三〇日、ソ連・韓国、国交樹立。

一月一六日、米を中心とする「多国籍軍」、イラク空爆開始。

一月二七日、多国籍軍、クウェート市内入り。米大統領、戦闘中止を宣言。

七月三〇日、北朝鮮、朝鮮半島非核化共同宣言提案。

八月一九日、ソ連、クーデタ事件。ゴルバチョフ大統領、共産党の解散を勧告し、党書記長を辞任。

九月一七日、韓国・北朝鮮、国連同時加盟。

一二月八日、盧泰愚大統領、韓国内核不在宣言。

一二月二五日、ゴルバチョフ大統領、辞任を表明し、ソ連邦消滅。

一月二一日、「朝鮮半島の非核化に関する共同宣言」正式調印。

四月一〇日、IAEA保障協定発効。

八月二四日、中国・韓国、国交樹立。

一二月一九日、韓国大統領選で、金泳三が当選（初の文

一九九三年

四月二三日、沖縄で全国植樹祭。天皇・皇后、初の沖縄訪問。


民大統領）。

二月二五日、IAEA理事会、北朝鮮に特別査察要求（三月二五日期限）。

三月一二日、北朝鮮、IAEA脱退声明（六月一二日有効）。

五月一一日、安保理、北朝鮮に保障措置協定の下での義務を果たすよう要請することを決定。

五月二九日、北朝鮮、日本に向けてノドン発射実験。

六月一一日、米朝共同声明（北朝鮮は脱退の「実現」を停止、宣言した七つの施設の査察に同意。米国は武力による威嚇・行使をしないと約束）。

一九九四年

六月三〇日、自社さ政権誕生。

七月二〇日、村山首相、所信表明演説で「自衛隊合憲」「日米安保堅持」と明言。

九月九日、宝珠山昇防衛施設庁長官、「沖縄県民は基地と共生、共存を」と発言し、問題となる。

一一月二〇日、沖縄県知事選挙で、大田昌秀が再選。


三月三日、北朝鮮、IAEA査察再開。

三月一五日、IAEA査察、サンプル採取を拒否され、中止。

六月一三日、北朝鮮、IAEAからの脱退を宣言。

六月一五日、カーター元大統領、訪朝。

七月八日、金日成主席、死去。

八月五日、ジュネーブでハイレベルの米朝話し合い再開。

一〇月二一日、米朝、「合意枠組み」調印。

一九九五年

五月九日、村山首相、強制使用認定を告示。

九月四日、沖縄で米兵による少女暴行事件。

一〇月二一日、沖縄県民総決起大会に八万五〇〇〇人が参加。


三月九日、朝鮮半島エネルギー開発機構（KEDO）発足。

一九九六年

三月二五日、代理署名訴訟、県側敗訴。

四月一二日、橋本・モンデール会談で普天間基地の返還に合意。

四月一七日、日米安全保障共同宣言。


九月一八日、江陵浸透事件（北朝鮮の潜水艦が韓国近海で座礁し、組員と工作員計二六名が韓国内に逃亡・潜伏。韓国軍による掃討作戦）。

九月八日、全国初の県民投票実施。基地整理・縮小と日米地位協定の見直し賛成が圧倒的多数。

九月一三日、大田知事、公告・縦覧代行を表明。

一二月二日、SACO最終報告にて、普天間基地代替地として海上基地案を打ち出す。

一九九七年

四月一八日、比嘉・名護市長が事前調査受入を表明。

九月一六日、海上基地を問う市民投票条例制定要求の署名名簿が名護市長選管に提出される。

九月二四日、日米安全保障協議委員会、「新たな日米防衛協力のための指針」（新ガイドライン）を策定。

一〇月二日、名護市議会、市民投票条例案を修正可決。

一二月二一日、名護市民投票実施、五三対四七で受入反対が多数に。


一〇月八日、金正日、朝鮮労働党中央委員会総書記に就任。

一九九八年

二月六日、大田知事、海上ヘリ基地の受入拒否を表明。

五月一八日、普天間基地の包囲行動（「人間の鎖」）。

一一月一五日、沖縄県知事選で、現職の大田昌秀を破り、稲嶺恵一が当選。


八月三一日、北朝鮮、テポドン発射実験。

一九九九年

四月二九日、小渕首相、二〇〇〇年サミットの沖縄開催を決定。

五月二四日、ガイドライン関連法案成立。

八月二一日、普天間市議会、早期の県内移設容認を決議。

一〇月一五日、沖縄県議会、早期の県内移設容認を決議。

一一月二二日、稲嶺知事、普天間基地の移設先として名護市・キャンプ・シュワブ水域内を指定。

一二月二七日、岸本・名護市長が条件付で、移設受入を表明。

一二月二八日、代替施設を「キャンプ・シュワブ水域内名護市辺野古沿岸域」と閣議決定。

二〇〇〇年

二月一〇日、政府・県・北部市町村、「北部振興」「移設先・周辺地域振興」両協議会の合同初会合。

七月二一日、名護市で沖縄サミット開催（〜七月二三日）。

一〇月一〇日、国際自然保護連合会、辺野古一帯海域を中心に生息するジュゴン保護を決議。

一一月六日、防衛施設庁、ジュゴンの潜水調査を開始。

六月一三日、南北首脳会談（〜六月一五日）。

二〇〇一年

六月八日、第七回代替施設協議会、三工法八案を提示。岸本・名護市長、「基地使用協定、使用期限、振興策は平行して進めるべき、早急に結論を出すつもりはない」と明言。

一〇月二九日、テロ対策特別措置法成立（一一月二日、施行・公布、二年間の時限立法だが、その後、数度延長、二〇〇七年一一月一日に時限立法として期限切れ失効）。

一一月九日、テロ対策特別措置法にもとづき、護衛艦、補給艦をインド洋に派遣。

九月一一日、米国同時多発テロ（九・一一事件）。

一〇月七日、米軍、アフガニスタンで対テロ戦争開始。

二〇〇二年

七月二九日、第九回代替施設協議会、リーフ埋立軍民共用空港建設の基本計画に合意。

九月一七日、小泉首相訪朝、日朝首脳会談。平壌宣言発表。

九月二七日、稲嶺知事、県議会で一五年使用期限の解決なくして代替施設の着工はないとの立場を表明。

一一月一七日、沖縄県知事選で、稲嶺恵一、大差で再選。

一月二九日、ブッシュ大統領、一般教書演説でイラク、イラン、北朝鮮を名指し批判（悪の枢軸発言）。

一〇月一六日、米国務省、北朝鮮が「ウラン濃縮計画を有しているとの情報を得た」と発表。

一一月一四日、KEDO、北朝鮮への重油提供を一二月船積み分から停止と発表。

一二月二七日、北朝鮮、IAEA査察官の追放決定。

二〇〇三年

一月二八日、第一回代替施設建設協議会発足。一五年使用期限は正式議題にならず。

六月一三日、武力攻撃事態対処関連三法成立。

一月一〇日、北朝鮮、NPT脱退宣言。

三月一九日、米英軍、空爆、「イラクの自由作戦」を開始（イラク戦争開戦）。

七月二六日、イラク特別措置法成立（四年の時限立法、二〇〇七年三月三〇日、二年延長を閣議決定、二〇〇九年七月、延長期限切れで失効）。

一一月一六日、ラムズフェルド米国防長官、沖縄訪問。普天間飛行場を視察。

一二月二六日、イラク特別措置法にもとづき、空自先遣隊がイラクへ出発（戦時下の海外領土への初の派兵）。


四月二三日、米中朝、北京にて三カ国協議（〜四月二五日）。

八月二七日、北京にて第一回六カ国協議（〜八月二九日）。

二〇〇四年

五月二二日、小泉首相、北朝鮮再訪問。日朝平壌宣言再確認。

六月一四日、有事法制七法成立。

八月一三日、米海兵隊所属の輸送ヘリが沖縄国際大学敷地内に墜落。

九月一二日、沖縄国際大学での宜野湾市民大会に三万人が参加。

一〇月一日、小泉首相、沖縄米軍基地の本土移転推進の意向を表明。


二月二五日、第二回六カ国協議（〜二月二八日）。

六月二三日、第三回六カ国協議（〜六月二六日）。

二〇〇五年

二月六日、政府が辺野古移設の見直しを検討していることが明らかに。

六月二三日、小泉首相、沖縄米軍基地の本土移転が困難であることを表明。

一〇月二六日、日米審議官協議、辺野古沿岸案で基本合意。

一〇月二九日、日米安保協議委員会、普天間移設先見直しを含む米軍再編中間報告で合意。

一〇月三一日、稲嶺知事、北原防衛施設庁長官と会談し、沿岸部移設拒否を表明。


二月一〇日、北朝鮮、核兵器保有宣言。

七月二六日、第四回六カ国協議第一次会合（〜八月七日）。

九月一三日、第四回六カ国協議第二次会合（〜九月一九日）。

九月一五日、米国、マカオの「バンコ・デルタ・アジア」を北朝鮮の資金洗浄金融機関に指定。

九月一九日、六カ国「共同声明」（北朝鮮、エネルギー支援などと引き換えに、すべての核兵器及び既存の核計画の放棄に同意）。

一一月九日、第五回六カ国協議第一次会合（〜一一月一一日）。

二〇〇六年

二月九日、島袋吉和・名護市長、上京し、関係閣僚に沿岸案反対を伝える。

三月九日、稲嶺知事、額賀防衛庁長官と会談し、沿岸案拒否を伝える。

四月七日、島袋・名護市長、滑走路二本案（V字型案）で政府と合意。

四月二三日、額賀防衛庁長官、ラムズフェルド米国防長官と在沖米海兵隊グアム移転経費の日本側負担（五九％）について合意。

五月一日、日米安保協議委員会、在日米軍再編の最終報告について合意。

五月四日、稲嶺知事、キャンプ・シュワブ陸上部に暫定ヘリポートの整備を求める「米軍再編に関する県の考え方」を発表。

五月三〇日、政府、県の反対を押し切り、米軍再編最終報告の実施に向けた方針を閣議決定。

一一月一九日、沖縄県知事選で、仲井真が、稲嶺前知事の後継として、県内移設反対の糸数慶子を破り、当選。

一二月二五日、第二回普天間移設措置協議会で、仲井知事、「普天間基地の三年内閉鎖状態」に向けた具体策検討を要望。


七月五日、北朝鮮、ミサイル連続発射実験。

一〇月九日、北朝鮮、核実験。

一二月一八日、第五回六カ国協議第二次会合（～一二月二二日）。

二〇〇七年

一月九日、防衛省発足。

一月一九日、第三回普天間移設措置協議会で、名護市は約三五〇メートル沖合に移動する修正案を、政府は二〇一〇年一月頃の埋立開始を提示。

五月二三日、米軍再編推進法案が成立。


二月八日、第五回六カ国協議第三次会合（～二月一三日）。

二月一三日、六カ国、「共同声明の実施のための初期段階の措置」発表。

三月一九日、米朝、マカオ・バンコ・デルタ・アジア（BDA）銀行に凍結中の北朝鮮資金二五〇〇万ドル全額解除で合意。

二〇〇八年

九月五日、仲井知事、「普天間飛行場の移設に関する県の考え方」を発表。

二〇〇九年

一月六日、仲井知事、ワシントンを初訪問し、国務・国防総省や米議会に基地縮小実現を要請。

二月一七日、中曽根外相・クリントン米国務長官、「在沖米海兵隊のグアム移転に関する協定」に署名。

三月二五日、沖縄県議会、グアム移転協定の批准に反対する意見書を可決。

九月一日、ケリー米国務省報道官、「普天間飛行場を沖縄県名護市の米軍基地内に移設する日米合意案の再交渉を行うつもりはない」と明言。

九月九日、民主・社民・国民新の連立合意に「米軍再編

三月一九日、第六回六カ国協議第一次会合（〜三月二二日）。

九月二七日、第六回六カ国協議第二次会合（〜九月三〇日）。

一〇月三日、六カ国、「共同声明の実施のための第二段階の措置」発表。

一一月五日、寧辺で「無能力化」作業開始。

七月一〇日、六カ国協議首席代表者会合（〜七月一二日）。

七月一二日、朝鮮半島非核化の検証のため、六カ国協議の枠組みの中に検証メカニズムを設置することに合意と発表。

一〇月一一日、米国、非核化検証措置について北朝鮮と合意に達したとして、北朝鮮に対するテロ支援国家の指定を解除すると発表。

一二月八日、六カ国協議首席代表者会合（〜一二月一一日、非核化の検証方法について合意できず、次回会合日程未定のまま閉会）。

一月二〇日、バラク・オバマ、米大統領に就任。

四月五日、北朝鮮、「人工衛星打ち上げ用ロケット」発射。

四月一四日、国連安保理、議長声明で発射を非難。北朝鮮、IAEA監視要員らに退去通告。

五月二五日、北朝鮮、二度目の核実験。

八月四日、クリントン元大統領、北朝鮮訪問（〜八月五日）、金正日総書記と会談。三月以来拘束されていた女性記者二人解放。

一二月八日、米ボズワース北朝鮮担当特別代表、北朝鮮訪問（〜一二月一〇日）。

や在日米軍基地の在り方について見直しの方向で臨む」と明記。

九月一六日、鳩山由起夫政権発足。

二〇一〇年

一月二四日、名護市長選で、民主党が推薦し、日米が合意した辺野古への移設反対を表明した稲嶺進が当選。

三月九日、外務省有識者委員会、「密約」問題に関する報告書を公表。

四月二五日、普天間飛行場早期閉鎖・返還と国外・県外移設を求める県民大会に九万人が参加。

五月四日、鳩山首相、沖縄を訪問し、県内移設を表明。

五月二八日、日米安保協議委員会、「代替の施設をキャンプ・シュワブ辺野古崎地区及びこれに隣接する水域に設置する」との共同声明を発表。


三月二六日、韓国哨戒艦「天安」沈没事件。

五月二〇日、韓国の民軍合同調査団、「天安」沈没について、「北朝鮮の魚雷攻撃による」と断定。調査報告を疑問視する野党や市民団体は再調査を要求。

＊歴史学研究会編『日本史年表〈増補版〉』（岩波書店）などを元に編集部が作成。

西部邁（にしべ・すすむ）

1939 年生。評論家。著書『友情』（新潮社）『無念の戦後史』（講談社）。

三木健（みき・たけし）

1940 年生。ジャーナリスト，八重山近代史。著書『八重山近代民衆史』（三一書房）『ドキュメント　沖縄返還交渉』（日本経済評論社）。

榊原英資（さかきばら・えいすけ）

1941 年生。青山学院大学教授。著書『パラダイム・シフト（大転換）』（藤原書店）。

中谷巌（なかたに・いわお）

1942 年生。三菱 UFJ リサーチ&コンサルティング株式会社理事長。著書『資本主義はなぜ自壊したのか』（集英社インターナショナル）。

姜在彦（カン・ジェオン）
1926年生。朝鮮史。著書『朝鮮の開化思想』（岩波書店）『朝鮮儒教の二千年』（朝日新聞社）。

河野信子（こうの・のぶこ）
1927年生。女性学，哲学。著書『媒介する性』（藤原書店）『近代女性精神史』『シモーヌ・ヴェーユと現代』（ともに大和書房）『火の国の巡礼』（工作舎）。

諏訪正人（すわ・まさと）
1930年生。毎日新聞特別顧問。『諏訪正人の「余録」』（毎日新聞社）諏訪正名で『ジュヴェの肖像』（芸立出版）。

米谷ふみ子（こめたに・ふみこ）
1930年生。作家，画家。著書『年寄りはだまっとれ⁉』（岩波書店）。

篠田正浩（しのだ・まさひろ）
1931年生。映画監督。作品『スパイ・ゾルゲ』『梟の城』『瀬戸内少年野球団』。

吉川勇一（よしかわ・ゆういち）
1931年生。市民運動家。著書『市民運動の宿題』（思想の科学社）。

川満信一（かわみつ・しんいち）
1932年生。詩人。著書『沖縄・根からの問い――共生への渇望』（泰流社）『宮古歴史物語』（沖縄タイムス社）。

岩見隆夫（いわみ・たかお）
1935年生。政治分析，毎日新聞東京本社客員編集委員。著書『陛下の御質問』（毎日新聞社）『演説力』『総理の娘』（原書房）。

加藤晴久（かとう・はるひさ）
1935年生。フランス文学。著書『憂い顔の『星の王子さま』』（書肆心水）。

藤原作弥（ふじわら・さくや）
1937年生。元日本銀行副総裁。著書『聖母病院の友人たち』『満州，少国民の戦記』『李香蘭私の半生』（すべて新潮社）。

水木楊（みずき・よう）
1937年生。作家。著書『会社が消えた日』（日本経済新聞）『東大法学部』（新潮社）『北京炎上』（文藝春秋）。

小倉和夫（おぐら・かずお）
1938年生。国際交流基金理事長。著書『吉田茂の自問』（藤原書店）『記録と考証　日中実務協定交渉』（岩波書店）。

丸川哲史（まるかわ・てつし）
1963年生。台湾文学，東アジア文化論。著書『竹内好』（河出書房新社）『ポスト「改革解放」の中国』（作品社）。

丹治三夢（たんじ・みゆめ）
政治学。著書 *Myth, Protest and Struggle in Okinawa*（RoutledgeCurzon）。

屋良朝博（やら・ともひろ）
1962年生。沖縄タイムス論説委員。著書に『砂上の同盟』。

中西寛（なかにし・ひろし）
1962年生。国際政治学。著書『国際政治とは何か』（中公新書）。

櫻田淳（さくらだ・じゅん）
1965年生。国際政治学。著書『漢書に学ぶ「正しい戦争」』（朝日新書）。

大中一彌（おおなか・かずや）
1971年生。政治思想。著書『21世紀の知識人』（共著，藤原書店）。

平川克美（ひらかわ・かつみ）
1950年生。株式会社リナックスカフェ社長。著書『経済成長という病』（講談社現代新書）。

李鍾元（リー・ジョンウォン）
1953年生。国際政治学。著書『東アジア冷戦と韓米日関係』（東京大学出版会）。

V・モロジャコフ Vassili Molodiakov
1968年生。日本近現代史。著書『後藤新平と日露関係史』（藤原書店）。

陳破空（チェン・ポーコン）
1963年中国四川省生。アメリカに亡命した中国の政治評論家，作家。1989年の民主化運動（天安門事件）に関係し，四年半にわたり投獄される。その前後に、中国中山大学助教授，アメリカコロンビア大学客員教授、RFA（Radio Free Asia）特約評論員，独立中文筆会（The Independent Chinese PEN Center）会員。現在，ニューヨーク在住。著書に『恥知らずで腹黒い中南海』（未邦訳）。

及川淳子（おいかわ・じゅんこ）
現代中国知識人研究。訳書『天安門事件から「08憲章」へ』（共訳，藤原書店）。

武者小路公秀（むしゃこうじ・きんひで）
1929年生。国際政治，平和学。著書『人間安全保障論序説』（国際書院）。

鄭敬謨（チョン・キョンモ）
1924年生。文筆家。著書『南北統一の夜明け』（技術と人間）。

著訳者紹介

塩川正十郎（しおかわ・まさじゅうろう）
1921年生。東洋大学総長，元財務大臣。著書『佳き凡人をめざせ』（生活情報センター）『ある凡人の告白』（藤原書店）。

中馬清福（ちゅうま・きよふく）
1935年生。信濃毎日新聞主筆。著書『再軍備の政治学』（知識社）『密約外交』（文春新書）『考　1・2』（信濃毎日新聞社）。

松尾文夫（まつお・ふみお）
1933年生。ジャーナリスト。共同通信元ワシントン支局長。著書『銃を持つ民主主義』『オバマ大統領がヒロシマに献花する日』（小学館）。

渡辺靖（わたなべ・やすし）
1967年生。文化人類学，文化政策論，文化外交論，アメリカ研究。著書『アフター・アメリカ』（慶應義塾大学出版会）。

松島泰勝（まつしま・やすかつ）
1963年生。経済思想，島嶼経済。著書『琉球の「自治」』『沖縄島嶼経済史』（ともに藤原書店）。

伊勢﨑賢治（いせざき・けんじ）
1957年生。国際政治，平和構築。著書『武装解除』（講談社）『NGOとは何か』『東チモール県知事日記』（ともに藤原書店）。

押村高（おしむら・たかし）
1956年生。政治思想史，国際政治。著書『国際正義の論理』（講談社現代新書）。

新保祐司（しんぽ・ゆうじ）
1953年生。文芸批評家。著書『内村鑑三』『信時潔』（ともに構想社）『フリードリヒ 崇高のアリア』（角川学芸出版）。

豊田祐基子（とよだ・ゆきこ）
1972年生。共同通信記者。著書『「共犯」の同盟史』（岩波書店）。

黒崎輝（くろさき・あきら）
1972年生。国際政治学，国際政治史。著書『核兵器と日米関係』（有志舎）。

岩下明裕（いわした・あきひろ）
1962年生。国境学。著書『日本の国境』（共著，北海道大学出版会）。

原貴美恵（はら・きみえ）
国際関係論。著書『サンフランシスコ平和条約の盲点』（渓水社）。

「日米安保」とは何か

2010年 8月30日 初版第1刷発行 ©
2010年10月30日 初版第2刷発行

編 者 藤原書店編集部
発行者 藤 原 良 雄
発行所 株式会社 藤 原 書 店

〒162-0041 東京都新宿区早稲田鶴巻町523
電 話 03（5272）0301
FAX 03（5272）0450
振 替 00160-4-17013
info@fujiwara-shoten.co.jp

印刷・製本 音羽印刷

Printed in Japan
ISBN978-4-89434-754-0

「在外」の視点による初の多面的研究

「在外」日本人研究者がみた日本外交
〈現在・過去・未来〉

原貴美恵編

冷戦後の世界秩序再編の中でなぜ日本外交は混迷を続けるのか？「外」からの日本像を知悉する気鋭の研究者が「安全保障」と「多国間協力」という外交課題に正面から向き合い、日本の歴史的・空間的位置の現実的認識に基づく、外交のあるべき方向性を問う。

Ａ５上製　三一二頁　四八〇〇円
（二〇〇九年七月刊）
◇978-4-89434-697-0

外務省〈極秘文書〉全文収録

吉田茂の自問
〈敗戦、そして報告書「日本外交の過誤」〉

小倉和夫

戦後間もなく、講和条約を前にした首相吉田茂の指示により作成された外務省極秘文書「日本外交の過誤」。十五年戦争における日本外交は間違っていたのかと問うその歴史資料を通して、戦後の「平和外交」を問う。

四六上製　三〇四頁　二四〇〇円
（二〇〇三年九月刊）
◇978-4-89434-352-8

市民活動家の必読書

ＮＧＯとは何か
〈現場からの声〉

伊勢崎賢治

アフリカの開発援助現場から届いた市民活動（ＮＧＯ、ＮＰＯ）への初のラディカルな問題提起。「善意」を「本物の成果」にするために何を変えなければならないかを、国際ＮＧＯの海外事務所長が経験に基づき具体的に示した、関係者必読の開発援助改造論。

四六並製　三〇四頁　二八〇〇円
（一九九七年一〇月刊）
◇978-4-89434-079-4

一日本人の貴重な体験記録

東チモール県知事日記

伊勢崎賢治

練達の〝ＮＧＯ魂〟国連職員が、デジカメ片手に奔走した、波瀾万丈「県知事」業務の写真日記。植民地支配、民族内乱、国家と軍、主権国家への国際社会の介入……。難問山積の最も危険な県の「知事」が体験したものは？

四六並製　三二八頁　二八〇〇円　写真多数
（二〇〇一年一〇月刊）
◇978-4-89434-252-1